村屯河道标准化治理技术研究与应用

郑 红 王丽学 等著

U0253068

黄河水利出版社
·郑 州·

内 容 提 要

本书针对村屯河道存在的问题,围绕新农村建设,结合实际工程建设,开展了村屯河道标准化治理技术研究。在总结国内外河道治理和生态景观建设经验的基础上,提出了维护自然的村屯河道治理模式,将枯山水设计应用到村屯河道景观设计中,在维护河道自然属性的同时发挥生态景观效益,改善人居环境;根据村屯河道特点,提出防蚀—生态—景观一体化护坡形式;本着宜居乡村、生态水利的原则,提出村委会与村镇办结合建设公共文化设施,与县区水利局合作加强河道管理等"联建联管"机制。

本书可供水利类相关部门的科研、管理及决策人员参考使用,也可供大专院校相关专业师生参考。

图书在版编目(CIP)数据

村屯河道标准化治理技术研究与应用/郑红等著. —郑州:黄河水利出版社,2016.6
ISBN 978 - 7 - 5509 - 1440 - 7

Ⅰ.①村⋯ Ⅱ.①郑⋯ Ⅲ.①河道整治 - 研究 - 沈阳市
Ⅳ.①TV882.831.1

中国版本图书馆 CIP 数据核字(2016)第 123859 号

出　版　社:黄河水利出版社
　　　　　　地址:河南省郑州市顺河路黄委会综合楼14层　　邮政编码:450003
发行单位:黄河水利出版社
　　　　　　发行部电话:0371 - 66026940、66020550、66028024、66022620(传真)
　　　　　　E-mail:hhslcbs@126.com
承印单位:河南省瑞光印务股份有限公司
开本:787 mm×1 092 mm　1/16
印张:18.75
字数:433 千字　　　　　　　　　　　　　　　印数:1—1 000
版次:2016 年 6 月第 1 版　　　　　　　　　　印次:2016 年 6 月第 1 次印刷
定价:78.00 元

前　言

　　我国村屯河道数量众多,分布广泛,是河流水网体系的重要组成部分。随着生态文明建设的提出,我国已经开始重视农村河道的治理。《中共中央　国务院关于加大统筹城乡发展力度进一步夯实农业农村发展基础的若干意见》(中发〔2010〕1号)明确提出"稳步推进农村环境综合整治,开展农村排水、河道疏浚等试点,搞好垃圾、污水处理、改善农村人居环境";2011年中央1号文件提出要实施农村河道综合整治;2011年中央水利工作会议提出要着力推进水生态保护和水环境治理,坚持保护优先和自然恢复为主,维护河湖健康生态,改善城乡人居环境;2014年中央1号文件提出开展村庄人居环境整治,加快村庄规划,以治理垃圾、污水为重点,改善村庄人居环境。因此,开展村屯河道的整治工作十分必要。

　　流经村屯的村屯河道是调节区域水资源的主要因素,也是与百姓生活息息相关的环境因素。随着我国农村经济的持续发展和城市化进程的推进,村屯河道暴露出如下问题:

　　(1)污染严重。村屯河道周围的居民生活污水、生活垃圾的随意倾倒及分散畜禽养殖、农业面源污染等使村屯河道环境质量下降。

　　(2)河道侵占淤积严重。挤占河道、沟塘,填河造地,埋河修路等造成河道萎缩,行洪不畅。

　　(3)管理薄弱。缺乏村屯河道系统的治理、维护规划,村屯河道管护机制不健全。

　　本书作者以沈阳市村屯河道为主要研究对象,在实地调研、资料收集与分析的基础上,本着宜居乡村、生态水利的原则,提出了维护河道自然形态、河道护岸衬砌及保护、河道护岸绿化补植、桥涵文化广场改造新建及枯山水景观设计、河道标准化管理等村屯河道标准化治理内容。结合村屯河道特点,因地制宜提出不同的河道护岸衬砌技术及河道枯山水景观设计;并提出与村镇办结合建设公共文化设施、与县区水利局合作加强河道管理等"联建联管"机制,对村屯河道生态环境治理及维护进行探索和创造性尝试。将村屯河道标准化治理内容及技术应用于沈阳市东陵区、沈北新区、新民市及于洪区等的村屯河道治理中已取得显著效益。

　　本书共分8章,全书由沈阳农业大学王丽学、张静统稿。参加编写的人员有沈阳市水利建筑勘测设计院郑红、李淑惠、李寿清、赵远峰、王业娟、韩丽伟、查曼丽、王斌、佟强、唐小婧、韩伟涛,沈阳农业大学王丽学、张静、刘丹、刘海生。具体编写分工如下:第1章由刘丹、王业娟编写,第2章由刘海生、刘丹编写,第3章由张静、王丽学编写,第4章由王丽学、张静、刘海生编写,第5章由郑红、赵远峰编写,第6章由李淑惠、韩丽伟、查曼丽编写,第7章由李寿清、赵远峰、王斌、佟强编写,第8章由赵远峰、李寿清、唐小婧、韩伟涛编写。辽宁水利职业学院栾策,沈阳农业大学杨军、李振鹏、孙靓、刘四平、杜俊鹏、桑慧茹、高鸿磊、薛梦楠、方旭飞、赵朔毅等研究生在本书编写过程中承担了部分资料的收集和文字校对等工作,在此表示感谢!

限于作者水平和其他客观条件,书中难免有错误和不足之处,敬请同行专家、学者批评指正。

作 者

2016 年 2 月 25 日于沈阳

目 录

第1章 绪 论

    水是生命之源,水资源和水环境一直都是影响我们人类社会存在和发展的基本要素。河流的昼夜不停与循环往复,是促进地球表面的物质循环和源源不断的能量迁移的重要动力之一。它为地球上生物的生存和发展提供了必要的条件,社会的不断发展也因此受益匪浅。

    河流是一种非常珍贵并且可以永续利用的可再生自然资源。虽然全世界的河流面积只占到整个地球表面积的十万分之一,其储存的淡水资源只占到全球水资源总量的万分之一,但是正是由于这万分之一的水资源,才使得地球上生机勃勃,才有了我们人类社会和高度发达的人类文明。

    河流循环的过程和人类文明的传递有着相互渗透的紧密联系。河流为人类提供了生命活动所必需的淡水资源,地球生物诞生于大洋,从海洋到陆地,从水生到陆生,大洋是地球生命物质的摇篮。反过来,人类利用河流进行着多种生产、生活活动,不仅满足了生命需求,还进行了养殖、灌溉、交通、发电及旅游等活动,是人类聚落的重要组成部分。

    随着人类改造大自然的能力增强,人类的改造行为也对大自然的破坏强度逐渐加大,主要表现在两个方面:一方面,向大自然索取资源的速度过快,严重超出了大自然的供给能力,因此引发了一系列的生态问题,如过度砍伐森林,导致地表植被减少,致使地表拦蓄地表水的能力大大降低,使得雨水汇流速度加快,加剧了地表冲刷作用,导致水土流失加剧、河床淤积、防洪蓄洪的能力大大降低,中下游地区洪水发生的频度大大增加。另一方面,人类在生产和生活过程中产生的大量废弃物,少经处理或未经处理便排放到周围环境中,直接污染了周边的生存环境。河流作为大自然环境要素中的重要一环,深受人类活动的干扰,其环境问题尤其严重。

    现今,国内各级政府都认识到了河流对当地发展的重大意义,对河流的治理力度和投资规模也越来越大。由于最初的治理往往以提高河流的防洪能力为目的,治理过程过于看重工程措施的价值,忽略了河流、环境、生态的耦合关系,其治理效果往往是事与愿违的。因此,利用国外的先进的河道治理理念,探寻人与河流和谐相处的治理模式,向国外学习先进经验成了大多数决策者的必然选择。

    河道作为自然地理环境的重要组成部分,其治理模式除满足防洪需求外,还应当考虑河道生态部分的需要,以便为各类水生生物提供适宜的生存环境和足够的生存空间。在河道治理过程中,从可持续发展模式出发,既要从生态角度考虑河流的自然价值,又要从经济技术角度分析该项河道治理措施的可操作性,最后落脚在能否满足人类的活动需要上。因此,研究河流与自然环境的相互关系,从生态治理模式出发,是提高河流生态价值、增加河流的资源承载能力、恢复河流持续能力的客观需求。对河道生态建设和相应的管理模式进行研究,并且建立一种相应的评价体系,不仅可以为水资源的合理利用和水环境的保护提供决策依据,还可以为整个流域提供生态系统保护,从而有利于实现生态、经济、社会、人口的可持续发展。

为完善防洪体系、加大水利基础设施建设,近年来,国家在加大大江大河及其主要支流治理的同时,也注重了对中小河流治理、中小型水库除险加固以及山洪地质灾害防治等水利薄弱环节的建设。自2009年启动中小河流治理以来,各地取得了许多好的建设和管理经验。农村河道多数属于中小河流的支流及末端河道,数量众多、分布广泛,是农村地区最关键的自然资源和环境载体,承担着区域行洪、排涝、灌溉、供水等多种任务,是城镇和农村人居环境的重要组成部分,与农村居民生产、生活密不可分。农村河道建设管理主体在基层,长期以来,投入不足、缺乏有效的治理和管护造成河道功能衰退和环境恶化,亟待开展综合整治,广大民众对农村河道治理的要求也十分迫切。

《中共中央　国务院关于全面深化农村改革加快推进农业现代化的若干意见》指出:"开展村庄人居环境整治,加快编制村庄规划,推行以奖促治政策,以治理垃圾、污水为重点,改善村庄人居环境。"2014年1月,陈雷部长在全国水利厅局长会议上强调:在改善城乡人居环境方面,加强农村河道综合整治,促进新型城镇化和美丽乡村建设。各级政府十分重视农村环境的改善工作。流经村屯的沟道不仅作为大中型河道的源头,也是影响村屯环境的最重要因素,治理工作成为改善人居环境的首要任务。

1.1　我国村屯河道特点

1.1.1　功能多样性

农村河网是河网水系的最基本的组成部分,其分布紧密。农村河道在农村水利工程中发挥着重要作用,既是灌溉排涝的主要通道,又是蓄水调洪的重要走廊,同时也是景观生态廊道的重要组成部分。不仅如此,农村河道还是人们生产、生活的重要资源,有些河道是城乡饮用水的水源地。农村河道提供了丰富的水资源、生物资源和生态景观价值,为新农村的建设营造了良好的人居环境和发展条件。

1.1.2　河道结构多样性

农村河道按地貌形态和流经地区的不同,一般分为山区河流和平原河流两大类。山区河流流经地势高峻山区,平面形态十分复杂,河道曲折多变,岸线和床面不规则,径流系数大,汇流时间短,水面比降一般较大,河岸冲刷较严重。平原河流流经地势平坦、土质疏松的平原地区,河床纵坡平缓,积水面积大,汇流时间长,水面比降一般较小,水面较宽,水流较缓,淤积严重,河床抬高,造成河势变化。另外,通航河道船行波的影响、寒区河道冻融的影响,造成河岸崩塌,也会使河道结构发生变化。一般,村屯河道人为干预较少,河道自然性保持良好,河道生态建设方面优势相对明显,但村屯河道在建成后的管理方面还很滞后,村屯居民维护意识也不足。

1.1.3　污染源复杂多样性

随着社会经济的发展,村屯河道的污染越来越严重。村屯河道的污染来源有来自乡镇企业的工业废水污染、村屯养殖污染(水产养殖和畜禽养殖)、村屯面源污染、村屯居民的生活垃圾和废弃物污染等。其中,村屯面源污染是具有村屯河道污染特色的污染源。过量使用化肥,大量的氮和磷营养元素随着农田排水或雨水进入江河湖库,污染了水质,导致了水体的富营养化。农田使用的农药随雨水或灌溉水向水体迁移,农药雾滴或尘微粒随风飘移沉降进入水体以及施药工具器械的清洗都给村屯河道造成了污染。村屯集约化养殖,畜禽粪尿未加妥善处理直接排放到村屯河道形成污染,还有污水灌溉也同样对村屯河道造成了不同程度的污染。

1.1.4 水环境问题多样性

随着社会经济的发展,侵占、污染河道的现象日益增多,加之缺乏有效的治理措施,农村河道水环境污染状况越来越严重。农村河道水环境恶化既有自然因素,也有人为因素。

自然因素:河道断面不规则,易导致岸坡坍塌,造成淤积,而且农村河道基流小,水域不宽阔,水体自净功能差,生态环境质量脆弱。

人为因素:乡镇企业排污口随意设置,生产过程的废水未经处理就直接排放到农村河道中,对农村河道的地表水和地下水环境造成了污染。农业生产中使用的农药和化肥,通常只有少部分附着在农作物上,其余都流失到土壤和水体中,在农田灌溉和降雨的作用下,这些农药、化肥渗入地下,污染了地下水环境。另外,人们将大量生活垃圾,如果皮、包装袋等直接排入河道中,而没有考虑后续的环境污染问题,这些都会导致农村河道水环境质量的持续下降,阻碍城乡建设的快速发展。

1.2 我国村屯河道现状

村屯河道不仅是水上交通运输的主要通道、行洪的主要载体,还是很多生物生活的良好栖息地,更是人类赖以繁衍生存的重要物质源泉。但是,在经济发展过程中,由于人为原因,造成许多村屯河道成为死水潭、断头浜,水质恶化,大量水生生物消失,河道生态现状严重退化,甚至完全消失。

1.2.1 河道坍塌导致植被生态弱化

洪水期洪水的冲刷,造成河道崩塌,使得河道调蓄洪水和防灾减灾能力下降,影响了河道正常的调蓄水、行洪排洪、农田灌溉的功能发挥。另外,现行村屯土地承包政策均将河道两侧河堤保护范围的土地承包到户,而农户惜地复种指数较高,水土保持性栽桑、植树少且零星分布,故未能形成条带状绿色植被保护带,致使河道堤岸水土流失状况严重,见图1-1。

1.2.2 河道侵占严重,河网水面面积逐渐减少

人们为了眼前利益,盲目地侵占河道、池塘,填河修路、与水争地,造成河道萎缩、水域面积减少,致使区域的行洪能力减弱。由于修路、修建房屋、侵占河滩地等人类多种活动的影响,一些农村的河网被任意占用,造成农村水面减少,河道变窄,也减小了河网的容

图1-1　河道坍塌示意图

量,这些都影响了农村河道功能的发挥。如部分河道两侧各种建筑物几乎完全阻塞了河道,一旦洪水来临,因受河道内建筑的阻碍使河道行洪排涝能力降低,见图1-2。

图1-2　河道侵占示意图

1.2.3　河道淤积严重,调蓄洪水和防灾减灾能力减弱

河道淤积造成河道导流行洪、泄洪、滞洪和引水灌溉等水利防灾功能减弱和生态失

衡,出现洪涝灾害及生态灾害,见图1-3。

图1-3 河道淤积示意图

1.2.4 河道水体污染

水是许多污染物的载体,溶解在水中的污染物因水体动力作用,在一定条件下会出现累积。随着农村经济和社会的发展,农村用水量急剧增加,废水量增幅也十分惊人。这些污水、废水,许多未经处理或简单处理后就排回水体,给农村水体造成了污染,部分河道水体污染严重。农业生产中农药和氮、磷、钾肥的不合理使用,农村生活污水不经处理直接排入河道,降低了农村河道水体自净能力和生态环境的承载能力,见图1-4。

图1-4 河道水体污染示意图

1.2.5　河道护岸结构比较单一,河岸硬质化程度过高

河道的自然特征在人类文明的长期发展过程中常常被渠化,以前的河道护岸工程主要考虑河道冲刷、水土保持等方面的内容,过去在河道建设过程中,仅注重提高河道防洪排涝能力,注重河岸稳定性的保护,因此河道护岸结构型式主要采用浆砌块石、干砌块石、混凝土护岸等硬质化护岸方式。这种护岸型式比较单一,建设模式不利于河道水体环境与陆地环境之间的物质交换,对各种植物、微生物的生长不利,阻断了生态系统物质循环的链接。而且这种方式造成了生物适宜生存的栖息地大量消失,使生物无法生存,从而造成生态系统的失衡。这些不符合现代化的生态要求,且水体的生态功能、景观功能都比较缺失,见图1-5。

图1-5　硬质化河道护岸示意图

1.3　我国村屯河道存在的问题

农村的河道是泄洪、引水、灌溉、通航和解决人民群众生活及工农业用水的命脉,长期以来为水上航运、防汛抗旱,减轻自然灾害,促进经济和社会发展发挥了重要作用。但随着经济的发展和人为因素的影响,农村河道呈现出功能弱化、水质退化的情况。

1.3.1　淤积严重,河道萎缩加剧

受河道自然淤积、水土流失、采砂、各种经济建设等自然因素和人类活动影响,一些河道沟塘淤积堵塞严重,有的河道淤积厚度甚至占原河深的1/2以上;部分河流局部崩岸严重,崩塌物大量堆积于河道,加重了河道的淤积;一些地区城镇建设与河争地,部分末端河道被封堵或填埋;违章建设、向河道倾倒垃圾、人为设障等活动侵占河道,使河道断面不断缩窄,再加上多年未实施清淤整治,导致河道淤浅、水流不畅和行洪能力锐减。

1.3.2 设施陈旧,防洪排涝能力低

目前,大部分农村河道达不到防洪排涝标准,很多甚至处于不设防状态。由于山区和山丘区的农村河道具有源短流急、洪水暴涨暴落的特点,平原农村河道无堤防保护或已建堤防基础较差、渗漏严重、堤身单薄,拦河闸坝、穿堤建筑物及排涝设施陈旧等原因影响,农村河道防洪排涝能力总体较低。

1.3.3 水体污染,水质变差,生态退化严重

水是生命之源,但在经济的快速发展过程中,人们往往没有意识到水问题的重要性,在建设的同时,没能有预见地先进行水治理,而是等问题产生了才进行治理。现在我国的水体质量普遍不高,无论城市还是农村,由于掠夺式的开发,一些江河的上游水土流失十分严重,农村的河道多年治理不善,泥沙淤塞严重,河道萎缩,减流断流现象时有发生,加上农业生产、企业建设、生活污水排放、畜禽养殖等活动,都造成了河道的水体质量变差、生态退化,对农业的稳产、高产、创优产生了严重的影响。近年来,国家高度重视环境保护,地方政府花巨资修建了许多污水处理厂,但仍有一些企业无视环保法规,为追求利益的最大化,向河道内偷排工业污水现象时有发生,再加上一些地方小型分散的工业废水和生活污水无序排入河道,使河道水质呈恶化趋势;平原地区地势低洼平坦,水体流动性差,许多河道污染严重,普遍存在水体富营养化现象,局部水生态系统受到破坏,沿岸居民生产、生活用水水源水质难以保证,人居环境质量下降。

1.3.4 治理滞后,管护十分薄弱

由于河道绵延很长,而我国的行政区划又是分片分区的,有的河道可以横跨几个地区,上下游都分属于不同的地区管理,而大江大河甚至分布在几个省,这就给管理带来了难度。河道的这种分布状况和管理情况,就造成了上下游的管理很难协调。许多农村河道缺乏系统的治理规划,一些已有的水利规划和乡镇规划虽然包含一些农村地区河道治理内容,但对水环境保护、生态治理缺乏具体的目标任务、建设内容和治理措施。同时,农村河道管护主体在基层,大多数地方管护机制不健全,管护责任、管护制度、管护人员和管护经费未落实,日常管护十分薄弱。很多地方污水排放直通河道、生活垃圾等随意弃入河道,使原来的清水河变成污水河。

1.3.5 经费投入不足,人才缺乏

虽然近年来的经济发展过程中,国家对大型水利设施方面的投入有所偏重,而对于农村河道的治理,却明显较弱,所以在治理资金方面,始终处于经费不足的状态。由于农村的河道相对来说很分散,虽然政府有一定的资金投入,但有限的资金一分散,落实到每个地方却是杯水车薪,很难从根本上进行河道治理。随着社会的进步,河道的治理已不仅仅局限于清放疏浚,已成为集水利、环境、生物、园林等多学科的综合性工程,但在农村的河道管理中,专业的设计、施工、管理的机构和人才十分匮乏,很难达到治理的预期目标。

1.3.6 河道保护意识不强,保洁工作不到位

多数地区的农村,对河道保护的意识淡薄,受传统生活习惯的影响,很多地方的村民把河道当成垃圾场,将一些废物垃圾随意向河道中倾倒,使农村的河道污染较重,有的河道基本上失去了排灌、通航的基本能力,加之近几年土地的无序开发利用,一些违建物常常占用河道。大部分农村的河道都处于一种自然的状态,基本上没有保洁工作,即便有的地方有,也多数是连基本工作都做不到位,对河道的保洁工作认识不到位,缺少专人管理。加之河道水流具有流动性,使得上下游、左右岸保洁工作职责难以分清,相互扯皮推诿的事时有发生,难以转变河道的水况。

1.4　村屯河道治理的目的和理念

河道治理的目的是:通过采取一定的科学手段,构建起一种既适合人类生存,又能保持生物多样性的自然状态,从而促进人与自然的和谐发展。具体要求:河道具有一定量的水体,且水体清澈,河岸绿化,河道横向保持空气、水分的流通,河流尽量保持其原有的形态。

根据河道治理的原则,在对河道进行治理时,要坚持"回归自然"和"以人为本"相结合的思路。既要保持原有的水草和树木等,恢复河道原有的排洪、蓄水、航运等自然功能,保持河道原有的自然特征和水体流势的多样性,建设自然性河道,又要处理人、水关系,建立起亲水、安全的人水和谐环境,满足人类活动对河道的要求。应根据当地水系特点、经济社会发展水平,针对不同类型、不同地区的河道存在的突出问题,因地制宜,科学制订整治方案,在保证防洪安全的基础上,注重生态措施,突出加强水环境综合整治。妥善处理河道行洪除涝与生态保护的关系,保持河道自然形态,尽量避免渠化硬化河道。河道综合整治要与农村环境综合治理项目紧密结合,治污、治河协调推进。

近年来,很多国外水利专家开始对治河技术中破坏生态环境的理念进行反思,改进了设计和施工方法,恢复了河流应有的生态环境。在政策措施方面,荷兰颁布的《河道堤防设计导则》、德国颁布的《防洪堤》、美国出台的《河流管理 - 河流保护和恢复的概念和方法》中均对河流生态环境保护、蜿蜒性堤防在生态景观和河道功能方面进行了阐述。在工程措施方面,许多国家拆除混凝土护岸、恢复河滩地、改善河道生态系统甚至为鱼类设计提供繁衍生息的护岸工程和人工岛,这些措施着实推进了新治河理念的发展。

1.5　村屯河道治理现状

农村河道综合整治项目分散、战线长,与人民群众切身利益密切相关,社会关注度高,且实施的主体在基层,建设难度较大。从典型项目区实施方案可以看到,各地在治理过程中牢固树立人水和谐的理念,因地制宜地确定治理方案和措施。山区和丘陵地区河道源短流急,两岸受冲崩塌、水土流失影响较为严重,主要采用护岸护坡和堤防加固等方式,增强防冲刷能力,提高防洪标准;浅丘区和平原地区河流流速缓慢,河道淤积和水系不畅问

题较为突出,主要通过清淤疏浚和堤防整修加固,提高河道防洪排涝能力;一些地区以保持当地河道自然形态和风貌为出发点,采用当地的天然材料和生态混凝土等环保材料,构造人工湿地、种植水生和陆生植物,改善河流生境;一些地方的治理与当地的小流域综合治理、新农村建设、农村河道整治、优美乡村建设等项目相结合。通过中小河流治理重点县综合整治,许多项目区在保障防洪安全的同时,注重了水生态环境的治理,改善了生态环境,取得了显著的成效,发挥了综合效益。河道治理重点县综合整治强调在保障防洪安全的基础上,突出解决农村河道功能衰减、水环境恶化等问题,重在综合整治。总之,从国内来看,不足的方面主要如下。

(1)部分地区治理中小河流的积极性不高。

由于在工程实施过程中会面临很多占林占耕地、移民动迁、占房屋工厂以及迁移电缆等问题,解决这些问题过程相对较复杂,并且要花费大量资金。根据水利部、财政部联合出台的《全国中小河流治理项目和资金管理办法》,国家专项资金要直接用于新建加固堤防、护坡护岸和清淤疏浚等工程主体建设内容,不得用于移民征地、城市景观建设等支出。因此,工程建设过程中出现的诸如占地移民等问题产生的费用,应由地方自筹解决。这导致部分地方水行政主管部门在治河方面积极性不高,加大了对中小河流治理工作的难度。

(2)对项目工程管理没有落实到位。

农村段治理项目的有些项目所在地没有水文站,在做初步设计中水文专业时采用无资料地区设计暴雨洪水计算方法进行计算,导致设计洪水成果有误差。另外,有些项目没有进行详细的地质勘查,初步设计堤线布置比较粗糙,导致现场施工问题多发,实施困难。对于中小河流治理项目的建设管理应该贯穿整个工程的始终,从初步设计编制和审查到开工建设以及竣工验收和后评价,无论分工是否不同,都应相互沟通,避免出现前期、后期相互矛盾的情况。这些问题的存在给村屯河道治理项目带来严峻的挑战,阻碍村屯河道治理的进程。

江苏省河道治理取得了一些成果。《江苏农村河道治理现状调查及分析》指出:随着农村河道治理工作的深入开展,江苏省根据地方经济发展水平和河道特点,贯彻相应政策制度,因地制宜创新管理模式,各县都出台了河道长效管理办法、意见等规范性文件。为确保农村河道管护工作落到实处,省、市、县各级财政积极加大了农村河道长效管护经费的投入。2010年开始,省级财政每年安排农村河道专项经费实行以奖代补,并且经费逐年增加;县乡级作为农村河道建设和管理的主体,不断加大农村河道长效管护的财政投入力度。据统计,2014年全省用于农村河道管护经费达9亿元,其中省级专项奖励资金达5 090万元。

苏南地区各县已建立了相对完善的专业管护和群众管护相结合的河道管理体制,明确了河道管护主体、管护机构和财政资金来源,制定了严格的管理标准和考核机制,农村河道得到长效管护。苏中大部分农村实行了农村河道、乡村道路、卫生保洁、绿化管养"四位一体"的公共设施集中管护机制,有效促进了县乡河道及村庄河塘的管护工作。苏北大部分农村地区明确了农村河道管护主体,建立了农村河道管护机制,建立了专业化河道管护队伍,或者依托农村环境实行"四位一体"管护,或者通过出让河坡林木种植权或水面使用权实行河道承包合同管护等。

1.6 村屯河道治理趋势

1.6.1 河道水环境治理模式

村屯河道水环境是村屯大地的血脉,对降雨、洪涝、干旱及生态环境起着重要的调节作用,是村屯生产、生活不可缺少的基础条件。村屯水环境治理应该根据全面建设社会主义新村屯和村屯水利现代化的要求,以建立健全村屯排水系统及生活污水处理设施、保护饮用水水源、修复和治理村屯周边水环境为重点,紧密结合村屯水利工作实际,综合采取法律制度、工程技术和个人行动规范等措施,突出重点、分布实施,实现村屯水环境清洁、水体流动、水污染得到有效控制,初步建立村屯水环境监测与保护体系。村屯水环境治理模式主要包括循环利用生态治理模式、多功能整体优化生态治理模式、多尺度相结合的生态治理模式、多技术集成的生态治理模式。

1.6.2 循环利用生态治理模式

健康的水循环利用方式主要是指水在循环使用过程中,尊重水的自然运动规律和品质特征,合理科学地使用水资源,将使用过的废水经过深度无害化处理和再生利用,使得上游地区的用水循环不影响下游的水体功能,地表水的循环利用不影响地下水的功能与水质,水的人工循环不损害水的自然循环,维系或恢复城镇乃至整个流域的良好水环境;将传统的、资源产品废水达标排放的单向式直线用水过程,向资源产品废水处理达标再生利用的反馈式循环用水的过程转变,从开发排放的单向利用向循环利用转变,实现水资源的可持续利用。

1.6.3 多功能整体优化生态治理模式

村屯水环境是多方面组合而成的复合的巨系统。整体优化生态治理模式是根据水体的系统特征,从生态、水景观、给水、排水、污水处理、灌溉、航运、再生利用、排涝和文化遗产、旅游等各方面,统筹规划供水、节水与水污染防治,增强水系统的整体性、适配性、扩展性和应急能力,提高系统抗御外部干扰的稳定性,以及具备可靠的供水水源、安全运行的供水排水系统、良好的灌溉用水,满足人居环境相适应的健康水环境等方面的要求。有效地稳定改良水体的生物多样性,提高水体生态自我修复能力,使水体水产品健康无害,野生动植物能健康繁育,人类能在村屯河湖中游泳,从而构建村屯和谐的水环境。

1.6.4 多尺度相结合的生态治理模式

村屯河道有独立自成体系的河流,有交错成网的河流,如平原圩区河道,河道相互交错,各条水系相互沟通,形成较为复杂的水网体系。其中,有单一小区域的河流,有跨越多个区域的河流。可见,村屯河道所涉及的空间尺度是多样的,既有单河道尺度的,又有多河道尺度的,还有流域尺度的。而且这些不同尺度的水体环境是相互影响的。因此,对于水环境的治理不能仅考虑单一尺度,应该多尺度综合治理,既要实施单一河道尺度的重点治理,又要考虑多河道、流域尺度的综合治理,采用联动式治理模式。

1.6.5　多技术集成的生态治理模式

产生村屯水环境恶化的原因多样,污染是最关键的原因,所以在村屯水环境治理过程中应严格控制污染源,严格禁止点源污染的直接排放,严格控制农药、肥料、饵料等污染物使用。对于污水,应该集中收集、集中处理,积极采用污水集中处理技术、湿地处理技术、生态河岸带缓冲处理技术等相关技术处理生产、生活污水。对于水环境已经恶化的水体,应采取工程与非工程技术加以治理,利用水利工程优化调度技术,活化水体;利用微生物技术消除水体内的污染物质;利用曝气技术增加水体的含氧量,提高水体的自净能力;利用植物技术吸收污染物;利用疏浚技术去除底泥中的污染物质。这些技术措施只有相互配合使用,才能取得更好的效果。所以,治理中应该采取多技术集成的生态治理模式。

1.6.6　多河道结构形式的生态治理模式

村屯河道自然性较强,生态状况保持较好,但是自然河道的防洪能力大多较弱。所以,对这类河道的治理既要充分维护现有的自然生态状况,也要大大提高河道防洪能力。河道生态治理中,能展现河道特色的关键因素是河道的结构形式,所以河道结构形式的构造是生态河道治理中很重要的一部分。综合各种治理技术和治理措施,村屯河道结构的生态治理包括自然生态型河道治理、工程生态型河道治理以及景观生态河道治理三种治理模式。

1.6.6.1　自然生态型河道治理模式

自然生态型河道治理是选择适于滨河地带生长的植被种植在河道岸顶、坡面和水边,利用植物的根、茎、叶来固岸。如种植柳树、白杨等具有喜水特性的植物,由它们发达的根系稳固土壤颗粒增加堤岸的稳定性,加之柳枝柔韧,顺应水流,可以降低流速,防止水土流失,增强抗洪、保护河岸的能力。这种模式可以根据当地的地形特点和水文条件,对植物结构和栽植方式做一定的改造。

1.6.6.2　工程生态型河道治理模式

山区河道和航运河道等冲刷较为严重的河道,防洪要求较高。对这些河道的治理必须采用一些工程措施,才能有效地保护河道的结构稳定性和安全性,同时还必须采用生态措施,维护好河道的生态环境。这种治理模式称为工程生态型河道治理模式。采用天然石材、木材、植物保护岸坡,如在坡脚设置各种种植包、石笼或木桩等,斜坡种植植被。工程生态型河道治理模式以防止岸坡冲刷为主,在材料选用上常常采用浆砌或干砌块石、现浇混凝土和预制混凝土块体等硬质且安全系数相对较高的材质。在结构形式上常用重力式浆砌块石挡墙、工形钢筋混凝土挡墙等结构。

1.6.6.3　景观生态型河道治理模式

景观生态型河道治理模式主要是从满足景观功能的角度对河道加以治理,综合考虑河道的生态要求和景观要求,充分考虑河道所处的地理环境、风土人情,沿河设置一系列的亲水平台、休憩场所、休闲健身设施、旅游景观、主题广场、艺术小品、特色植物园和各种水上活动区,力图在河道纵向上营造出连续、动感的长幅画卷景观特质和景观序列;在河道横断面景观配置上,多采用复式断面的结构形式,保持足够的景深效果。景观生态型河道治理模式将各种独立的人文景观元素有规律地组合在一起,构成了当地人们的生活方式,它将美学作为一个和谐和令人愉快的整体,充分体现了以人为本、人与自然和谐相处的理念,符合科学发展观的要求。这一治理模式主要适用于城镇居住区内的河道治理中。

1.7 保障措施探索

1.7.1 工作落实,三方并行

设计部门到现场与百姓交流意见,落实治理方案。乡镇政府推行村民代表大会制度,取得全体村民代表一致通过后,着手施工前的准备工作。水利部门积极协调,负责招标准备工作。三方并行机制,可避免以往因沟通、协调不到位,影响工程进度情况的发生。

1.7.2 建立健全管护制度

村屯河道推行河长制。建立河务牵头、乡镇负责、河长管理、百姓参与的工作机制,实行乡镇、村屯两级制。村级河长由村民推选,负责河道日常的管理;乡镇级河长由水利站长担任,监督管理辖区村级河长工作,协调各村工作,并将工作绩效列入乡镇、村综合考评范畴。

1.7.3 多方筹措资金,加强资金监管

充分利用省、市两级资金支持,为工程建设提供资金保障。同时,加强资金使用管理,确保专款专用,落到实处。

1.7.4 重视媒体宣传

采取多种贴近百姓的宣传形式,让百姓了解村屯河道建设的意义,提高百姓与河道水环境的关联度,引导百姓积极参与河道治理,推进宜居乡村建设工作。

第2章 村屯河道标准化治理基本理论

2.1 村屯河道的界定及治理内涵

2.1.1 村屯河道的界定

目前,水利部对我国的河道划分并没有明确的村屯河道的概念。不同的学者对村屯河道的概念给出了不同的理解。薛逵(2015)认为农村河道主要是指途经农村地带,以及分布在农村周围的湖泊、河流或者池塘等对农村的生产、生活有着直接影响的水域。杨海峰(2013)指出农村河道包括县乡河道和村庄河塘。县乡河道是指一个县范围内跨县和跨村的河道,村庄河塘是指房前屋后、村庄周边的小水塘。朱晓春等(2015)根据农村河道的基本情况,指出我国农村河道多数属于中小河流的支流及末端,是中小河流的重要组成部分,其流域面积较小、数量众多、分布广泛,具有防洪、排涝、灌溉、供水等多种功能,与城镇和农村居民的生产、生活环境联系十分紧密。姜谋余等(2015)认为农村河道广义上包括流经或分布在广大农村地区,直接为农村生产、生活服务的河流、小型湖泊和沟塘。

水利部于1994年2月21日颁布实施的《河道等级划分办法》中,将河道划分为5个等级,其中4、5级河道由省、自治区、直辖市水利(水电)厅(局)认定。在当前的水利管理中,4、5级河道基本等同于中小河流的概念。4级河道的流域面积为0.01万~0.1万 km^2,耕地面积小于2万 hm^2,流域人口小于30万人;5级河道的流域面积小于0.01万 km^2。从4级河道流域人口接近30万人来看,已是县级,至少是镇级行政区的概念,可以大致认为村屯河道是对应的流域面积小于0.01万 km^2 的5级河道,应属于小河道的概念。

考虑小河道特点及村屯现状,本书提出村屯河道的概念,即村屯河道是指流经村、镇并在其两侧各500 m范围内或单侧或周边范围内有居民或住宅存在的小河道,可常年有水或季节性通水,起到防洪、排水等功能。

2.1.2 村屯河道标准化治理内涵

农村河道标准化治理为新农村生态建设提供保障。我国村屯河道数量众多、分布广泛,是河流水网体系的重要组成部分。随着生态文明建设的提出,河湖治理工作已经开始重视农村河道的治理。《中共中央 国务院关于加大统筹城乡发展力度进一步夯实农业农村发展基础的若干意见》(中发〔2010〕1号)明确提出:稳步推进农村环境综合整治,开展农村排水、河道疏浚等试点,搞好垃圾、污水处理、改善农村人居环境;2011年中央1号文件也提出要实施农村河道综合整治;2011年中央水利工作会议提出要着力推进水生态保护和水环境治理,坚持以保护优先和自然恢复为主,维护河湖健康生态,改善城乡人居环境。

农村河道标准化治理为村民提供了良好的生活环境。流经村屯的河道不仅作为大中型河道的源头,也是影响村屯环境的最重要因素,治理工作成为改善人居环境的首要任务。2014 年 1 月,《中共中央　国务院关于全面深化农村改革加快推进农业现代化的若干意见》指出:开展村庄人居环境整治,加快编制村庄规划,推行以奖促治政策,以治理垃圾、污水为重点,改善村庄人居环境……提高农村饮水安全工程建设标准,加强水源地水质监测与保护,有条件的地方推进城镇供水管网向农村延伸。

农村河道标准化治理与以人为本的社会发展规律相协调。农村河道标准化治理为确保地区人民群众的生命、财产安全提供保障。农村河道标准化治理可促进基础设施建设,促进区域经济健康、持续发展,增加地方人民群众经济收入。农村河道标准化治理一切从人民群众实际出发,切实为人民群众着想,更体现出以人为本的治理理念。

2.2　村屯河道标准化治理原则

2.2.1　因地制宜

农村河道的治理要注重与当地的土地利用规划、新农村建设和乡镇建设相结合,治理重在恢复河道功能,不仅要提升河道的行洪、排涝、灌溉等功能,还要保持和恢复生态功能。因地制宜地采取治理方案和措施,包括河道清淤疏浚、堤防加固、水系沟通和生态修复,尤其是在岸坡整治和生态修复中要注重与生态治河、亲水景观建设相结合,且不同的河段根据当地地势、河流流势、河道现有景观等综合考虑。

2.2.1.1　要因地制宜选取岸坡整治形式

岸坡整治工程是农村中小河流治理的关键环节,工程的实施应遵守"随坡就势"的原则,不过于追求岸坡整齐划一;充分利用当地材料,处理好工程安全性和经济性的关系;对河道整治过程中采取的新工艺,应明确设计规范、具体技术参数。以结构加固为主的岸坡治理工程要能抵御较强的水流冲刷,维持河道相对稳定,采用的工程材料应具备较强的耐久抗老化功能,抗侵蚀性能良好,避免重复性维修工作。以生态修复为主的内坡治理工程,优先选用技术成熟的生态护坡和植物措施护岸,常水位以下的护坡及固脚措施应尽量避免采用封闭的硬质材料,以丰富水生动植物和微生物的生存空间。以营造景观为主的岸坡治理工程,根据自然条件和人文风俗,设计以河道为载体的开敞式休闲空间,体现人水和谐。综合整治类型岸坡整治工程根据河道各段所处位置、功能定位等因素灵活选取岸坡治理形式。

2.2.1.2　要因地制宜实施生态修复工程

对河道、湿地、坑塘等要因地制宜地通过放养菌种、水生动物,种植水生植物、人工水草,放置生态浮床、打造人工湿地等措施进行生态修复,打造多自然型河流。把握好陆域和水生植物群落建设,合理选择类群配置、种植生境、种植方式、种植时间,并落实维护管理措施。

2.2.1.3 要因地制宜进行河道护岸和清淤疏浚

由于河道水系的分布不同,要解决农村河道水系的"脏、乱、差"状况,一定要因地制宜,根据不同的情况做出不同的治理方案,切忌千篇一律地筑岸砌石。近年来,很多地方不考虑当地的实际情况,无论河道如何变化,一律采用筑岸砌石,治理完以后,虽然看上去整齐划一,但却失去了水系原来的柔美,也浪费了大量的财力、物力。在治理时,要按照人水和谐、生态亲水的原则,因河制宜,根据不同的地段,采用斜坡式、叠砌式、木桩式、自然坡式等不同形式的护岸形式,在河道治理时,以河道原有生态不变为原则,满足河岸居民的安全、亲水、休闲、灌溉的需求。护岸治理的同时,要做好清淤工作,切实解决农村河道普遍存在的淤积严重、排灌不畅、调蓄能力弱化、水质较差等实际问题。

2.2.1.4 要因地制宜地建立管护机制

地方因地制宜制定完善河道管理制度,落实河道管理责任,加强河道管理机构和队伍建设,保障河道保护管理所需的人员、设备、经费。加强河道保护宣传教育,建立乡规民约,逐步完善专业管理与群众监督维护相结合的河道管护机制。积极利用自动监测、视频监控等现代化手段,提高河道管理能力。

2.2.2 尊重现状

河道的治理在满足防洪安全和恢复河道功能的前提下,充分考虑居住区人民生产、生活用水需要,治理措施尽量要以亲民、便民为主,遵循生态文明理念,在改善河流环境的同时尽量恢复河流自然形态和生物群落的多样性,实现人水和谐的最终目标。

2.2.2.1 应注重保持河流的自然性

在确保河道防洪安全的前提下,尽量保持河流形态的多样性,宜宽则宽,宜弯则弯,避免裁弯取直,防止河道渠化硬化,保留河道内相对稳定的跌水、深潭、河心洲及应有的滩地,以河流的多样性维持河道水生物的多样性。河流两岸为生产区的河段(流经农田、林地等无人或少人居住的河段),整治时尽量保持原有河岸面貌,断面形式、护岸结构选择要遵循"按故道治河"的原则,尽量保持河道弯曲、平顺、生态的自然形态。

2.2.2.2 维持河流天然形态,建设自然的河道

自然界河流的形成和演变都经过了漫长的历史过程,在水流与河床的相互作用下,河流走向、河床形态是在长期的发展演变中形成的。在中小河流治理中,要遵循自然规律,注意维持河流的天然形态,保护和恢复河流形态的多样性,顺应河岸线的基本走势,宜宽则宽,宜弯则弯,宜滩则滩,避免人为改变河势。自然蜿蜒的河道形态能降低洪水流速,削弱洪水的破坏力,裁弯取直将造成河岸带生态功能退化,使水生生物种群的生存环境受到破坏,同时由于改变了洪水流向,增大了河床比降,造成水流流速和水动能增加,加剧河岸的冲刷和河槽的下切,使在洪水情况下灾害更加严重。因此,除极端情况外,要尽量避免人为对河流进行裁弯取直、缩短河道,尽量维持河道的天然状态,如自然蜿蜒曲折的形态,宽窄交替的河道水面,急流缓流交替出现的水流流态等。如特殊情况下要采用裁弯取直措施,则应解决好水面坡降变化大的问题,避免大洪水时水面坡降过大而威胁岸坡的安全。

此外,要开展中小河流的"两清"工作,严格清理河道上的违章建筑物,科学清理河道

上阻碍行洪的障碍物,恢复原天然河道的形态和行洪能力。自然形态的河流往往拥有宽阔平缓的河岸带,这样的河岸带是联系陆地和水生生态系统的纽带,在河流生态修复中起着至关重要的作用,是湿生植物及鱼类生长和栖息的主要场所,有利于发挥河流自身净化能力和恢复能力。除岸坡外,自然形态的河流由于不断的冲淤平衡和受弯道处横向环流的作用,河底往往高低起伏,深泓和浅滩交错,同一断面中也是急流与缓流相间,为水生植物和鱼类提供了多样性的生活空间。

因此,在中小河流治理中,在具备放坡的条件下,应尽量采用自然缓坡,形成较宽的河岸带,以利于河流的自然修复。此外,应尽量维持河道原有的天然断面形式和宽度,避免将河道"渠化"的行为,行洪断面应优先选择复式断面,在地形条件限制情况下,可以考虑选择梯形断面,尽量避免选择矩形断面。在满足行洪安全的前提下,适当地对河底进行疏浚和清淤,避免大范围的土方开挖和河底平整,尽量维持河道高低起伏、深泓浅滩交错、急流缓流相间的天然状态。

2.2.3 注重修复

建管并重,落实长效管护机制是河道治理后长久发挥效益的重要保证。在前期治理的基础上,稳步推进河道确权定界,落实职能职责,实行县、乡、村、用水者协会(或企业)四级管理体系,建立河道日常巡查维护管理机制。地方政府要建立农村河道维修养护机制,确保日常养护资金到位;要加大宣传力度,发布加强河道和流域管理的通告,建立河道管理的激励约束机制。最终,实现河道综合治理建好一处,管好一处,长效保持一处。

2.3 村屯河道标准化治理内容

2.3.1 河道清淤整形

清淤疏浚是指对河道内阻水的淤泥、砂石、垃圾等进行清除,疏通河道,恢复和提高行洪排涝能力,增强水体流动性,改善水质的活动。同时,清淤疏浚要注重优化方案。清淤疏浚的目的是增大河流纵比降,降低河床高程,扩大河道的行洪断面,确保防洪安全。根据河势变化、河道输水和防洪除涝要求,应对挖掘工艺的选择进行多方案比较,尽量采用环保型施工方式,并妥善处理清出的淤泥,防止对河道产生二次污染。根据不同区的功能定位来决定清淤疏浚时的河底标高和河道的宽度,以恢复河道行洪通航、供水灌溉等基本功能。多数村庄沿河而建,村庄段河道也相对较窄,泄洪断面明显不足,通过清淤疏浚不仅可加大河道的行洪能力,也可清理淤泥、垃圾,从而改善河道水环境。需要注意的是,不可像疏浚渠道,一味追求河流通畅。要尽量保留河道原有的蜿蜒性,对河道中原有池塘、溇浜都要加以保护,以营造生态小岛。

2.3.2 护岸衬砌

护岸护坡工程包括岸线梳理、护岸修整、新建护岸、植物护坡等。因地制宜地选择岸坡形式,在河流受冲刷影响大的河段合理采用硬质护岸,其余尽可能以生态护岸为主,尽量保持岸坡原生态。对人口聚居区域,考虑护岸工程的亲水和便民,尽量维护河流的自然形态,防止人为侵占河道和使河道直线化,尽量避免截弯取直,保护河流的多样性和河道水生物的多样性。

2.3.2.1 岸坡形式

在整治岸坡进行护岸设计的时候,要根据不同河段的特点,因地制宜地选择合理的断面设计。主要有以下几种备选的断面:

形式一:斜坡式浆砌石生态护岸。主要适用于河道断面较宽,坡降大,流速快,同时有一定建设空间的河段。

形式二:直立式浆砌石护岸。主要适用于防洪、防冲要求相对较高,受地形限制,居民住房临水而建、土地资源比较紧张的地区(条件允许时,可以将挡墙底部的建筑栏杆换成植物护栏,种植蔓藤类植物,给硬质护岸"穿上柔和的外衣")。

形式三:自然植被护岸。主要分布在农田等生产区以及对护岸要求不高的河段,遵循"故道治河"原则,以河岸整坡为主,保持河道弯曲、平顺、生态、自然形态。

2.3.2.2 岸坡材料

随着经济的发展和和谐社会建设的推进,河道整治不仅要实现河道的基本功能,而且要改善河道环境,为人们提供一个亲切怡人的休闲空间和绿化生态空间,达到人与自然的和谐发展。同时,要考虑河道生物的多样性,尽量保持河道的自然特征及水流的多样性,这样既有利于保护河道水环境,又有利于提高河流自净能力,保证水生动植物的繁衍生息。

常见岸坡材料如下。

1.草木等自然材料护岸

1)自然(种植)草木护坡

采用根系发达的原生草木来保护河堤稳定及生态。根系发达的固土植物在水土保持方面有很好的效果,利用根系发达的植物进行护岸固土,既可以达到固土保沙、防止水土流失的目的,又可以满足生态环境的需要,还可进行景观造景,在农村河道生态护岸工程中可优先考虑。固土植物主要有沙棘林、黄檀、池杉、龙须草、金银花、芦苇、常青藤、蔓草等,可根据该地区的土质、气候以及当地群众的喜好选择适宜的植物品种。

草木护坡主要保护小河、溪流的堤岸和一些局部冲蚀的弯道位置,可保证自然河道及堤岸特性。如种植水杉、柳树等具有喜水特性的植物,由它们发达的根系稳固土壤颗粒,增加堤岸的稳定性,使堤岸具有一定的抗冲刷能力。该方法简单易行,造价低廉。但开始时堤岸抗冲能力差,此时可辅助采用土工织物固坡。随着树木、水草生长壮大,抗冲能力逐步提高。

2)人工竹木桩(插柳)护岸

在河道狭窄或遇有房屋等障碍必须缩窄河道处,采用松木、柳木等木材制成一定长度的木桩,垂直或倾斜打入地基,形成近于垂直的湖岸,保护堤岸不被冲刷。有的小河溪可以采用插柳木桩,待柳桩成活后形成活的垂直护岸。坡上种植植被,固堤护岸。

人工竹木桩(插柳)护岸比较适合于流速大的河道,抗冲刷能力强、整体性好、适应地基变形能力强,又能满足生态型护岸的要求,可以保证河流水体与地下水之间的正常交换,利于水生动植物的繁殖、生长,并满足河道洪水期抗冲的需要。它具有适应地基变形能力强、施工简单、造价低廉等优点。

2. 砌石护岸

1)干砌石护岸

利用当地石料,采用干砌的方式,形成直立或具有一定坡度的护岸。该种护岸形式结构简单、施工方便、施工技术容易掌握,抗冲刷能力强,适用于较大的河道及较高的流速。干砌石料时,在石料缝隙中填塞泥土或种植土体,并种植草木等植物,美化、绿化堤岸。一般在常水位以下干砌直立挡墙,用以挡土和防水冲刷,在常水位以上做成较缓的土坡,并种植当地水草和树木。

2)浆砌石护岸

浆砌块石护岸是用水泥砂浆、石料砌成的垂直挡土墙。这种护岸形式稳定性较好、强度较高、施工方便且外形美观,但造价相对较高。浆砌石护岸可较充分利用河道过水断面,进一步增大抗冲能力,可用于大江大河或流速很大的堤防护岸。为了减少水泥用量,可在墙背部分占墙身30%的体积用干砌块石,形成直立式半浆砌块石护坡。在满足墙身强度、稳定的条件下,又节约水泥,还有利于河道水与地下水的交流。

3)抛石护岸

对石料丰富地区的水流顶冲的急弯段深槽部位,为控制堤脚冲刷破坏,可采用抛石护岸(脚)。抛石一般置于水下,具有容易抛投、可变形性强、水力糙率高等特点。由于抛石护岸变形性大,护岸是缓慢发生破坏的,抛石体具有一定的自愈能力。

4)铁丝网石笼或竹石笼护岸

铁丝网石笼或竹石笼护岸由铁丝网石笼或竹石笼装卵(碎)石、肥料及种植土组成。铁丝网石笼或竹石笼将块石或卵石固定,铁丝网石笼或竹石笼的疏密可根据卵石的直径确定,石笼大小应满足施工要求。该护岸适合于流速较大的河道,抗冲刷能力强、整体性好、适应变形能力强,又能满足生态型护岸的要求,利于河流水体与地下水之间的正常交流和水草、鱼类等的生长栖息。铁丝网石笼或竹石笼可以做成不同形状,既可以用作护坡,也可以做成直立的砌体挡土。该护岸形式既能满足抗冲固岸要求,也可在短时间内恢复河道植物生长。

3. 混凝土护岸

1)常规混凝土护岸

利用常规的混凝土浇筑方法,在河道两岸建成直立的混凝土挡土墙,通常被称为三面光混凝土衬砌河道。其优点是抗冲刷能力很强,适用于大江大河及流速较大的洪水。缺点是河道水体和地下水不能进行交流,堤岸不利于生长绿色植物。河道内不利于鱼虾等水生动物繁衍生长,更不利于两栖动物繁殖、生活。混凝土预制护岸,即用混凝土预制块堆砌成垂直或有一定坡度的堤岸。该种护岸形式的优缺点介于现浇混凝土护坡与生态混凝土护坡之间。

2)新型生态混凝土护岸

新型生态混凝土护岸,是采用多边形预制混凝土板块,规则堆砌在河坡上,预制混凝土板块中间设有孔,在孔中种草、栽植植物,形成绿色生态护岸。混凝土板块可设企口。

采用方格形或梅花形排列,水下部分孔洞作为鱼类和两栖动物的洞穴。该护岸形式具有一定的抗水流冲刷能力,而且孔洞部分适合植物生长、两栖动物栖息繁衍,可形成和谐的水中、岸坡、水上交流共生系,能较好地实现护岸的生态化。

4. 复合型生态护岸

根据河道坡度高程的变化,将上述几种护岸形式进行组合,使河坡沿高程自然变化,在水流冲刷面以下做成强度高的混凝土结构,冲刷面以上做成亲水平台和观景台,亲水平台以上做成生态型护岸,形成自然景观。

5. 现代新型生态混凝土护岸

随着国家工业化程度的提高,河流治理方案中的生态式护岸正在快速稳步发展。像自嵌式植生和景观挡墙、连锁式和铰接式护坡、生态透水砖以及从国际上引进的既能透水,又能防止水土流失的植物生态混凝土技术均正在应用。

2.3.2.3 岸坡形式选择原则

河道生态护岸形式的选用需要综合考虑洪水冲刷安全、生态景观、经济合理实用等多方面的要求,主要考虑的因素如下。

1. 满足灌溉、泄洪、航运等安全性

生态河道整治工程是一项综合性工程,既要满足人们的需求,如防洪、灌溉、供水、航运以及旅游等,也要兼顾生态系统健康和可持续发展的需求,生态护岸必须符合水文学和工程力学的规律,以确保工程设施的安全、稳定和耐久性。工程必须在设计标准规定的范围内,能够承受洪水、侵蚀、波浪、冰冻、干旱等自然力荷载。因此,应按河流水力学进行河流纵横断面设计,并充分考虑河流泥沙输移、淤泥及河流侵蚀、冲刷等河流特性,保证生态河道岸坡的耐久性。

2. 适应景观要求的美观性

为了保证河流风景的整体性,要综合考虑护岸的设计,主要以透视图将设计对象空间表现为立体形态,不能仅靠平面图和断面图来进行护岸设计。应以自然、徐缓、曲折的岸线设计,使景观显得自然生动,更接近于天然河流,以达到河川景观的宜人效果;多修建人们容易接近水边与水亲近的平台、踏步等。

3. 达到经济、适用、实用性

在满足安全性的同时必须考虑经济合理性,要坚持风险最小和效益最大的原则,使河流护岸保护堤防的安全,防止洪水时期泛滥。因此,河流必须具有安全下泄洪水的功能,河道有效宽度、堤岸顶高程应多方面考虑设计洪水状况,而不能只考虑高洪水位水的流动状态。在进行河岸生态设计时,可更多考虑对正常水位生活场景的设计,生态河道岸坡设计要考虑经济适用。在保证安全的基础上,考虑设计方案的经济性,尽量利用当地植物、树种和石料,就地取材,综合利用。少用人工材料和价格较高的外来特种草皮、树木等,防止片面追求美观、时尚和奢侈。生态河道岸坡设计还要做到实用、适用,必须考虑沿河群众生产生活需求,设计有关的靠船码头、用水亲水平台及小型临时取水设施等。

2.3.2.4 生态护岸

护岸工程作为河道体系的重要组成部分,在构建生态型河道建设、生态功能维系中至关重要。因此,生态型河道建设要求护岸材料具有生态功能,能够维护河道生态功能或是

改善整体生境状况;具体是指河道岸坡经开挖后,采用人工种植植被或生态工程措施,通过植被和土壤间相互作用对岸坡进行有效的防护与加固,达到岸坡结构安全与稳定的要求,恢复受损的自然生态环境。它是一种比较理想的生态护坡方式。河道岸坡采用生态护岸材料不仅可以有效地控制水土流失和改善河流水质,对河流生态系统有修复作用,而且生态功能的改善可以提升景观综合效应,有利于美化环境。

生态型河道护岸材料需要有满足植被生长的空间和稳定的结构以保持河道岸线的稳定性,植被易于生长而要求人们不要过多地对河道进行干预;而不干预的河道在水流的长期淘刷下易于产生崩岸,影响河道岸坡的稳定;稳定河道岸坡需要进行护砌,护砌后的河道边坡失去了自由,不利于植被的生长,从而失去了生态的意义,从表面上看,这两者是相互矛盾的。因此,我们要从原理上进行研究,寻找能满足植被生长与岸线稳定的生态型护岸材料和结构,使其既能满足生态系统所需的植被维系和必要空间,又能有稳定的结构进行河道岸坡的保护,这就要求护岸材料具有多维的性质,能满足生态多功能性的要求。

根据生态型河道建设要求,结合目前国内生态护岸结构及材料的发展状况,现有护岸材料型式可归纳为以下三类。

1. 自然原型护岸

河道边坡经过简单治理后直接种植护岸植被,形成具有自然河岸特性的生态型护岸。此类护岸措施抵御破坏的能力相对较差,但近自然程度最高,植被丰富多样与河流的物质能量交换力最强,景观效果好,实施及维护成本低,在不受水流冲刷、生态景观效果好、一般处于静水的河流湖泊工程中应用广泛。如纯植物材料类型,在河道治理中采用植物措施是为了营造健康、稳定的河道植物群落,修复受干扰、破坏的河道生态体系。生态修复应遵循自然演替规律,以修复河道周围原有植被群落为目标。采用种植香根草进行护岸,香根草具有根系发达、发育能力强、耐淹、适应性强,能为水陆动植物提供栖息环境,不足之处是物种单一且为引进物种,容易造成引进种为优势种。

2. 半自然型护岸

实施的植物材料中适当使用木材、石料等天然材料,增强植被生长和抵抗干扰的能力,木石材与植物一起抵抗水流冲刷。因为使用了部分天然材料进行加固,其抗侵蚀的能力和岸坡稳定性相对比自然型护岸要高些。如抛石与植物材料,抛石材料护岸因其施工简便、适应性强等优点,应用十分广泛。块石水力棱角多、表面粗糙率高,可减小水流冲刷,使土体能抵御冲刷侵蚀、减少水土流失。抛石结合植被等措施,可在石缝间生长植被,以达到增强河岸稳定与改善河岸动植物栖息环境的目的。抛石厚度与粒径有关,水深且急的河段应适当加大粒径;坡度根据具体水位可控制在 $1:(1.5 \sim 4)$。此外,土工格栅石垫护岸材料也属于半自然型护岸类型。土工格栅石垫是在坡面开挖成型后,铺设土工布,然后将石垫铺在土工布表面,再人工装填卵石,装满整平后盖上笼盖,最后用高密度聚乙烯合股绳人工绑扎成一个整体。填充石料之间的孔隙受到人为和自然因素的影响不断被土充填,植物根系深深扎入石料之间的泥土中,从而使工程措施和植被措施相结合。它适应于河道地质条件差、容易产生局部坍塌的情况。土工格栅石垫材料护岸结构整体性强、有一定的柔性、坡面应变能力强,且经济成本低,施工方便,其表面自然粗糙,有利于泥沙沉积及植被生长,还能促使河岸周围生态功能的逐渐恢复,生态前景非常好。

3. 多自然型护岸

护岸材料中不仅包括植被类、木石材类等天然材料,还配置生态混凝土、土工合成材料等人造材料,在岸坡冲刷过程中抵抗侵蚀性能方面最具优势。

生态护岸类型如表 2-1 所示。

表 2-1   生态护岸类型

项目	自然原型护岸	半自然型护岸	多自然型护岸
适用范围	降雨量小、水位变动不大的河段	坡度较缓、岸坡水位变动不大的河段	坡度小于 70°,水位变动大的河段
护岸材料	纯植物类材料	树桩、木石类及可再生材料	土工格栅、生态混凝土、植生块等辅以植物材料
生态效应	对生态干扰幅度最小、物种丰富、生态功能健全	对生态扰动较小,物种丰富,生态功能较好	考虑生态结构及生态边缘效应
景观效益	景观丰富、协调性好,近自然程度高	植物种类丰富,近自然程度高	软硬景观相结合,能营建较自然的景观
亲水效应	保有原自然状态,亲水效果好	适宜的自然特性及亲水特征	经人工改造增设一定亲水服务功能
工程造价	成本低,工程量小,技术简单,维护成本低	有一定工程量,施工方便	工程量适当,成本较大,但防护功能好
安全性	流速小、河段变化不大、强度不高的护岸	中低等冲刷、中等强度护岸	抗冲刷性高、强度高、安全性好

2.3.3   堤岸绿化

在内河中,一般以常水位时陆地和水的分界线为准。河道的堤岸位置是水陆交错的过渡地带,具有显著的边缘效应。这里有活跃的物质、养分和能量的流动,为多种生物提供了栖息地,并且是人们滨河活动的主要空间。

在不同的河流、不同的水位情况下,堤岸的构成是不同的。堤岸中堤和岸都是线形要素,其中堤是防洪堤顶,是固定不变的要素,与城市建成区衔接,是城市防洪的组成部分。而岸是变化的要素,随着水位的变化而改变,在河流的枯水位,岸包括部分河滩;在河流的中水期,根据水位的不同,有的河流的岸是河滩,有的河流的岸是护岸,在河流的洪水期,岸是护岸。按照相对高程,可将堤岸分为不同的地带:堤顶—堤顶带及以外的局部部分;护岸—岸底带与堤顶之间的部分;河滩—常水位河床与护岸之间的部分。堤岸构成见图 2-1。

在许多农村中,堤岸是一个重要的场所。空间上表现为典型的线状空间,狭长、封闭,有明显的内聚性和方向性。两岸有各式各样连续而又风格统一的建筑作为背景,堤岸往

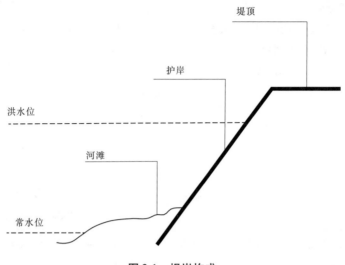

图 2-1　堤岸构成

往往本身就是小路。平台、坡道、踏步等因地制宜,并有小型桥梁将两侧堤岸连接起来。整体上给人一种亲切、流畅的感觉。往往是小型聚会场所,常可见人们坐在路边喝茶聊天,具有非常浓厚的生活气息。

农村具有独特的村屯自然地理特色,它们的河道是这一特色的重要组成因素,因此我们的景观设计应该充分保护、利用并展现其自然特色。自 20 世纪 60 年代英国著名景观规划师伊安·麦克哈格提出"设计遵从自然"的景观设计理论并进行了大量的设计实践以来,尊重自然过程、依从自然过程的设计理念和方法已经被国际城市设计和景观设计界普遍接受与应用,因此在村屯河道建设中也应该相应地引用。在长期自然适应、调整直至稳定的过程中,每种自然过程都会出现独特的自然适应形式,表现在地形、植被等自然要素及其组合结构之中。因此,设计尊重自然过程,就是要认识到:各种自然过程都具有自我调节功能,设计的目的在于恢复或促进自然过程的自动稳定,而非随心所欲地人工控制;各种自然过程都有自然的形式与之适应,设计中应善于发现并充分利用这些自然形式,而非天马行空地构图。在此观念的指导下,通过深入了解场地的各项自然过程及对应的自然形式,一定可以得到多样、经济且符合场地个性的设计形式。除此之外,农村的历史文化和民间风情以及它们影响下的建筑风格都是成就农村的宝贵财富,是村屯的地域风格。景观设计应该注意为人们提供展现这一风格的空间和场所。只有这样,才能真正地设计出一个属于村屯的河道景观,村屯的历史文化也才能够发展延续下去。

为稳固河岸、防治水土流失,美化亮化河岸景观,在坚持与河道整治同步规划、同步设计、同步实施的"三同步"基础上,按照"总量适宜、布局合理、植物多样、景观优美"绿化要求,对农村河道两岸实施植绿、造绿,并根据条件可能,在部分河道两岸建设生态林带,布置休闲景观,打造河岸绿色长廊,努力使河道两岸成为沿河居民群众游憩、休闲、运动、亲水的主要空间。

河道堤岸是人类活动与自然过程共同作用最为强烈的地带之一。护岸部分物质、能量的流动与交换过程非常频繁,是典型的生态交错带,其设计的形式直接关系到河道边缘生境的存在。因此,堤岸的功能之一就是保护河道边缘生态,而不应仅仅注重城市防洪。如今生态型护岸的设计就是在保证河道防洪功能的前提下,注重生态景观的塑造,为动植物的生长提供空间。堤岸上提供了绿化空间,种植各种乔灌木,给人们提供了视觉欣赏的对象,同时强化了堤岸的自然情趣,全方面展现了堤岸的生态景观。

2.3.4 维护管理

中央层面已建立健全了中小河流治理重点县综合整治项目管理和绩效评价制度,针对项目实施的各关键环节,编制项目前期工作、质量控制、竣工验收、建后管护的指导意见。编制项目典型设计图集,强化培训指导,开展河道保护和整治成效宣传。加强项目进展情况跟踪,加大监督检查力度,及时开展项目中期评估和绩效评价工作。建设中小河流治理重点县综合整治管理信息平台,采用遥感等技术手段对项目实施前、实施中、实施后的情况进行比对,综合评价整治效果。

重视维护河流生境,建设有生命的河道河流生境一般指包括河床、河岸、滨岸带在内的河流的物理结构。河流生境是河流生态系统的重要组成部分,为河流生物的正常生活、生长、觅食、繁殖等活动提供必需的空间和庇护场所,是河流生物赖以生存的基础。河流生境的破坏,将引起水生态系统的退化,使微生物的生物多样性降低,鱼类的产卵条件发生变化,鸟类、两栖动物和昆虫的栖息地改变或避难所消失,造成河流生物物种数量的减少和某些物种的消亡。

在中小河流治理中,必须重视维护河流生境,不因河道治理带来河流生物物种的减少或消亡,努力营造蛙叫虫鸣、鱼虾畅游、水鸟翱翔的景象,建设有生命的河道。在河岸、滨岸带,根据坡面土壤含水量的变化情况,依次栽种水生植物、湿生植物和中生植物,植物选择要遵循物种多样、高低错落、乔灌草结合、共生适宜的原则;在水中由水岸浅水区到深水区,梯级栽植挺水植物(如荷花、芦苇、香蒲、茨菇、千屈菜、水葱、菖蒲、泽泻、水生美人蕉等)、浮叶植物(如睡莲、野菱、王莲、茨实、莼菜、荸荠等)和沉水植物(如金鱼藻、苦草、水柳、水兰、水榕、凤凰草、伊乐藻、轮叶黑藻等),这些水生植物将为鱼卵的孵化、幼鱼的成长以及鱼类躲避捕食提供良好的环境。河道中清除受污染的底泥,提高河床孔隙率,为微生物、水生植物生长创造条件。疏浚与清淤要维护河道原生态河貌,在满足防洪要求的前提下,尽量保留河道天然滩(洲),条件允许的情况下,河床中可建造河心滩(洲)、生态岛或采取打木桩、抛石的方法建造急流、浅滩和深潭,在部分河滩上开挖凹地,营造出接近自然的流路和有着不同流速的水流,造就水体流动的多样性,满足不同鱼类的需要。护坡尽量使用堆石、干砌石、多孔混凝土构件和自然材质制成的柔性结构,为水生动物提供生息繁衍的空间。

农村河道集水面积小且分布杂散,多数属于河流水系中的末端河道,是各县及乡镇河流水系的重要组成部分,在河道治理中易被忽视。但是,从各重点县综合整治和水系连通试点工作的开展和国家的政策以及各地治理的反响来看,开展农村河道的治理势在必行。而农村河道综合整治是一个庞大的系统工程和一项艰巨而长期的任务。

农村河道综合整治项目分散、战线长,与人民群众切身利益密切相关,社会关注度高,且实施的主体在基层,建设和管理难度较大。虽然试点工作取得了一定的成就和经验,但未来的治理工作仍然很重。在治理过程中及后期维护过程中应注意以下几个方面：

河道形态的治理：针对河道开挖、清淤工作，应尽可能保证河道原有的地形、地貌不被破坏，并且加大河道中池塘、溇浜的保护力度，确保构建生态"孤岛"环境，以利于周边居民居住。严禁施工过程中一味追求工程进度和成本，也不宜过度追求工程的防洪安全性而采取一些不恰当的"改造自然"方法，截弯取直，把河道的原始形态线性化、渠道化。

河道断面的治理：在河道断面治理问题上，应首倡缓坡，直立钢筋水泥防护方法通常只在特殊河段才采用，并尽量采用缓慢放坡方式，这就需要我们在选择河岸护坡材料时，优先考虑多孔生态材料。截止到目前，我国河道断面治理主要采用生态混凝土预制砌块护岸、浆砌块石护岸、植物型护岸等施工方法。

生态植物措施的应用：现如今，生态河道理念在国内工程中得到了良好的发展和贯彻，越来越多的生态、植物措施应用到河道治理工程中来，新型建筑材料的出现（如生态混凝土预制球、生态混凝土预制砌块、生态植物袋等），为纯植物护坡设计与实践提供了良好的发展机会，类似工程还在很多区域获得了良好效果。

亲水及景观建筑物融入：在河道治理工程中，借助筑堰抬水形成湖面，然后在湖边增添亲水平台设施，并在堤防建设景观建筑物，无疑是当前社会的潮流模式。该措施不但能够进一步提升堤防功能，还能实现原本单一性能的防洪工程向休闲、旅游综合功能的良好转变。

第 3 章　村屯河道标准化治理技术

3.1　河道清淤及整形技术

我国中小河道淤积现象比较普遍,河道原有的调蓄洪水和防灾减灾的能力有所减弱,村屯河道更是面临严重污染,有的甚至成为垃圾堆放处。近几年国家加强了中小河道和农村村屯河道的治理力度,其中清淤工程作为主要措施被广泛实施。历史上,农村村屯河道的清淤工程多是基于人工体力劳作的方式来完成的,而大型清淤装备、清淤船只也基本上是为了港口、航道或大江大河的大规模疏浚工程而建造的,无法进入中小河道进行施工,因此中小河流清淤工程一般没有非常合适的清淤装备进行施工。而对于中小河道以及农村村屯河道的清淤工程到底应该如何实施,使用什么样的清淤机械和工艺,清出来的淤泥应该如何处理,在目前尚无一个比较规范或者公认的方法。针对这一问题,本节收集和梳理了我国河道尤其是中小河道和村屯河道的清淤方法,以及淤泥处理利用的技术和方法,对各种方法的优缺点及适用范围进行了分析,以为中小河流、农村村屯河道的清淤工程提供一些技术借鉴。

3.1.1　中小河道常用清淤技术

目前的河道清淤工程,大多数具有水质改善的目的,因此尚属环保清淤范围。现在的清淤工程具有系统化施工的特点,在清淤之前应该进行初步的底泥调查。通过测量明确河道底床的形状特征,通过底泥采样分析明确底泥中污染物的特点和是否超过环境质量标准。中小河道,尤其是农村河道工程量偏小,这些前期工作很容易被忽视,但实际上先进行一些简单的前期工作对整个工程的顺利实施并获得预期效果会有极大的帮助。在前期工作的基础上,根据淤积的数量、范围、底泥的性质和周围的条件确定包含清淤、运输、淤泥处置和尾水处理等主要工程环节的工艺方案,因地制宜选择清淤技术和施工装备,妥善处理处置清淤产生的淤泥并防止二次污染的发生。

3.1.1.1　排干清淤

由于村屯河道防洪、排涝功能的流量较小,并且没有通航功能,因此可以采取排干清淤措施。排干清淤是指可通过在河道施工段构筑临时围堰,将河道水排干后进行干挖或者水力冲挖的清淤方法。排干后又可分为干挖清淤和水力冲挖清淤两种工艺。

1. 干挖清淤

作业区水排干后,大多数情况下都采用挖掘机进行开挖,挖出的淤泥直接由渣土车外运或者放置于岸上的临时堆放点。若河塘有一定宽度,施工区域和储泥堆放点之间有一定距离,需要有中转设备将淤泥转运到岸上的储存堆放点。一般采用挤压式泥浆泵,也就是混凝土输送泵输送流塑性淤泥,其输送距离可以达到 $200\sim300$ m,利用皮带机进行短距离的输送也有工程实例。干挖清淤的优点是清淤彻底,质量易于保证,而且对设备、技术要求不高;产生的淤泥含水率低,易于进行后续处理。

2. 水力冲挖清淤

水力冲挖清淤是指采用水力冲挖机组的高压水枪冲刷底泥,将底泥扰动成泥浆,流动的泥浆汇集到事先设置好的低洼区,由泥泵吸取、管道输送,将泥浆输送至岸上的堆场或集浆池内。水力冲挖具有机具简单、输送方便、施工成本低的优点,但是这种方法形成的泥浆浓度低,给后续处理增加了难度,施工环境也比较恶劣。

一般而言,排干清淤具有施工状况直观、质量易于保证的优点,也容易应对清淤对象中含有大型、复杂垃圾的情况。其缺点是,由于要排干河道中的流水,增加了临时围堰施工的成本;同时,很多河道只能在非汛期进行施工,工期受到一定限制,施工过程易受天气影响,并容易对河道边坡和生态系统造成一定影响。

3.1.1.2 水下清淤

水下清淤一般是指将清淤机具装备在船上,由清淤船作为施工平台在水面上操作清淤设备将淤泥开挖,并通过管道输送系统输送到岸上堆场中。水下清淤有以下几种方法。

1. 抓斗式清淤

利用抓斗式挖泥船开挖河底淤泥,通过抓斗式挖泥船前臂抓斗伸入河底,利用油压驱动抓斗插入底泥并闭斗抓取水下淤泥,之后提升回旋并开启抓斗,将淤泥直接卸入靠泊在挖泥船舷旁的驳泥船中,开挖、回旋、卸泥循环作业。清出的淤泥通过驳泥船运输至淤泥堆场,从驳泥船卸泥仍然需要使用岸边抓斗,可用其将驳船上的淤泥移至岸上的淤泥堆场中。

抓斗式清淤适用于开挖泥层厚度大、施工区域内障碍物多的中、小型河道,多用于扩大河道行洪断面的清淤工程。抓斗式挖泥船灵活机动,不受河道内垃圾、石块等障碍物影响,适合开挖较硬土方或挟带较多杂质、垃圾的土方;且施工工艺简单,设备容易组织,工程投资较省,施工过程不受天气影响。但抓斗式挖泥船对极软弱的底泥敏感度差,开挖中容易产生"挖除河床下部较硬的地层土方,从而泄漏大量表层底泥,尤其是浮泥"的情况;容易造成表层浮泥经搅动后又重新回到水体之中。根据工程经验,抓斗式清淤的淤泥清除率只能达到30%左右,加上抓斗式清淤易产生浮泥遗漏、强烈扰动底泥,在以改善水质为目标的清淤工程中往往无法达到原有目的。

2. 泵吸式清淤

泵吸式清淤也称为射吸式清淤,它将水力冲挖的水枪和吸泥泵同时装在一个圆筒状罩子里,由水枪射水将底泥搅成泥浆,通过另一侧的泥浆泵将泥浆吸出,再经管道送至岸上的堆场,整套机具都装备在船只上,一边移动一边清除。而另一种泵吸法是利用压缩空气为动力进行吸排淤泥的方法,将圆筒状下端有开口泵筒在重力作用下沉入水底,陷入底泥后,在泵筒内施加负压,软泥在水的静压和泵筒的真空负压下被吸入泵筒。然后通过压缩空气将筒内淤泥压入排泥管,淤泥经过排泥阀、输泥管而输送至运泥船上或岸上的堆场中。

泵吸式清淤的装备相对简单,可以配备小中型的船只和设备,适合进入小型河道施工。一般情况下容易将大量河水吸出,造成后续泥浆处理工作量的增加。同时,我国河道内垃圾成分复杂、大小不一,容易造成吸泥口堵塞。

3.1.1.3 环保清淤

环保清淤包含两个方面的含义,一方面指以水质改善为目标的清淤工程,另一方面则是在清淤过程中能够尽可能避免对水体环境产生影响。环保清淤的特点有:

(1)清淤设备应具有较高的定位精度和挖掘精度,防止漏挖和超挖,不伤及原生土;

(2)在清淤过程中,防止扰动和扩散,不造成水体的二次污染,降低水体的混浊度,控制施工机械的噪声,不干扰居民正常生活;

(3)淤泥弃场要远离居民区,防止途中运输产生的二次污染。

环保清淤的关键和难点在于如何保证有效的清淤深度和位置,并进行有效的二次污染防治,为了达到这一目标一般使用专用的清淤设备,如使用常规清淤设备时必须进行相应改进。专用设备包括日本的螺旋式挖泥装置和密闭旋转斗轮挖泥设备。这两种设备能够在挖泥时阻断水侵入土中,因此可高浓度挖泥且极少发生污浊和扩散现象,几乎不污染周围水域。意大利研制的气动泵挖泥船用于疏浚水下污染底泥,它利用静水压力和压缩空气清除污染底泥,此装置疏浚质量分数高,可达70%左右,对湖底无扰动,清淤过程中不会污染周围水域。国内目前所使用的环保清淤设备多为在普通挖泥船上对某些挖泥机具进行环保改造,并配备先进的高精度定位和监控系统以提高疏浚精度、减少疏浚过程中的二次污染,满足环保清淤要求。

环保绞吸式清淤是目前最常用的环保清淤方式,适用于工程量较大的大、中、小型河道、湖泊和水库,多用于河道、湖泊和水库的环保清淤工程。环保绞吸式清淤是利用环保绞吸式清淤船进行清淤。环保绞吸式清淤船配备专用的环保绞刀头,清淤过程中,利用环保绞刀头实施封闭式低扰动清淤,开挖后的淤泥通过挖泥船上的大功率泥泵吸入并进入输泥管道,经全封闭管道输送至指定卸泥区。

3.1.2 河道淤泥的处理处置技术

河道清淤必然产生大量淤泥,这些淤泥一般含水率高、强度低,部分淤泥可能含有有毒有害物质。这些有毒有害物质被雨水冲刷后容易浸出,从而对周围水环境造成二次污染。因此,有必要对清淤后产生的淤泥进行合理的处理处置。淤泥的处理方法受到淤泥本身的基本物理和化学性质的影响,这些基本性质主要包括淤泥的初始含水率(水与干土质量比,下同)、黏粒含量、有机质含量、黏土矿物种类及污染物类型和污染程度。在淤泥处理工程中,可以根据待处理淤泥的基本性质和拥有的处理条件,选择合适的处理方案。

综观国内外淤泥处理处置技术,可以按照不同的划分标准进行如表 3-1 所示的分类,在淤泥处理工程中,可以根据待处理淤泥的基本性质和拥有的处理条件,选择合适的处理方案。

3.1.2.1 无污染淤泥与污染淤泥的处理

根据淤泥是否污染及含有的污染物种类不同,其相应的处理方法也不尽相同。某些水利工程中产生的淤泥基本上没有污染物或污染物低于相关标准,例如南水北调东线工程淮安白马湖段疏浚淤泥无重金属污染,同时氮、磷等营养盐的含量也低,对于此类无污染或轻污染的淤泥可以进行资源化处理,这类淤泥主要产生于工业比较落后的农村地区。而对污染物超过相关标准的淤泥,则在处理时首先应考虑降低污染水平到相关标准之下,例如对重金属污染超标的淤泥可以采取钝化稳定化技术。淤泥处理技术的选择也要考虑到处理后的用途,比如对氮、磷营养盐含量高的淤泥,当处理后的淤泥拟用作路堤或普通填土而离水源地较远,氮、磷无法再次进入到水源地造成污染时,一般不再考虑氮、磷的污染问题。

表 3-1　淤泥的处置技术分类

	按淤泥是否污染	无污染淤泥处理
		污染淤泥处理
淤泥的处置技术	按处理地点不同 即堆场处理技术	堆场周转
		堆场表层处理
		堆场快速复耕
	按淤泥归宿不同	资源化利用技术
		处置技术

1. 堆场处理与就地处理

堆场处理法是指将淤泥清淤出来后,输送到指定的淤泥堆场进行处理。我国河道清淤大多采用绞吸式挖泥船,造成淤泥中水与泥的体积比在 5 倍以上,而淤泥本身黏粒含量很高,透水性差,固结过程缓慢。因此,如何实现泥水快速分离,缩短淤泥沉降固结时间,从而加快堆场的周转使用或快速复耕,是堆场处理法中关键性的问题。就地处理法则不将底泥疏浚出来,而是直接在水下对底泥进行覆盖处理,或者排于上覆水体,然后进行脱水、固化或物理淋洗处理,但也应根据实际情况选用处理方法,如对于浅水或水体流速较大的水域,不宜采用原位覆盖处理,对于大面积深水水域则不宜采用排干就地处理。

2. 资源化利用与常规处置

淤泥从本质上来讲属于工程废弃物,按照固体废弃物处理的减量化、无害化、资源化原则,应尽可能对淤泥考虑资源化利用。从广义上讲,只要是能将废弃淤泥重新进行利用的方法都属于资源化利用,例如利用淤泥制砖瓦、陶粒以及固化、干化、土壤化等方法都属于淤泥再生资源化技术。而农村地区可将没有重金属污染但氮、磷含量比较丰富的淤泥进行还田,成为农田中的土壤,或者将这种淤泥在洼地堆放后作为农用土地进行利用。当然在堆场堆放以后如果能够自然干化,满足人及轻型设备在表面作业所要求的承载力的话,作为公园、绿地甚至市政、建筑用地都是可以的。利用淤泥的资源化利用技术是国际上很多发达国家常采用的处理方法,如在日本,整个土建行业的废弃物利用率已经从1995 年的58%提高到2000 年的80%,淤泥等废弃土的利用率也达到了60%。

当淤泥中含有某些特殊污染物如重金属或某些高分子难降解有机污染物而无法去除,进行资源化利用会造成二次污染时,就需要对其进行一步到位的处置,即采用措施降低其生物毒性后进行安全填埋,并需相应做好填埋场的防渗设置。

3.1.2.2 污染淤泥的钝化处理技术

工业发达地区的河道淤泥中重金属污染物往往超标,通常意义上的污染淤泥多指淤泥中的重金属污染,例如上海苏州河的淤泥中重金属比当地背景值高出 2 倍以上,对此类重金属超标的淤泥,可以采用钝化处理技术。钝化处理是根据淤泥中的重金属在不同的环境中具有不同的活性状态,添加相应的化学材料,使淤泥中不稳定态的重金属转化为稳定态的重金属,从而减小重金属的活性,达到降低污染的目的。同时,添加的化学材料和淤泥发生化学反应会产生一些具有对重金属物理包裹的物质,可以降低重金属的浸出性,从而进一步降低重金属的释放和危害。钝化后重金属的浸出量小于相关标准要求之后,这种淤泥可以在低洼地处置,也可作为填土材料进行利用。

3.1.2.3 堆场淤泥处置技术

清淤工程中通常设置淤泥堆场,堆场处理技术就是从初始的吹填阶段开始,采用系列的处理措施快速促沉、快速固结,并结合表层处理技术,将淤泥堆场周转使用或者使淤泥堆场快速复耕。

堆场周转技术目的是减小堆场数量和占地,堆场表层处理技术为后续施工提供操作平台,而堆场的快速复耕技术则是通过系列技术的结合使淤泥堆场快速还原为耕地。

1. 堆场周转使用技术

堆场周转使用技术是指通过技术措施快速处理堆场中的淤泥,清空以后重新吹淤使用,如此反复达到堆场循环利用的目的。堆场周转技术改变了以前的大堆场、大容量的设计方法,而采用小堆场、高效周转的理念,特别适合于土地资源紧缺的东部地区。堆场周转技术的设计主要考虑需要处理的淤泥总量、堆场的容量、周转周期和周转次数等,该技术通常可以和固化或者干化技术相结合,就地采用固化淤泥或干化淤泥作为堆场围堰,同时也可以对堆场内的淤泥进行快速资源化利用。

2. 堆场表层处理技术

清淤泥浆的初始含水率一般在 80% 以上,而淤泥的颗粒极细小,黏粒含量都在 20% 以上,这使得泥浆在堆场中沉积速度非常缓慢,固结时间很长。吹淤后的淤泥堆场在落淤后的两三年时间内只能在表面形成厚 20 cm 左右的天然硬壳层,而下部仍然为流态的淤泥,含水率仍在 1.5 倍液限以上,进行普通的地基处理难度很大。堆场表层处理技术则是利用淤泥堆场原位固化处理技术,人为地在淤泥堆场表面快速形成一层人工硬壳层,人工硬壳层具有一定的强度和刚度,满足小型机械的施工要求,可以进行排水板铺设和堆载施工,从而方便对堆场进行进一步的处理。人工硬壳层的设计是表层处理技术的关键,主要考虑后续施工的要求,结合下部淤泥的性质,通过试验和模拟确定硬壳层的强度参数和设计厚度,人工硬壳层技术又往往和淤泥固化技术相结合形成固化淤泥人工硬壳层,也可以利用聚苯乙烯泡沫塑料(EPS)颗粒形成轻质人工硬壳层,这样效果更佳。

3. 堆场快速复耕技术

堆场快速复耕技术主要包括泥水快速分离技术、人工硬壳层技术和透气真空快速固结技术。

泥水快速分离技术是指首先在吹淤过程中添加改良黏土颗粒胶体离子特性的促沉材料,促使固体土颗粒和水快速分离并增加沉降淤泥的密度,在堆场中设置具有截留和吸附作用的排水膜以进一步提高疏浚泥浆沉降速度,同时可利用隔埝增加流程和改变流态,从而达到疏浚泥浆、快速密实沉积的效果。透气真空快速固结技术则是通过人工硬壳层施工平台,在淤泥堆场中插设排水板或设置砂井,然后在硬壳层上面铺设砂垫层,砂垫层和排水板搭接,其上覆盖不透水的密封膜与大气隔绝,通过埋设于砂垫层中带有滤水管的分布管道,用射流泵进行抽气抽水,孔隙水排出的过程使有效应力增大,从而提高堆场淤泥的强度,达到快速固结的目的。透气真空快速固结技术和常规的堆载预压技术结合在一起可以达到更理想的效果。

对于部分淤泥堆场来说,由于堆存的淤泥深度较深,若将整个淤泥堆场的淤泥处理完以满足复耕的要求,投资较大,同时对于堆场复耕来说,对承载力要求相对较低,因此基于堆场表层处理的复耕技术在堆放淤泥较深的堆场经常被使用。通过淤泥堆场原位固化处理技术,将淤泥堆场表层(80~120 cm)淤泥进行固化处理,处理完成后再对表层的固化土进行土壤化改良,以满足植物种植的要求。

3.1.2.4 淤泥资源化利用技术

上面阐述的淤泥固化、干化、土壤化等各种能把废弃淤泥变为资源重新进行使用的技术都属于淤泥的资源化利用范畴。此外,淤泥资源化利用技术还包括把淤泥制成砖瓦的热处理方法。热处理方法是通过加热、烧结将淤泥转化为建筑材料,按照原理的差异又可以分为烧结和熔融。烧结是通过加热到800~1 200 ℃,使淤泥脱水、有机成分分解、粒子之间黏结,如果淤泥的含水率适宜,则可以用来制砖或水泥。熔融则是通过加热到1 200~1 500 ℃使淤泥脱水、有机成分分解、无机矿物熔化,熔浆通过冷却处理可以制作成陶粒。热处理技术已经比较成熟,国外和国内的不少学者都进行过相关研究。热处理技术的特点是产品的附加值高,但热处理技术能够处理的淤泥量非常有限,比如普通制砖厂1年大概能消耗淤泥5万 m³,不能满足目前我国疏浚淤泥动辄上百万立方米发生量的处理需求,从淤泥的大规模产业化处理前景来讲,固化、干化、土壤化的淤泥资源化利用技术是具有生命力的,若与堆场处理技术相结合则更能显示出其效益。

3.1.3 清淤及淤泥处理处置技术的发展方向

随着社会的发展,对生态环境保护的重视,越来越多的城市和农村河道将进行清淤和疏浚工程,清淤产生的大量淤泥占用大面积堆场,因此对清淤技术和淤泥处理处置技术提出了新的要求。

最新的清淤技术目前有以下几种。

3.1.3.1 高浓度原位环保清淤方法

目前常用的环保清淤方法清出的淤泥浓度在15%~20%,水分子的体积要远大于土颗粒的体积,清淤泥浆的体积为颗粒的4~5倍。这些高含水泥浆往往需要较大的堆场进行放置,很多清淤工程因为堆场场地的问题而受到严重制约。高浓度原位环保清淤能够降低清淤过程中泥浆的增容率,在中间输送过程中可以使泥浆含水率得到降低,将淤泥直接变成可以用于填土的土材料使用。因此,为了节省占地和降低整个清淤和淤泥处理的成本,高浓度原位环保清淤技术已经成为未来的发展趋势。

3.1.3.2 堆场淤泥快速排水技术

目前大多数内河清淤的淤泥都在堆场中堆放。淤泥堆场经过地基处理,在解决其长期沼泽化状态的问题后,可作为建设、景观、农田利用的土地。而这一地基处理过程就是淤泥固结排水的过程。淤泥黏粒含量高,透水性差,在自重作用下的固结时间长,自重固结后的强度低。淤泥的快速排水固结问题成为一个亟待解决的问题。软黏土地基使用的真空预压法和堆载预压法,对于淤泥往往难以发挥出良好的效果。淤泥含水率极高,处于流动状态,颗粒之间的有效应力非常低,在高压抽真空的状态下淤泥颗粒会和间隙水一起流动,从而使排水板出现淤堵而无法排水。如何解决排水系统的淤堵问题成为淤泥快速排水的关键。堆场淤泥快速排水技术是在淤泥内铺设多层多排水平排水通道,其层间距、排间距都在 60~80 cm,以形成高密度泥下排水网络。将该网络与地面密封的水平排水管密封连接,再与射流排水装置连接后抽气抽水,可加快淤泥的排水速度。目前这一技术开发和其中的关键问题尚处于探索的初期阶段。

3.2 河道护岸衬砌技术

3.2.1 浆砌石护坡

3.2.1.1 应用浆砌石护坡的总体要求

砌筑前,应在砌体外将石料上的泥垢冲洗干净,砌筑时保持砌石表面湿润,应采用坐浆法分层砌筑,铺浆厚宜 3~5 cm,随铺浆随砌石。砌缝需用砂浆填充饱满,不得无浆直接贴靠,砌缝内砂浆应采用扁铁插捣密实;严禁先堆砌石块再用砂浆灌缝,上下层砌石应错缝砌筑;砌体外露面应平整美观,外露面上的砌缝应预留约 4 cm 深的空隙,以备勾缝处理;水平缝宽应不大于 2.5 cm,竖缝宽应不大于 4 cm;砌筑因故停顿,砂浆已超过初凝时间,应待砂浆强度达到 2.5 MPa 后才可继续施工;在继续砌筑前,应将原砌体表面的浮渣清除掉;砌筑时,应避免振动下层砌体。勾缝前,必须清缝,用水冲净并保持槽内湿润,砂浆应分次向缝内填塞密实;勾缝砂浆标号应高于砌体砂浆;应按实有砌缝勾平缝,严禁勾假缝、凸缝;砌筑完毕后,应保持砌体表面湿润并做好养护。

3.2.1.2 应用浆砌石护坡的砌筑方法

浆砌石护坡施工有两种方法,一是灌浆法,二是坐浆法。

灌浆法的操作过程是:当沿子石砌好,腹用大石排紧,小石塞严,将灰浆往石缝中浇灌,直至把石缝填满为止。这种方法操作简单、方便,灌浆速度快,效率高,但由于灌浆法不能保证施工质量,目前已经不再采用。

坐浆法的操作过程是:在基础开砌前,将基础表面泥土、石片及其他杂质清除干净,以免结合不牢。铺放第一层石块时,所有石块都必须大面朝下放稳,用脚踏踩不动为止。大石块下面不能用小块石头支垫,使石面能直接与土面接触。填放腹石时,应根据石块自然形状,交错放置,尽量使块石与石块间的空隙最小,然后将按规定拌好的砂浆填在空隙中,基本上做到大孔用大块石填,小孔用小石填,在灰缝中尽量用小片石或碎石填塞以节约灰浆,挤入的小块石不要高于砌的石面,也不必用灰浆找平。

3.2.1.3 影响砌石质量的因素

浆砌石护坡工程项目管理中的质量控制主要表现为施工组织和施工现场的质量控制,控制的内容包括工艺质量控制和产品质量控制,影响质量控制的因素主要有人、材料、机械、方法和环境等五大方面。

首先,应增强施工者的质量意识,施工人员应当树立质量第一的观念、预控为主的观念、用数据说话的观念以及社会效益、质量、成本、工期相结合综合效益的观念。

石料是工程施工的物质条件,是工程质量的基础,石料质量不符合要求,工程质量也就不可能符合标准,所以加强石料的质量控制,是提高工程质量的重要保证。施工过程中的方法包含整个建设周期内所采取的技术方案、工艺流程、组织措施、检测手段、施工组织设计等。施工方案正确与否,直接影响工程质量控制。现实中往往由于施工方案考虑不周而拖延进度,影响质量,增加投资。为此,制订和审核施工方案时,必须结合工程实际,从技术、管理、工艺、组织、操作、经济等方面进行全面分析、综合考虑,力求方案技术可行、经济合理、工艺先进、措施得力、操作方便,以提高质量、加快进度、降低成本。

施工阶段必须综合考虑施工现场条件、建筑结构形式、施工工艺和方法、建筑技术经济等,合理选择机械的类型和性能参数,合理使用机械设备,正确进行操作。操作人员必须认真执行各项规章制度,严格遵守操作规程,并加强对施工机械的维修、保养和管理。

影响工程质量的环境因素较多,有工程地质、水文、气象、噪声、通风、振动、照明、污染等。环境因素对工程质量的影响具有复杂而多变的特点,如气象条件就变化万千,温度、湿度、大风、暴雨、酷暑、严寒都直接影响工程质量,往往前一工序就是后一工序的环境,前一分项、分部工程也就是后一分项、分部工程的环境。因此,根据工程特点和具体条件,应对影响质量的环境因素,采取有效的措施严加控制。此外,冬雨期、炎热季节、风季施工时,还应针对工程的特点,尤其是混凝土工程、土方工程、水下工程及高空作业等,拟定季节性保证施工质量的有效措施,以免工程质量受到冻害、干裂、冲刷等危害。同时,要不断改善施工现场的环境,尽可能减少施工所产生的危害对环境的污染,健全施工现场管理制度,实行文明施工。

浆砌石护坡示意图如图3-1、图3-2所示。

3.2.2 浆砌石挡墙

3.2.2.1 浆砌石挡墙的优缺点

采用浆砌石挡墙的优点是:具有一定的整体性和防渗性能,能充分利用当地材料和劳力,便于施工组织,便于野外施工。其缺点是:由于全由人工进行砌筑,施工进度慢,施工质量难以控制,尤其是砂浆不易饱满密实,难以达到规范要求。

3.2.2.2 浆砌石挡墙的砌筑方法

1. 一般要求

(1)砂浆必须有试验配合比,强度须满足设计要求,且应有试块试验报告,试块应在砌筑现场随机制取。

图 3-1　浆砌石护坡示意图(一)

图 3-2　浆砌石护坡示意图(二)

(2)砌筑前,应在砌体外将石料上的泥垢冲洗干净,砌筑时保持砌石表面湿润。

(3)砌筑因故停顿,砂浆已超过初凝时间,应待砂浆强度达到 2.5 MPa 后才可继续施工;在继续砌筑前,应将原砌体表面的浮渣清除掉;砌筑时,应避免震动下层砌体。

(4)砌石体应采用铺浆法砌筑,砂灰浆厚度应为 20 ~ 30 mm,当气温变化时,应适当调整。

(5)采用浆砌法砌筑的砌石体转角处和交接处应同时砌筑,对不同时砌筑的面,必须留置临时间断处,并应砌成斜槎。

(6)砌石体尺寸和位置的允许偏差,不应超过有关规定。

浆砌石挡墙示意图如图 3-3、图 3-4 所示。

2.块石砌体

(1)砌筑墙体的第一皮石块应坐浆,且将大面朝下。

(2)砌体应风皮卧砌,并应上下错缝、内外搭砌,不得采用外面侧立石块、中间填心的砌筑方法。

(3)砌体的灰缝厚度应为 20 ~ 30 mm,砂浆应饱满,石块间较大的空隙应先填塞砂浆,后用碎块或片石嵌实,不得采用先摆碎石块后填砂浆或干填碎石块的施工方法,石块间不应相互接触。

(4)砌体第一皮及转角处、交接处和洞口处应选用较大的石料砌筑。

(5)石墙必须设置拉结石。拉结石必须均匀分布、相互错开,一般每 0.7 m² 墙面至少

图 3-3　浆砌石挡墙示意图(一)

图 3-4　浆砌石挡墙示意图(二)

应设置一块,且同皮内的中距不应大于 2 m。

　　拉结石的长度,若其墙厚等于或小于 400 mm,应等于墙厚;墙厚大于 400 mm 时,可用两块拉结石内外搭接,搭接长度不应小于 150 mm,且其中一块长度不应小于墙厚的 2/3。

　　(6)砌体每日的砌筑高度,不应超过 1.2 m。

3.2.3　干垒砖挡墙

3.2.3.1　干垒砖挡墙施工特点

　　干垒挡墙跟传统的加筋支护结构相比,施工方面具有非常大的优越性,可以成倍地提高施工进度以及工程质量。三四个比较熟练的工人队伍一天能施工 20 ~ 40 m² 的墙(包含所有的施工工序)。这种施工上的方便快捷主要反映在以下几个方面:

　　(1)干垒挡墙在施工时,一层层挡土块直接码上去,无需用砂浆砌筑和锚栓。

　　(2)挡土块独特的后缘结构确保每块位置准确,整个墙体整齐。

　　(3)块体尺寸、形状同一,摆放时只要上下错缝即可,无须特别注意块体的摆放位置。

对基础的要求较低,基础开挖量一般比其他型式的挡墙少并无须特别处理。正常情况下,只要保证地基土有足够的密实度并设置≥150 mm的夯实好的级配碎石或素混凝土垫层即可。

3.2.3.2　干垒砖挡墙结构特点及安全性

由于层与层之间无砂浆或其他固结措施,墙本身坐落在柔性骨料基础上,所以干垒砖挡墙是柔性结构,块体可以自由移动或调整相互位置,对小规模基础沉陷或遇到短暂的非常荷载组合(如地震、高地下水位等)时具有相当高的适应能力。除此之外,干垒砖挡墙的高度的安全性可以由以下几方面来保证:

(1)干垒砖墙体与回填土经过加筋网片(一般为编织的土工格栅)的作用成为一个整体来承担外部土压力,相当于一个重力式挡土墙。

(2)干垒砖墙体由于每块后缘槽口的存在自然形成10.6°或12°的坡度,这使墙体重心偏内,增加其在土压力作用下的抗倾覆能力。干垒砖挡墙采用比较保守的设计方法使挡土墙设计、施工方案保证墙体在设计荷载下不会发生滑移、倾覆失稳或滑坡等任何形式的安全问题。

干垒砖挡墙示意图如图3-5、图3-6所示。

图3-5　干垒砖挡墙示意图(一)

3.2.4　六棱形生态砖

生态砖是指对于绿化混凝土的小型防护构件等的称谓,或者是指运用某些回收的材料制成建筑中用的小型建材。生态砖的品种较多,主要有护坡砖、空心砌砖、植草砖等。生态砖是新时期研制出的一种绿色环保的建材产品,质量可与天然石材媲美,同时也克服了天然石材在纹理、防污等方面的某些缺陷,而且利于环境、减少对于天然资源的使用及浪费。可以说,生态砖是一种当代理想的生态建材,对于维护环境生态、保护资源等具有重要作用。

六棱形生态砖是一种正六边形的生态砖,单砖自重达到40 kg,边长30 cm,砖块外沿

图 3-6　干垒砖挡墙示意图(二)

厚度达 10 cm 左右,有效孔径达到 2 cm 以上,孔隙率则在 30% 以上,可绿化的面积在整砖面积的 80% 以上,等等。总体而言,六棱形生态砖具有破损小、脱模快、植被适应性能好及防护的可靠率高等优势。

六棱形生态砖具有以下技术效果和特点:

第一,抗冲性能稳定而可靠。六棱形生态砖严格遵循并符合《堤防工程设计规范》的要求,在河道整治中运用,能很好地保障河堤的抗冲性,利于排洪、泄洪,预防洪涝的侵袭,可以说,完全具有天然石材所具备的性能。

第二,植物适应性能好。在河道整治中,不仅要求传统意义的价值,还应满足生态环境保护的要求,其中植被的保护尤为重要,即实现建材防护河堤的同时尽量实现植被的覆盖,这也是对于涵养水源、水土保持等生态效益的考衡。六棱形生态砖在空隙中充灌的植物生长材料如角蛋白类物质等,可有效避免对植物细胞形成的渗透损害,有效的孔径可作为测量植物生长情况的参数,进而合理调节水泥用量等,总之,诸类植物可以很好地在生态砖上生存。

第三,实现生态修复的良好效果。该生态砖吸取拟自然的生态修复理论,在实际工程中,根据人类的实际需求,在充分认识、遵循自然生态规律基础上,对自然界进行模拟再现。在生态砖的铺设与构造中,我们可以看到,它模拟的便是"母质层、基质层、植物层"这一自然生态系统的构成,进而使得整治后的河道不仅能保障安全,还可以实现生态的环境和谐。

六棱形生态砖示意图如图 3-7 所示。

3.2.5　格宾石笼挡墙

格宾石笼挡墙以低碳钢丝为基本材质,具有很好的耐腐蚀与抗磨损能力。格宾网箱由间隔 1 m 的隔板(双绞合六边形金属网片)分成若干单元格,施工中将石块装入笼中封口。它是一种柔性结构物,能够适应地基的轻微变形。墙面可以自然透水,利于填土中地

图 3-7 六棱形生态砖示意图

下水排出,保证了结构长期稳定,面墙有较好的刚度,不存在"鼓肚"现象。

格宾石笼构件及格宾石笼挡墙如图 3-8、图 3-9 所示。

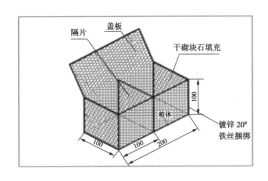

图 3-8 格宾石笼构件

图 3-9 格宾石笼挡墙

3.2.5.1 施工特点及适用范围

(1)施工工艺简便易学,在短时间内可以让多数人掌握,易于工法的推广。

(2)机械设备消耗少。格宾石笼在工厂中制成半成品,在施工现场进行组装,所需机械设备种类少且常见,便于施工管理。

(3)易实现质量控制,对地基基础要求不高且完工后石笼稳定性强,便于质量控制。

(4)无污染,生态环保。可实现水土自然交换,增强水体自净能力,同时又可以实现墙面植被绿化,使工程建筑与生态环境保护有机结合。

(5)格宾石笼挡墙可用于边坡支护、基坑支护以及江河、堤坝及海塘的防冲刷保护,尤其适合景观河道险工的治理。

(6)控制和引导河流及洪水,可对河岸或河床起到永久性的有效保护。

3.2.5.2 格宾挡墙的施工流程

格宾挡墙施工流程如图 3-10 所示。

格宾石笼挡墙示意图如图 3-11、图 3-12 所示。

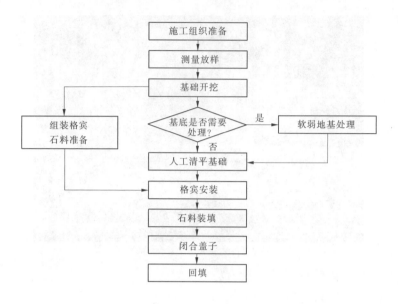

图 3-10　格宾挡墙施工流程

图 3-11　格宾石笼挡墙示意图(一)

3.2.6　生态土工固袋

土工固袋是指以机织复合土工布为原材料经缝纫加工而成的防护加固袋。土工固袋体经抗紫外处理,抗微生物性好,施工方便,主要作用是包裹、加劲、阻隔、过滤、排水。

3.2.6.1　土工固袋(生态袋)产品特色

(1)高抗拉、耐撕裂、抗穿刺。

(2)抗酸碱、耐候性佳,品质均一稳定。

(3)土工固袋规格可依工程需要而订制。

图 3-12　格宾石笼挡墙示意图(二)

(4)填充物可就地取材。

3.2.6.2　土工固袋(生态袋)的应用领域

(1)边坡崩塌的山坡地护坡工程中,土工固袋(生态袋)能承受侧向土压力,防止边坡滑动。

(2)公路边坡塌方工程中,能为植物生育基盘提供足够的土壤厚度、养分及水分。

(3)河海堤岸、草沟防汛工程及河床疏洪工程中,能防止坡面地表水回流淘刷及水土流失。

(4)挡土墙及军事掩体工程常使用土工固袋(生态袋)。

3.2.6.3　生态土工固袋工法

1.仰斜式工法

仰斜式来源于重力挡墙的一个分类,在此工法中,以土工固袋为材料,并应用重力挡墙原理处理岸线。

当岸线坡度(仰斜角)为53°～90°,其中土工固袋搭接宽度应大于100 mm。其工法如图3-13所示。

当岸线坡度为34°～53°时,根据倾覆验算,使用1 m高生态土工固袋堆砌的生态岸线的最小倾角为53°,对于倾角小于53°的岸线,应使用0.65 m高的生态土工固袋堆砌,这时最小倾角可达到34°。其工法如图3-14所示。

2.湿地工法

湿地工法中生态土工固袋无顶盖,生态土工固袋起到固土防冲刷的作用,同时为水生植物提供了良好的生长环境。其工法如图3-15所示。

3.与石笼混搭式工法

石笼工法是目前水利工程中大量使用的工法,生态土工固袋可以与石笼工法混搭使用,这样可以应用于更多的工程环境。其工法如图3-16、图3-17所示。

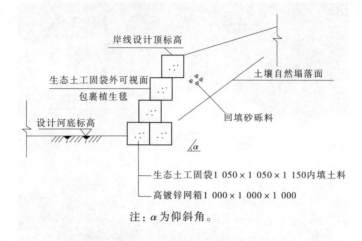

注：α为仰斜角。

图3-13 仰斜式工法（一）

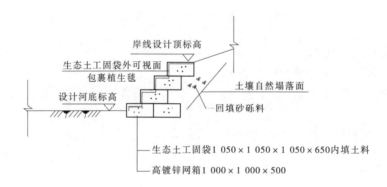

图3-14 仰斜式工法（二）

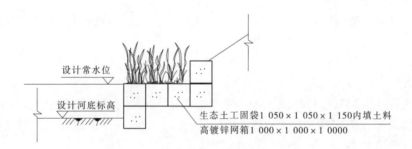

图3-15 湿地工法

4．弯道工法

由于在河道的转弯处外侧受到水流冲击较大，固土固堤很难兼得，弯道工法应用于河道转弯处的外侧，可以有效固土固堤。其工法如图3-18所示。

生态土工固袋示意图见图3-19。

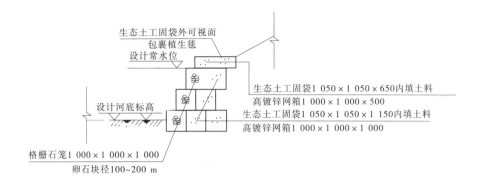

图 3-16　与石笼混搭式工法(一)

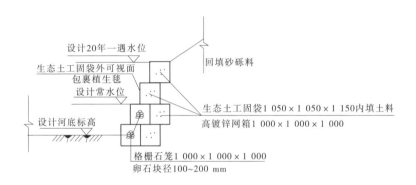

图 3-17　与石笼混搭式工法(二)

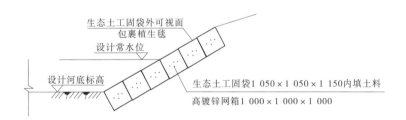

图 3-18　弯道工法

3.3　堤岸绿化及亲水设施方案布设

3.3.1　绿化、补植

河道绿化景观属于人工景观,人工河道景观与其他人工景观存在很大差异。人工河

图 3-19　生态土工固袋示意图

道景观需要建设者综合考虑人与水、人与植物、水土与植物之间的关系,也因此给河道绿色景观建设增加了难度。随着人们生活水平的不断提高,贯穿于农村、城市的河道景观受到了高度重视。河道不仅是传统的运输工具,还是人们亲近自然的场所,在人们的日常生活中发挥着越来越重要的作用。因此,河道绿化、补植应采取科学合理的方案,使河道绿化景观达到人与自然和谐共处的境界。

3.3.1.1　河道绿化设计原则

1. 坚持因地制宜的原则

不同地区河道水土条件不尽相同,河道绿地设计需要充分考虑河道地区的水土情况,选取适合当地水土的植物。在条件允许的情况下,最好是在当地选取绿化植物,不仅能够保障植物的存活率,还便于管理工作的顺利进行。另外,因地制宜的原则还要求绿地植物需要与周围现有的景观相协调,设计者可以通过植物的颜色、线条以及形态来充分发挥植物的自然美。

2. 河道交通与景观设计相结合的原则

河道绿化还应该考虑到河道交通与景观设计之间的关系,河道景观必须在保证河道交通正常运作的前提下进行施工建设,坚持河道交通与景观设计相结合的原则是河道作业顺利进行的有效保障。

3. 景观设计与村镇、城市规划相协调的原则

河道景观设计还需要与村镇、城市总体规划相协调,河流是村镇、城市自然环境的重要组成部分,河道绿地建设可以有效改善乡镇环境。在绿化植物的选择上,设计者还应该综合考虑乡镇、城市发展的需要,植物种植应该与乡镇、城市的总体规划相协调,将河道绿色植物的效益最大化。

4. 多目标同时治理的原则

绿色景观设计不仅是为了增加乡镇、城市绿地面积、丰富乡镇、城市景观,还要净化水质、保持水土、降低洪涝灾害。因此,在设计河道景观时,要始终坚持把绿色植物的功能作用发挥到最大。

3.3.1.2 河道绿化、补植考虑因素

进行村屯河道植物景观生态规划,主要是从植物景观生态的整体性、多样性、异质性、连通性及稳定性五个方面考虑。

1. 整体性

进行植物景观规划时,应该充分考虑到场地的自然条件和环境因子,将植物与大气、水分、土壤、温度等综合到一起作为一个有机的整体来考虑。这些环境因子无时无刻不影响着植物的生长,任何一种因子变化都将影响植物的生长,进一步影响植物景观的构建。规划时,应注重植物与周边环境因子的协调与适宜,这一点对于营造整体性的植物景观至关重要。

2. 多样性

植物景观的多样性表现在其结构和功能方面的多样性,反映了植物景观的复杂程度,如植物景观格局的多样性、组成种类的多样性及斑块的多样性等。正是由于植物具有多样性,植物才能够形成色彩各异、四季不同、姿态各异的植物景观,同时也对植物物种之间的能量交换、物种的分布起到促进作用。在景观构建中应该注重植物展现的外形、体现的季相、空间构成的差异、具备的功能及其体现的内涵等多样特征,以此充分地发挥植物景观的多样性。

3. 异质性

植物景观的异质性体现在植物形成的多种结构上,如防护林、风景林构成生态斑块,田间绿道和"四旁绿化"则形成生态廊道,而在乡村地区,各种田间作物及山体林地则形成各种镶块体。植物不同的景观结构单元决定景观空间的异质性。

4. 连通性

植物景观的连通性表现在植物所构成群落结构内部相互之间的空间连通性能上,也表现在群落之间或者是斑块、廊道之间的空间连通性上。应从自然现状中查找相互共生的植物配置方式,减少或者避免物种之间的相克导致植物景观的消失。

5. 稳定性

影响植物群落稳定性的关键是人类和自然带来的生态干扰,自然中环境因子、生长条件的改变将直接影响到植物的景观变化。在进行植物景观生态规划时,应该考虑到植物的抗干扰能力,以使植物形成的景观能够在自身承载力的范围内保持稳定并能够通过自身能力进行恢复。

3.3.1.3 村屯河道植物种类选择

成功的植物景观构建应该将一个地区地域性景观特色充分地表现出来,乡村区域区别于城市、郊区的景观特征也就决定了乡村植物选择的特殊性。

第一,乡村植物自播性强、分类能力强,使其物种在乡村土地上大面积生长,在景观上表现出一种植物粗放型生长的乡村野趣。这类自播性强的植物在乔木、灌木和草本中都存在,常见自播性强的乔木种类有乌桕、榉树、马尾松、泡桐等;灌木种类有木槿、杜鹃等;草本种类有白三叶、白背叶等,相比之下灌木和草本植物的大面积生长更能体现出乡村中植物的野趣。

第二,乡村植物在外貌上应该是粗犷的,叶片有毛,株型疏松、粗壮,枝干上有毛、刺或

者树皮为裂痕,剥落状的植物能给人以粗野的感觉,枝叶茂盛的植物有构树、枇杷、壳斗科的植物等,枝干有刺的植物有刺槐、马甲子、刺楸,树皮呈剥落状的植物有柳榆、椤木石楠等,这些外表感觉"不经雕"的植物能营造出一种属于乡村的质朴、真实自然之感。应该注意的是,考虑到村民的安全性,在植物景观构建时,这类枝干有刺的植物不宜种植在村民活动频繁处。

第三,乡村河道周边的现有骨干树种是植物构建时树种选择的重要参照。一方面,一个区域内的骨干树种是长期以来优胜劣汰的结果,对于该区域中树种群落之间的稳定性起到至关重要的作用;另一方面,区域内的骨干树种能展现出该区域的地域景观特色。

第四,植物对于村民的安全性也是需要仔细考虑的内容。河道的规划设计应为村民提供沿河行走的道路和休闲的亲水平台,这些村民活动频繁的区域周边都配置有丰富的植物,人与植物的交流频度增加,因此这些区域内植物对人的安全性就应该得到注意。一些带有毒素的植物就应该避免在村民活动频繁的区域栽植,如夹竹桃、曼陀罗、苍耳等植物被小孩误食会导致中毒,而像刺槐、马甲子等带有枝刺及皮刺的植物也应该减少或者远离村民。

第五,乡村中的生活物资长期以来都是取之于自然的,根据这一特点选择既可食又可用的乡村河道树种将受到村民的青睐,同时也是一种纯粹的乡村景观和一种乡村田园景观。而村民栽植果树也是一种即时性生产景观的表达,蔷薇科、芸香科及葡萄科的植物大都能达到可观、可用的效益。将景观效益与经济效益结合起来的种植模式只有在乡村才能得到较好的契合。

第六,河道周边的植物景观构建树种选择时,应该考虑植物和河道之间的相互关系。对于植物来说,其生境是决定植物良好生长的主要因素,河道周边的植物选择应该根据水位线的分布来配置不同耐水湿性能的树种,一般水位线的平面分布有枯水位线、常水位线、50年一遇洪水位线及100年一遇洪水位线等,在不同水位区域,可以分别栽植浮水植物、挺水草本植物、耐湿树种等。

3.3.1.4 村屯河道绿化、补植内容

1. 确定村屯河道骨干树种

村屯河道骨干树种是指在村屯河道植物中数量较多,能在该地域环境下稳定生长的植物种类。骨干树种体现了当地的文化地域特色,构成了整个乡村河道植物的骨架。骨干树种为长期以来在该区域生长并经过优胜劣汰而存在下来的树种,骨干树种的确定及规划设计后期的种植对于该地域的生态稳定性及景观地域性起到至关重要的作用。

2. 确定树种比例

树种的比例关系影响树种的生长关系,树种比例是依据自然中稳定的植物群落树种比例构成来确定的。也有不少研究者通过现代化仪器设备对植物群落中不同树种比例关系产生的不同效益进行了比较分析,得出使效益最大化的量化指标,来指导园林绿地规划与设计施工。无论是定量确定比例,还是定性分析比例,都应该结合植物所处的场地自然条件,科学合理地确定树种比例,促使生态效益、生产效益和景观效益最优化。

3. 植物群落的构建

乡村区域中植物群落的构建是根据自然地理条件,将种类与比例关系结合运用的结

果,植物群落的构建还与树种之间的空间关系、色彩对比等有关,不同群落构建形成的空间会带来不同的景观效果,给人们带来不同的感受。

3.3.2　水面拦蓄设置

村屯河道的主要功能是行洪排涝,但并不只是将洪水快速排走,而是需要通过利用河道引蓄雨洪径流资源,将河道治理同雨洪利用有效地结合起来,把雨洪视为补给型水资源,人为地促进和提高雨洪利用率,改善人居环境。河道整治的的主要措施之一即是水面拦蓄工程。

在村屯河道适宜位置修建拦蓄水建筑物,拦蓄水建筑物在控制泄洪速度的同时,减缓地势,控制水流速度,从而延长水流聚集时间,便于人们对雨洪资源的开发与利用。通过营造景观水体,突出视觉效应,注重人与自然紧密结合,为人们提供一个能够亲水的休息和娱乐场所。在涵养水源的同时构建的水面景观建筑包括观赏亭、水中植物、水上假山、文化长廊等配套设施,能给人们提供一个能够充分欣赏景观的场所和娱乐、休闲、健身的平台。

3.3.2.1　水面拦蓄模式分析

村屯河道采取多功能水面拦蓄治理模式,在村屯河道适宜位置修建拦蓄坝、桥涵、护岸、景观等工程,实现多功能开发利用。即拦蓄水体满足周边群众用水需求,提高雨洪资源利用率的同时,为人们提供亲水场所,营造水体景观,改善村屯水环境。

3.3.2.2　水面拦蓄功能分析

1. 合理利用雨洪资源

传统的河道治理将洪水严重化,为使洪水快速流走,将天然的蛇形河道加工成直线化或渠道化的人工河道。然而,这种能够快速泄洪的人工河道,不具备储水、蓄水的能力,使雨洪资源不能合理有效的利用,造成一种水资源的浪费。拦蓄水工程在控制泄洪速度的同时,兼有蓄水功能,可使雨洪资源得到合理利用。

2. 保证河流连续性

大部分村屯河道属于季节性河道,在枯水期会出现干旱断流的现象,这对水生动植物的生存以及营养物质的输送都是不利的。拦蓄水工程的修建能够控制开启的小型闸门,以便控制水流。小型闸门洪水期开启,在快速泄洪的同时,也可以排放由洪水带来的泥沙;非洪水期可以通过关闭或部分开启闸门来调节上下游水位与流量,用以缓解枯水期发生断流的现象。

3. 净化水体环境

随着河道两岸土地开发及人居生活水平的提高,一些农田污水、生活污水不经处理直接排入河道,造成河道及河水严重污染,水质恶化。由于河道内缺少净化水质的水生植物,加重了水质污染,从而导致河道中的水生动植物基本绝迹,使河流及其两岸的生物多样性下降,不仅破坏了河道景观环境,也破坏了河道的生态环境。通过修建拦蓄水建筑物形成水面,在河道内种植水生植物,利用水生植物对污染物质进行吸附和降解,在绿化水面的同时达到净化水质的目的;在河岸带种植河岸林,对污染物质进行过滤,减少污染物质进入河道,保护水体环境。

4.保护河岸生态环境

结合拦蓄水工程,在河岸种植植被,形成稳定的植物群落,具有调节小气候、稳定岸坡等生态功能;同时设置环境保护、河流保护的各式宣传碑及宣传标语,增强人们对环境保护、河流保护的意识,进一步保护河岸生态环境。

5.设置亲水与景观设施

修建拦蓄水建筑物,在河道上形成连续水面,给人们提供与河流接触的机会。通过修建桥涵、村路、亲水平台等亲水设施,以及修建水中假山、观赏亭等景观设施,提高村屯群众生活环境质量,促进人水和谐发展。

3.3.3 文化广场改造新建

由于种种原因,我国东北地区乡村城市化起步较晚。现有的东北大部分农村的公共空间建设中缺少文化休闲广场已成为普遍现象,公共空间的功能被弱化。这些场所往往形式单一、功能混乱,已不能满足现代人们最基本的休闲娱乐活动的需求。由于电视、电话等现代产品进入村民家庭,娱乐活动家庭化、信息传播现代化,作为公共的娱乐空间渐渐不复存在。

新农村建设中,对能够满足大家人际交往及休闲娱乐要求的文化休闲广场的需求愈加明显。一个优美宜人的公共空间会吸引大量民众进行游憩、健身、娱乐、交往等活动,也最能反映小城镇生活的丰富多彩和生机勃勃。

3.3.3.1 农村文化休闲广场构成要素

1.自然环境要素

1)地形

一般来说,当地形较平坦时,设计的自由度较大,从布局到各元素的具体处理方式都会有较大的选择余地。我国东北地区地形多为丘陵和平原,村落的选址多为地势平坦的平原地带。所以,我国东北地区地形对农村休闲文化广场设计的制约相对较少。加之我国东北农村村落形态和规模不大,休闲娱乐广场也往往占地小,随地形可灵活布置且能广泛地分布在村落的各个区域,在东北农村有很强的适应力,设计手法灵活多变,可以最大限度地丰富室外环境。

2)水文

场地内的水文条件不仅关系着场地中广场位置的选择,也关系到地面排水的组织方式。我国东北地区农村目前广泛采取的地面排水方式为边沟排水,东北地区农村广场的排水设计应考虑东北地区村庄边沟的具体情况。另外,还应考虑到地表水体情况、河湖等的淹没范围、河岸的变化情况等。由于东北地区冬季寒冷,所以在设计中要特别考虑铺地和地下管线的冻胀问题,具体的地区要具体地加以分析。

3)气候

气候与小气候是场地条件的主要组成部分。东北平原处于温带和暖温带范围,具有大陆性和季风型气候特征,夏季短促而温暖多雨,冬季漫长而寒冷少雪。所以,气候条件对广场设计影响很大,在不同的气候类型地区会有不同的设计模式。与南方村庄的广场不同,由于东北地区四季分明,温差变化大。所以,广场的设计应该尽量考虑夏季可以遮阳挡雨,冬季采光避风,形成特定的小气候。如沈阳苏家屯某村广场方案,为使广场得到充分的光照,将场地南北向一分为二,南部洼地设计成莲花池,北部场地为广场,地面标高南低北高,在场地的南面种植低矮灌木,北部种植常绿的高大树木,在冬季里,能有效遮挡寒冷的北风;而夏季的主导风向南风,会从广场的水面带来凉爽的水汽,从而营造了良好的小气候。

2. 人工环境要素

1) 绿化

东北地区农村四季变化明显,绿化也随着有四季的景相变化。由于农村广场面积不大,且考虑到经济条件制约,绿化应选择适合北方生长、成本较低、管理粗放的植物。由于建筑体量和距离的限制,东北农村现有的建筑对广场围合感往往不足,绿化也可兼具分隔和围合的作用。

2) 铺地

农村广场大多是两维空间,地面是最主要的构成要素,硬质地面占较大比例,这部分的划分和处理与铺地形式有着密切的关系,小型广场应运用不同的质地、色彩和形状的铺地,拼接搭配穿插组合,以丰富地面效果。不同的铺地广场各个功能分区划分开来。东北农村地区广场地面铺装应特别注意冻胀的问题,在铺装的同时应考虑边沟管的位置,边沟的位置不要影响场地的使用和检修,广场的地面要有适宜的排水坡度,以顺利地解决场地的排水问题。

3. 人文环境要素

1) 人的活动

东北地区休闲文化广场设计应该与本地区村民的行为习惯相符,广场建设应以"民"为中心,处处符合人体的尺度。充分考虑村民日常生产生活的需要。村民日常生活中对运动和健身有着强烈的需求,运动区是东北地区休闲文化广场不可或缺的部分。设计中,应尽量考虑特殊人群的特殊需求,如晒太阳是东北农村的老龄人群特有的习惯。

2) 地域历史文化

东北农村文化广场建设应适应东北农村的风情民俗文化,采用富有东北村庄特色的建筑艺术手法和建筑材料,以形成特色。设计中的硬质场地就可以作为村庄日常举行各种集庆、表演活动的场地,如二人转、扭秧歌等。滨水的广场水面冬季结冰,可进行东北地区农村所特有的冰上活动,如玩冰陀螺、冰橇等。

3.3.3.2 东北新农村文化广场建设的原则

1. 尊重气候原则

由于东北农村文化广场多为室外广场,因此气候条件的限制是东北农村文化广场设计的重要因素。设计中,应采取适当措施减小或消除东北地区气候条件带来的不利影响。

2. 以"民"为本原则

广场空间是否与村民的行为习惯相符是检验农村文化广场建设是否适宜的基本标准。广场建设应体现为"民"服务的宗旨,小品、绿化等均应以"民"为中心,处处符合人体的尺度。充分考虑东北村民的日常生产、生活的需要,强化文化广场作为东北村庄中心的场所精神。

3.生态优化原则

村庄是农民生产、生活的集聚地,拥有较好的自然环境,广场建设中应充分利用村庄现有的自然环境,为村民营造出一个生态美观的文化广场。提倡在广场建设中多种植一些乡土树种,注重植物搭配的层次性,既经济美观,也方便日常的维护管理。

4.注重文化原则

广场文化是大众文化,应该为村民所理解、所接受。农村文化广场建设应紧紧围绕文化功能,形成特色的内聚力与外引力。

5.经济适用原则

现阶段我国东北农村经济相对比较落后,文化广场建设需要大量的资金投入,既要讲究观赏性,又要讲究实用性,尽量利用现有基础,以村民的切身经济利益为出发点进行广场建设,依据村庄的人口规模选择合理的广场面积,避免增加村镇的经济负担。

3.3.4 枯山水设计

枯山水设计是用砂、砾、石、苔等非水物质来模拟真水,用堆土、石等来模拟山或岛屿这样的无水景观。

3.3.4.1 在居住小区的应用

近年来房地产发展迅速,各地居住小区纷纷兴起,优美的景观环境已成为居住小区最基本的要素,并直接关系到其整体水平和质量,对商品住宅的销售有着直接的影响。一些开发商为提高其小区内的景观档次,喜欢在小区里设计枯山水。长沙天心区的申奥·美域就设计了一条枯溪,位置在一期的中心绿化地带里,整个中心绿化地带并不大,一条枯溪横亘在中间,作为中心绿化地带的一个重要景观,这条枯溪曲曲折折,像一条真正的溪流贯穿整个中心庭园,为这个小区里的人们带来了许多的野趣。这条枯溪底部铺的并不是小砂石,而是在我国河流里常见的石头,有黄色,也有黑色,中间还穿插了一些小木桩,高低错落,一些石头高高低低随意摆放在溪边,溪边种植了迎春等植物。

3.3.4.2 在公园和风景名胜区的应用

在公园和风景名胜区内也有枯山水的影子。杭州吴山的山脚下就设计了一个枯山水景观,各色小碎石铺在地面,一方的驳岸是草坪缓坡,一方是用青色大理石铺成的园路,驳岸间放些大大小小的景石,随意布置,枯山水中央有棵悬铃木,在悬铃木基部做成一个小岛,韵味无穷。

3.4 河道标准化维护及管理技术

3.4.1 加强市建委、水利局、村镇办间联合

农村河道维护及管理必须有相关的制度作为支撑,实行制度化管理。具体来讲,农村河道维护及管理制度化模式的建立可以从以下两个方面着手解决:

第一,根据农村所在区域,建立"县、乡、村"三级管理模式,各项维护及管理措施层层实行,确保河道建设管理措施落到实处。县政府发挥领导作用,成立河道管理工作领导小

组。为了保障河道建设管理的效果,在县水利局设立领导小组办公室,在乡镇、街道成立河道管理协会,再根据每个乡镇、街道的情况,在每个村子中选拔出一些有素质、有责任心的人才,组建一支县乡村河道建设管理人才队伍,主要负责河道的保洁、巡查等工作,在平时工作中加大河道维护及管理的各项工作,同时还要做好村民教育工作。

第二,根据每个乡镇村农村河道的具体特点,制订相关的河道建设管理方案,按照属地管理原则,明确乡镇、街道管理责任主体,以实现河畅、水清、鱼游、岸绿的工作目标。

在农村河道建设管理中,要想保障其效果,做好宣传和监督是关键:

第一,相关部门要加强宣传工作。河道建设管理部门可以充分利用相关节日,增强人们河道建设管理的意识,比如在每年的世界水日(3月22日)、中国水周(3月22~28日)等重要节日,开展张贴标语、发放资料等活动,向人们介绍农村河道建设管理的意义,促使人们加入到河道建设管理工作中,使他们爱惜农村河道,从而不断扩大农村河道建设管理队伍。

第二,加大河道建设管理工作的监督,这里一般分为两个方面的监督。一方面,需要做好考核监督。针对农村河道建设情况,成立相应的监督小组,将考核细则量化处理,对农村河道建设管理工作进行不定期检查,并且开展月度排名活动,将实际的考核结果同乡镇的经费、管理人员的绩效挂钩,从而促使他们重视农村河道建设管理工作,调动他们的积极性和创造性,充分发挥个人主观能动性,提高新农村河道建设管理工作效率。另一方面,进一步加强行业监督工作。在新农村河道建设管理中,为避免弄虚作假现象的发生,政府相关部门需要设立新农村河道建设管理举报有奖活动,鼓励新农村村民加入到监督行列中。此外,还需要不定期开展巡查工作,查处各种违规违纪行为。

3.4.2 增加管理维护资金投入

在实际工作中,明确市级河道补助由县财政全部承担,乡镇级河道由县里补贴乡镇负责,村级河道由乡镇补贴村级负责,合理确定补助标准。因为农村河道主要职能包括防洪、排涝以及引水等,所以其管理费用主要靠市、县(区)、乡镇(街道)财政进行保障。农村河道的使用权应该由市政府、土地管理部门根据法律法规与上级工作要求进行落实,在河道周边的各个镇政府以及各村村委会要相互协调配合,将河道林业的盈余全部划归水利部门所有,作为管理河道的辅助经费,实现"以河养河"的目标。

第4章 村屯河道标准化治理模式

考虑村屯河道沿途穿过的村屯地形条件、发展水平、经济结构、村民分布及数量不同，结合村屯河道自身现状、存在的问题及河道功能的差异，因地制宜设计了3种村屯河道标准化治理模式、13种技术措施。

4.1 防蚀模式

4.1.1 浆砌石护坡技术

浆砌石护坡技术的工程措施是采用M10浆砌石对河道两岸岸坡进行衬砌，未采取植草护坡等生态措施。块石间利用砂浆黏结，沿长度方向需设置沉降缝，整体性差；抗压强度高，但受地基条件限制，易产生位移；当地基变形和受到超设计侧向外力时，容易产生垮塌等破坏，柔性很差；墙体需要设计排水孔，受地表水和地下水影响大，易产生破坏，透水性差；受施工质量和地基条件限制，耐久性好；墙体表面无法生长植被，对生态环境不利；要求有一定的施工技术水平；对块石强度、形状、大小要求高；破坏后难维修；工程造价较高。

4.1.1.1 浆砌石挡墙－护坡技术

浆砌石挡墙－护坡技术适用于河道邻近道路，场地较开阔，水流速度较快，冲刷较严重，内堤脚淘刷严重的村屯河道治理。

4.1.1.2 浆砌石护坡－护底技术

浆砌石护坡－护底技术适用于河道两侧为道路，离居民建筑近，场地受限，水流速度较快，河底淘刷严重，河道断面淤积严重，水质很差，堆满生活垃圾和污水的村屯河道治理。

4.1.1.3 浆砌石护坡－护脚技术

浆砌石护坡－护脚技术适用于河道穿越村屯，场地受限，水流速度快，冲刷严重的村屯河道治理。

4.1.2 格宾石笼护坡－护脚技术

格宾石笼护坡－护脚技术适用于河道边坡时而陡峭时而平缓，一侧岸顶有公路，常过重型车辆，一侧有居民建筑及学校，生活污水排放，河道污染严重，水质较差，且边坡淘刷侵蚀严重的村屯河道治理。

格宾石笼护坡－护脚技术的工程措施是采用格宾石笼对河道两侧边坡及河槽底部进行防护，未采取植草护坡等生态措施。格宾石笼利用防腐处理的钢丝经机编六角网双绞合网制作成长方形箱体,箱体内填装石料,分层堆砌,各箱体用扎丝连接,整体性好;抗压强度高,箱体内填石在外力作用下,受箱体的限制,填石间越加密实;当地基变形和受到超设计侧向外力时,能够很好地适应地基变形,不会削弱整个结构,不易产生垮塌、断裂等破坏,柔性很好;墙体不需要设计排水孔,受地表水和地下水的影响小,不易产生破坏,透水性好;受施工质量和地基条件限制,耐久性好;墙体内可以由里而外地产生植被生长层,也可以在墙体内利用植生袋加快墙体绿化,对生态环境有利;对块石强度、形状、大小要求一般;破坏后易维修,工程造价适中。

4.1.3　干垒砖护坡技术

干垒砖护坡技术适用于坡面较缓,水流速度慢,受水流冲刷较轻的村屯河道治理。

干垒砖护坡技术的工程措施是采用干垒砖对河道两侧边坡进行防护,未采取植草护坡等生态措施。干垒砖块石间仅靠相互咬合力维持,完整性差;抗压强度差,受压后容易垮塌;当地基变形和受到超设计侧向外力时,极易产生垮塌等破坏,无柔性;墙体不需要设计排水孔,但受地表水和地下水的影响大,易产生破坏,透水性好;受施工质量和地基条件限制,耐久性好;要求有一定的施工技术水平;对块石强度、形状、大小要求高;破坏后易维修,工程造价低。

4.2　防蚀－生态模式

4.2.1　浆砌石挡墙－植生袋压顶－植草护坡－绿篱技术

浆砌石挡墙－植生袋压顶－植草护坡－绿篱技术适用于河道两侧为道路,场地受限,河道边坡陡,汛期水流急,冲刷较大,土地侵蚀严重的村屯河道治理。

河道内堤脚采用浆砌石挡墙,墙顶铺设植生袋,一是可以增加绿化面积,二是可起到压顶的作用。河道清淤,堤坡整形,坡面播撒草籽,对坡面进行固坡绿化。河道两侧紧邻村路,堤顶两侧栽植绿篱灌木保护带,明确河道范围,保护河道建筑完整,对沿岸居民起到提示作用。此外,河道多年淤积生活、建筑垃圾应进行清除处理。

4.2.2　浆砌石挡墙－植生袋压顶－六棱形生态砖护坡－绿篱技术

浆砌石挡墙－植生袋压顶－六棱形生态砖护坡－绿篱技术适用于河道两侧为道路,场地受限,河道边坡陡,河床为沙质土壤,水土流失严重的村屯河道治理。

河道内堤脚采用浆砌石挡墙,墙顶铺设植生袋,一是可以增加绿化面积,二是可起到压顶的作用。河道清淤,堤坡整形,坡面采用六棱形生态砖植草护坡,防止风沙大,水土流失严重,坡顶两侧种植绿篱灌木保护带,明确河道范围,保护河道建筑完整,对沿岸居民起到提示作用。

4.2.3　浆砌石护坡－护脚－植草护坡技术

浆砌石护坡－护脚－植草护坡技术适用于河道两侧边坡陡,水流流速大,冲刷严重的村屯河道治理。

采用浆砌石对河道两侧边坡及内堤脚进行防护,坡顶采用混凝土抹面,护坡下铺设厚砂垫层。浆砌石衬砌以上部分播撒草籽,对坡面进行固坡绿化。

4.2.4 石笼挡墙 – 植生袋压顶 – 植草护坡 – 绿篱技术

石笼挡墙 – 植生袋压顶 – 植草护坡 – 绿篱技术适用于河道两侧边坡较缓,河槽宽,水面浅,局部淤积,坡面为土层较薄的沙土的村屯河道治理。

河道边坡采用格宾石笼防护,墙顶铺设植生袋,堤坡整形后播撒草籽,进行绿化。沿线堤顶栽植绿篱灌木保护带,明确河道范围,保护河道建筑完整,对沿岸居民起到提示作用。

4.2.5 石笼挡墙 – 植生袋压顶 – 六棱形生态砖护坡 – 绿篱技术

石笼挡墙 – 植生袋压顶 – 六棱形生态砖护坡 – 绿篱技术适用于河道以村为邻,边坡较缓,水面较浅,淤积严重的村屯河道治理。

河道边坡采用格宾石笼防护,墙顶铺设植生袋,堤坡整形,坡面采用六棱形生态砖植草护坡,防止风沙大,水土流失严重,坡顶两侧种植绿篱灌木保护带,明确河道范围,保护河道建筑完整,对沿岸居民起到提示作用。

4.3 防蚀 – 生态 – 景观模式

4.3.1 浆砌石护坡 – 护脚 – 节点技术

浆砌石护坡 – 护脚 – 节点技术适用于河道两侧边坡陡,河床为沙质土壤,冲刷强烈,居民较近的村屯河道治理。

采用浆砌石对河道两侧边坡及内堤脚进行防护,村桥处分别设置展示牌和警示牌。在局部拦蓄水面,种植植物,布置石桌石凳,形成区域节点,垃圾倾倒严重段设置防护网进行隔离。

4.3.2 浆砌石护坡 – 护脚 – 枯山水技术

浆砌石护坡 – 护脚 – 枯山水技术适用于居民较近,经济条件较好,旅游业发达的村屯河道治理。

采用浆砌石对河道两侧边坡及内堤脚进行防护,采用砂、砾、石、苔等非水物质来模拟真水,用堆土、石等来模拟山或岛屿这样的无水景观。

村屯河道标准化治理措施及适用条件如表4-1所示。

表 4-1　村屯河道标准化治理措施及适用条件

治理模式	措施			适用条件
	材质	工程措施	生态措施	
防蚀	浆砌石	护坡	—	冲刷严重,土压力大,一侧有路或有居民建筑,场地受限
		挡墙 + 护坡	—	冲刷严重,河道邻近道路,淘刷严重,场地开阔
		护坡 + 护底	—	河道两侧为道路,离居民建筑物近,场地受限,淘刷严重,有污水排放
		护坡 + 护脚	—	河道穿越村屯,场地受限,冲刷严重
	石笼	护底 + 护坡	—	岸顶有公路,河道边坡时而陡峭时而平缓,有居民及学校,有污水排放,边坡淘刷侵蚀严重
	干垒砖	护坡	—	坡面较缓,受水流冲刷较轻
防蚀 + 生态	浆砌石	挡墙	植草护坡、绿篱	岸坡陡,汛期水流急,冲刷较大,土地侵蚀严重,两侧道路,场地受限
			六棱形生态砖植草护坡、绿篱	风沙大,沙质土壤,水土流失严重
		护脚 + 护坡	植草护坡	边坡陡,水流流速大,冲刷严重
	石笼	挡墙（护脚）	植生袋压顶,植草护坡、绿篱灌木,点缀天然石	岸坡较缓,河槽宽,水面浅,局部淤积,坡面为土层较薄的沙土
			六棱形生态砖植草护坡、绿篱	河道以村为邻,边坡较缓,水面较浅,淤积严重
防蚀 + 生态 + 景观	浆砌石	护脚 + 护坡	种植物、布置石桌石凳,形成区域节点	边坡陡,河床为沙质土壤、冲刷强烈,离居民较近
			枯山水设计	离居民较近,经济条件较好,旅游业发达

第5章　沈阳市村屯河道标准化治理概述

5.1　沈阳市基本情况

5.1.1　地理位置

沈阳位于中国东北地区南部,辽宁省中部,以平原为主,山地、丘陵集中在东南部,辽河、浑河、秀水河等途经境内,全年气温在 −35 ~ 36 ℃。平均气温 8.3 ℃。受季风影响,降水集中、温差较大、四季分明。

沈阳市属温带半湿润大陆性气候,市域范围在东经 122°25′91″ ~ 123°48′24″、北纬 41°11′51″ ~ 43°2′13″,东西长 115 km,南北长 205 km。

沈阳是东北地区最大的中心城市,有"东方鲁尔""共和国第一长子"的美誉。沈阳是正在建设中的沈阳经济区(沈阳都市圈)的核心城市,地处东北亚经济圈和环渤海经济圈的中心,工业门类齐全,具有重要的战略地位。

沈阳森林面积为 14.7 万 hm²,草场面积为 8.2 万 hm²。水资源总量为 32.6 亿 m³,其中地表水 11.4 亿 m³,地下水 21.2 亿 m³。已发现各类矿产 36 种,其中探明储量的矿种 13 种,煤 20 亿 t,天然气储量 107 亿 m³。

5.1.2　气象水文

沈阳属北温带受季风影响的湿润、半湿润大陆性气候。全年气温、降水分布由南向东北和由东南向西北方向递减。一年四季分明,冬季漫长,春季回暖快,日照充足;夏季热而多雨,空气湿润;秋季短促,天高云淡,凉爽宜人;冬季寒冷漫长。全年降水量 600 ~ 800 mm,1951 ~ 2010 年市区年平均降水量 716.2 mm,全年无霜期 155 ~ 180 天。冬寒时间较长,近 6 个月,降雪较少,最大降雪为 2007 年 3 月 4 日 47.0 mm 的特大暴雪;夏季时间较短,多雨,1973 年 8 月 21 日曾出现降水量达 215.5 mm 的大暴雨。春秋两季气温变化迅速,持续时间短;春季多风,秋季晴朗。

沈阳市空气湿度相对偏低,平均水面蒸发量在 1 300 ~ 1 800 mm,5 月为年中最大值,占蒸发量的 16% ~ 19%,2003 年全市蒸发量为 1 517.7 mm(20 cm 口径)。

5.1.3　地质概况

5.1.3.1　地形地貌

沈阳市以平原为主,东南部低矮山地丘陵,有辽河、浑河、秀水河经过。土壤为黑土,植被为暖温带落叶阔叶林和针阔叶混交林。

5.1.3.2 水文地质条件

沈阳市从北至南横贯浑河冲洪积扇。扇地地下水的赋存条件与古地貌、地层结构、岩土孔隙度和水理性质等因素密切相关,不同砂体赋存地下水的丰富程度有很大差别。整个浑河扇地蕴藏着丰富的孔隙承压水、潜水。勘查期间,各勘探孔均见地下水,水温 $9 \sim 15\ ℃$,一般 $11 \sim 13\ ℃$,属冷水,地下水类型为第四系松散岩类孔隙潜水,稳定水位埋深 $5.1 \sim 15.7\ m$,水位 $31.75 \sim 42.29\ m$ 。地下水常年水位变幅 $0.5 \sim 2\ m$ 。据沈阳水文站实测水头高 $H = 40.95\ m$ 、流量 $Q = 5\ 010\ m^3/s$ 、流速 $v = 3.14\ m/s$,河底最大冲刷变幅 $7.0\ m$ 。浑河扇地地下水流向总体上由东向西径流。抽水试验表明,单井涌水量在 $1\ 720.8 \sim 6\ 306\ m/d$,降深 $1.72 \sim 12.05\ m$,单位涌水量 $104.3 \sim 3\ 665.02\ m^3/(d \cdot m)$,水量丰富。含水层综合渗透系数 $74.8 \sim 210\ m$,影响半径 $80 \sim 350\ m$ 。

5.1.4 社会经济

2010 年 4 月,经国务院同意,国家发改委正式批复沈阳经济区为国家新型工业化综合配套改革试验区,这标志着沈阳经济区建设上升为国家战略层面。以沈阳为中心,由沈阳、鞍山、抚顺、本溪、营口、阜新、辽阳、铁岭 8 城市组成沈阳经济区。8 大城市集中了基础工业和加工工业,构成了资源丰富、结构互补性强、技术关联度高的辽宁中部城市群。得天独厚的地理区位优势,使沈阳对周边具有较强的吸纳力、辐射力和带动力。

2012 年美国智库布鲁金斯学会发布一份研究报告称,在全球 200 个经济规模最大的城市中,沈阳名列第 10,为排名前 10 的 4 个中国城市之一。中国上海的发展速度名列全球第一。(该报告以人均收入和就业率的增长来衡量一个城市的发展速度)

沈阳将建成国家中心城市、国家先进制造业重要基地,以期进一步提升沈阳在国家城市中的地位。到 2020 年,沈阳市常住户籍人口将达到 1 000 万人,城镇化水平达到 87%;到 2030 年,常住户籍人口达到 1 200 万人,城镇化水平达到 90%,同时将全面实现建设国家中心城市和国际竞争力优势明显的东北亚最重要城市的目标。

5.2 沈阳市村屯河道数量

5.2.1 村屯河道数量

随着宜居乡村建设工作的逐年推进,在改善城乡人居环境方面,为加强农村河道治理,沈阳市采用实地调查与规划设计相结合的方式,对流经村屯的小型河道进行统计,分析研究长期困扰村屯河道的问题特征,探讨切实可行的治理形式及配套的保障措施,为全市宜居乡村建设打好基础。

流经村屯的河道既是大中型河道的源头,也是制约村屯生态环境的首要因素。村屯河道问题日益突显,开展治理工作已成为改善人居环境的首要任务。沈阳市村屯河道数量大、分布散乱。经统计,全市穿越村屯的小型河道 385 条,总长度 367.4 km,遍布 105 个乡镇、街道,流经 336 个村屯。

5.2.2 村屯河道分布

沈阳市村屯河道分布情况如表5-1所示。

表5-1 沈阳市村屯河道分布情况

地区	村屯河道（条）	总长（km）	涉及乡镇、街道（个）	涉及村屯（个）
东陵区	34	32.6	5	27
沈北新区	22	14.1	7	22
苏家屯区	32	40.4	9	37
于洪区	24	21.1	8	24
辽中县	47	49.2	13	32
康平县	99	102.9	16	73
铁西新区	11	8.1	6	11
法库县	30	44.4	17	28
新民市	86	54.6	24	82
合计	385	367.4	105	336

5.3 沈阳市村屯河道存在问题

根据沈阳市东部山区、中西部平原丘陵区的地势特点,制定河道特征值调查表,并统计穿越村屯河道流域人口、水文资料、水土流失、污染废弃物等基础数据,综合分析河道冲刷、淤积、水质恶化原因、旱厕、违建建筑等情况。

河道两侧由于多年未治理,挤占堤岸现象十分严重,普通存在脏、乱、差现象。例如,沈北新区、苏家屯区、东陵区、于洪区河道存在问题主要表现为河道垃圾堆积、水体污染严重、河道滩地及堤坡开荒,河道两岸堆放大量柴草垛等,与村屯建设极不相协调。目前存在的主要问题如下。

(1)由于自然因素及多年未治理,现河道主河槽狭窄,局部落淤严重(见图5-1),影响洪水下泄。

(2)由于逐年淘刷兑岸,险工险段逐年增加,危及沿河两岸百姓安全(见图5-2)。

(3)现有跨河桥、涵等建筑物老化严重,大多出现破损情况,已不能满足排水及交通要求。于洪区东老边村——建筑物老化严重(见图5-3)。

(4)居住在河道两岸的村民经常向河道内倾倒杂物及建筑垃圾,使河段淤塞,特别是汛期丰水期,造成河水污染严重,气味刺鼻,垃圾堆积、水体污染(见图5-4)。

(5)河道垃圾堆积、水体污染严重、河道被占用,支流河道上有违建房及厕所,河道两侧堆放大量柴草垛等问题,与村屯建设极不相协调,见图5-5。

对上述问题进行分析后,按照问题成因及突出程度归纳为三类:

第一类是险工河道。河道冲刷兑岸严重,沿河居民财产经常遭受损失,约占村屯河道总数的30%。

图 5-1 主河槽狭窄,局部落淤严重

图 5-2 河槽冲刷,危及沿河两岸百姓安全

图 5-3 于洪区东老边村——建筑物老化严重

图5-4　垃圾堆积、水体污染

图5-5　河道垃圾堆积、挤占河道

第二类是问题河道。凹岸冲刷、垃圾淤积、水质恶化、违建挤占堤岸等多年积留问题，如不治理，日趋恶化，约占村屯河道总数的 50%。

第三类是污染河道。现状河势较为规整、堤坡绿化率高，但由于缺少管护，垃圾随意倾倒污染水质，虽经清理，但易反复，约占村屯河道总数的 20%。

5.4 沈阳市村屯河道治理理念

5.4.1 治理措施研究

立足沈阳市村屯河道现状，探讨可行的规划方案及治理措施，杜绝典型、模板式设计，提出"一村一河"的治理理念。

5.4.1.1 治理形式因地制宜

传统河道工程，偏重于单一化的护砌形式，易将河道人为渠系化，护砌形式与现状岸坡衔接过于生硬。此次治理在系统研究河道特征的基础上，提出在选择适宜护砌形式的同时，护岸设计要兼顾日常风景原则，既要考虑常水位河水的流动状态，也不能脱离村屯河道的本质属性"百姓日常生活场所"这一根本原则来进行设计。因此，护岸形态多以徐缓蛇形的曲线为基调，护岸的横截面形状不拘泥于左右对称的形态，而是因势利导，结合河底比降、河道弯曲程度等综合因素，构建多自然式河道。经过方案比选，确定多种主要治理形式，并对其适用性进行分析（见表5-2）。

表 5-2 治理形式特征表

治理形式	建筑工程投资（万元/km）	村屯名称	河道现状	治理形式适用性分析	建议
浆砌石护坡	59.43	浑南区田家屯村	山区比降大、短历时流速大	石料充足，冲刷严重	施工中控制质量管理
浆砌石墙	51.61	浑南区大台村	淤积、凹岸冲刷	石料充足，水位变动大	对基础进行详勘，避免不均匀沉降
格宾石笼网箱	48.26	沈北新区阎三家子村	河道紧邻民居、垃圾倾倒	开挖作业面小，景观效果好	施工中严禁抛石，保护防腐涂层
生态护坡砖	69.71	于洪区东老边村	植被覆盖率低、淤积、水质差	大于1:1.5缓坡，生态固坡效果好	定期维护
自嵌式挡墙	42.37	浑南区田家屯村	零星护砌已冲毁	防冲刷，干垒施工简单，适用于相对顺直的河道	墙高超过2m，墙后加筋处理

5.4.1.2 施工流程兼顾生态

表土是泥土中含有最多有机质和微生物的地方,对于河道生态环境的快速恢复至关重要。以往工程竣工后,不注重对原生态的保护,造成长期裸露的开挖面二次水土流失,需要两年以上方能恢复原有植被覆盖率。分析工程区地层构造,对施工扰动区的表土保留 0.2 m 厚,人工收集,沿岸集中存放,待坡面回填完毕,表土回覆,旨在利用微生物群落,保证植被正常生长。而针对调查中表土被垃圾污染的河段,由于其表土功能几近丧失,需更换客土,保证植被覆盖率。

通过对沈北新区已完成治理的 3 条河道的调查统计:河道平均底宽 2.5m、坡面长 3.0 m;按类比法计算水土流失总量,原地貌土壤侵蚀模数 1 000 t/(km² · a),扰动后土壤侵蚀模数 2 500 t/(km² · a);工程扰动面积 1.08 hm²,其中垃圾污染堤坡面积 0.07 hm²,实际表土回覆面积 1.01 hm²。经测算,采用表土回覆工艺后,每年可减少新增水土流失总量 15.15 t。

5.4.1.3 湿地治理改善水质

治理规划中,对浅滩和开阔段河道清淤整形,在适宜河段采取湿地化治理措施。同时,根据河道的生态蓄水位,组合栽植适宜的水生、湿生植物,以实现水体流畅、水质改善、生物多样性高的水生态目标。对浑南区双树子村等 4 条村屯河道采取湿地化治理措施,治理水体面积 1.5 hm²。根据不同生长高度栽植水生、湿生植物,如菖蒲、美人蕉、马莲、水芹等共 7 600 余株,对河道生态进行修复。与此同时,河流生态修复的重点兼顾减少人为对河流生态系统的胁迫,包括强化治污和污水排放控制,保持最低生态需水量。

5.4.1.4 防护措施软硬结合

调查发现,由于没有对河道保护范围进行划定,河道侵占时有发生。因此,采用软隔离配合硬防护的形式对河道进行确权。软隔离即在河道两侧堤肩栽植绿篱墙,对河道管护范围进行明确;针对河道的顽疾段采用防护网等硬防护措施,杜绝侵占现象再次发生,待河道功能恢复,人们爱护河道的意识逐渐增强,防护网再逐渐淡出,恢复自然生态河道原貌。

5.4.1.5 首次应用航拍技术

首次引入航拍技术对河道进行全方位拍摄,由以往平、立、剖面的二维展示方式,升级到三维立体全景成像,为前期项目决策阶段提供了最为翔实的参考数据。实施阶段利用航拍影像统计地物、区划河段,提高了工作效率。

5.4.2 保障措施探索

根据治理措施特点,借鉴北京市生态清洁小流域整治的成功经验,建立规划详尽、措施得当、管护到位的长效机制,确保水清岸绿的河道景观得以延续。

5.4.2.1 规划治理战略循序渐进

利用三年时间,做好"三步走"战略。治理主题分别为"试点、引领"、"发展、完善"、

"成熟、标杆"。到2016年末,通过三年治理将完成沈阳市近一半村屯河道的治理工作,建成沈阳市百余个"水美乡村"。并且,通过治理所带来的成效,对村屯环境整治起到了引领的作用,各级政府积极参与,实现治好一条河流、激活一个乡镇、治好一条河流、营造美丽乡村的成熟机制。

5.4.2.2 工作落实,三方并行

设计部门到现场与百姓交流意见,落实治理方案。乡镇政府推行村民代表大会制度,取得全体村民代表一致通过后,着手施工前准备工作。水利部门积极协调,负责招标准备工作。三方并行机制,避免以往因沟通、协调不到位而影响工程进度的情况。

5.4.2.3 建立健全管护制度

沈阳市村屯河道首次推行河长制。建立河务牵头、乡镇负责、河长管理、百姓参与的工作机制,实行乡镇、村屯两级制。村级河长,由村民推选,负责河道日常的管理;乡镇级河长由水利站长担任,监督管理辖区村级河长工作,协调各村工作,并将工作绩效列入乡镇、村综合考评范畴。

5.4.2.4 多方筹措资金,加强资金监管

充分利用省、市两级资金,加强与省水利厅、市财政局等部门的沟通,最大限度地争取资金支持,为工程建设提供资金保障。同时,加强资金使用管理,确保专款专用,落到实处。

5.4.2.5 重视媒体宣传

采取多种贴近百姓的宣传形式,做好宣传发动工作,让百姓了解村屯河道建设的意义,提高百姓与河道水环境的关联度,引导百姓积极参与河道治理,为沈阳市宜居乡村建设做好推进工作。

5.4.3 推动宜居乡村建设

沈阳市宜居乡村建设工作包括农村环境整治、设施完善提质、宜居示范创建三大系统。村屯河道治理作为农村环境整治系统的先头兵,与相关部门协同作战,形成一系列联动举措,根治困扰村屯河道环境的顽疾。环卫部门启动城乡一体化策略,行政村实现垃圾保洁常态化管理,实现垃圾日产日清,无积存,杜绝污染源反复;城建部门逐步实现村屯环境美化、道路硬化,达到配套设施的完善提质,共同推动宜居乡村建设工作。

5.5 沈阳市村屯河道治理目标

针对河道存在的问题,通过对河道的清理疏浚、堤岸的修复及衬砌,恢复完善源头小河道的基本功能,减小洪涝灾害威胁,解决排涝问题,与新农村建设相协调,为村民提供良好的生活环境。治理目标如下:

(1)充分体现以人为本的设计理念,确保地区人民群众的生命、财产安全,通过村屯河道,促进基础设施建设,促进区域经济健康、持续的发展。

（2）绿化、亮化相结合，以提高居住环境质量为目标。

（3）结合新农村建设，因地制宜，生态措施与工程措施相结合，达到标本兼治的目标，解决沈阳市现状村屯部分河道的脏、乱、差等问题，统一标准，形式多样，在不改变原村屯段河道防洪标准、不影响河道自然属性的前提下，通过对河道的治理，改善人们居住环境条件，保障正常行洪安全。

沈阳市在村屯河道治理工作中，摸索出了一系列措施方法。对河道的清淤疏浚、岸坡修复，包括堤防填筑、堤坡整形、河底清淤；对堤岸的保护，堤顶预留保护范围；对水利建筑的维护，包括对跨河桥、穿堤涵、过水桥涵等配套工程进行改造及重建；对河道绿化覆盖保护，包括堤顶栽植树木固堤、两侧沿堤栽植灌木绿篱带，保护河道管护范围等措施。

未来治理工作将拓展到生态系统修复与水生态建设领域，即河道基本功能得到修复后，对水体开启生态修复模式。选取试点示范河道建立水生态监测点，收集连续水生态数据，构建生态护岸、水生生物栖息和水生植物生长空间的技术系统，为河道生态修复和水生态建设提供切实可行的修复方案。

5.6 沈阳市村屯河道标准化治理现状

5.6.1 村屯河道治理进展

在 2013 年，沈阳市政府、市水利局已将村屯河道治理列为沈阳市的重点工作，2014 年作为项目实施的启动年，将沈阳市村屯河道标准化治理纳入沈阳市近三年（2014～2016）工作计划当中，在"十三五"规划中还将继续规划沈阳市村屯河道的标准化治理。从 2014 年起计划每年整治村屯河道 56 条。目前，2014 年、2015 年穿越村屯河道工程整治已完成，2016 年 56 条穿越村屯河道工程整治已列入计划。2014 年、2015 年 56 条穿越村屯河道工程整治表如表 5-3、表 5-4 所示，2016 年村屯河道标准化建设资金分配明细如表 5-5 所示。

5.6.2 典型河道的防蚀治理模式

5.6.2.1 法库县东蛇山村河

法库县东蛇山村河道现状如图 5-6、图 5-7 所示。

法库县东蛇山村河道整治断面设计如图 5-8、图 5-9 所示。河道标准化治理前后对比如图 5-10 所示。

表 5-3 2014年56条穿越村屯河道工程整治表

序号	县区	村屯河道名称	所属干流名称	建设地点		治理长度(m)/数量(条)	主要建设内容
				乡镇/街道	村		
合计						51 994/56	
一	小计					5 000/5	
1	东陵区(浑南新区)	下楼子村河	大沙河	祝家街道	下楼子村	1 055	河道清淤整形、干砌石村砌、浆砌石护坡、涉河建筑物
2		古城子河	杨官河	古城子街道	古城子村	815	卵石石笼网箱、预制六棱砖挡墙、涉河建筑物
3		田家屯村河	大沙河	祝家街道	田家屯村	1 250	河道清淤整形、干砌石村砌、浆砌石护坡、涉河建筑物
4		大台村南河	杨官河	深井子街道	大台村	750	河道清淤整形、浆砌石墙、涉河建筑物
5		双树子村河	杨官河	深井子街道	双树子村	1 130	河道清淤整形、格宾石笼砌、涉河建筑物
二	小计				1 804/3		
6	沈北新区	新开河	长河	清水台街道	后腰堡村	884	河道清淤整形、格宾石笼村砌、预制六棱砖
7		新开河支流	长河	清水台街道	阎三家子村	330	河道清淤整形、格宾石笼村砌
8		羊肠河支流	长河	清水台街道	前屯村	590	河道清淤整形、硬护砌、涉河建筑物
三	小计				4 800/5		
9	苏家屯区	关台沟村河	北沙河二级支流	白清街道	关台沟村	530	河道清淤整形、卵石格宾石笼、涉河建筑物
10		碾盘沟村河	北沙河二级支流	白清街道	碾盘沟村	790	河道清淤整形、卵石格宾石笼、涉河建筑物
11		白清寨河	北沙河	白清街道	白清寨	1 630	河道清淤整形、硬护砌、涉河建筑物
12		下黑牛村河	黑柳河支流	陈相街道	柳匠村	710	河道清淤整形、硬护砌、涉河建筑物
13		马圈子河	北沙河	姚千街道	田水村	1 140	河道清淤整形、硬护砌、涉河建筑物

续表 5-3

序号	县区	村屯河道名称	所属干流名称	建设地点 乡镇/街道	建设地点 村	治理长度 (m)/数量(条)	主要建设内容
四	小计					860/1	
14	于洪区	东老边河	蒲河	光辉街道	东老边村	860	河道清淤整形、格宾石笼村砌、预制六棱砖
五	小计					9 525/8	
15	法库县	头台子村河	王河	柏家沟镇	头台子村	1 130	河道清淤整形、浆砌石挡墙、涉河建筑物
16		蛇山沟河	王河	法库镇	东蛇山村	1 400	河道清淤整形、格宾石笼村砌、浆砌石挡墙、涉河建筑物
17		红石砬子村河	王河	法库镇	红石砬子村	1 980	河道清淤整形、格宾石笼村砌、涉河建筑物
18		樱桃沟河	拉马河	十间房镇	樱桃沟村	760	河道清淤整形、硬护砌、涉河建筑物
19		章草沟河	拉马河	依牛堡子镇	章草沟村	2 045	河道清淤整形、硬护砌、涉河建筑物
20		马荒地河	小河子	依牛堡子镇	马荒地村	730	河道清淤整形、格宾石笼村砌、浆砌石挡墙、涉河建筑物
21		孙家屯村河	秀水河	卧牛石乡	孙家屯村	630	河道清淤整形、浆砌石挡墙、涉河建筑物
22		西河	王河	柏家沟镇	柏家沟村	850	河道清淤整形、浆砌石挡墙、土工格栅、浆砌石挡墙、涉河建筑物

续表 5-3

序号	县区	村屯河道名称	所属干流名称	建设地点 乡镇/街道	建设地点 村	治理长度(m)/数量(条)	主要建设内容
六	小计				8 081/13		
23		富裕村河	东马莲河	小城子镇	富裕村	900	河道清淤整形、浆砌石挡墙、涉河建筑物
24		王乡屯河	公河	北三家子街道	后山村	400	河道清淤整形、石笼村砌、涉河建筑物
25		敖力西河	秀水河	沙金乡	敖力村	1 000	河道清淤整形、石笼村砌、涉河建筑物
26		蚂蟥河	蚂蟥河	海洲乡	王全村	820	河道清淤整形、石笼村砌、预制六棱砖、涉河建筑物
27	康平县	五棵树村河	李家河二级支流	东关街道	五棵树村	1 060	河道清淤整形、硬护砌、涉河建筑物
28		泥马沟	秀水河支沟	柳树屯乡	花古村	600	河道清淤整形、硬护砌、涉河建筑物
29		二道沟村河	辽河	郝官镇	二道沟村	560	河道清淤整形、硬护砌、涉河建筑物
30		胜官屯沟	西马莲河二级支流	东升乡	胜官屯村	420	河道清淤整形、硬护砌、涉河建筑物
31		顾屯河	八家子河	郝官镇	顾屯村	470	河道清淤整形、硬护砌、涉河建筑物
32		马屯河	公河	北四家子乡	朝阳村	440	河道清淤整形、硬护砌、涉河建筑物
33		后旧门门河	李家河	方家镇	后旧门	451	河道清淤整形、硬护砌、涉河建筑物
34		东山屯村河	西马莲河	张强镇	东山屯村	510	河道清淤整形、硬护砌、涉河建筑物
35		东敖汉河	蚂蟥河	二牛镇	敖汉村	450	河道清淤整形、硬护砌、涉河建筑物

序号	县区	村屯河道名称	所属干流名称	建设地点		治理长度(m)/数量(条)	主要建设内容
				乡镇/街道	村		
七	小计				8 480/10		
36		绦屯村河	绕阳河	卢屯镇	绦屯村	920	河道清淤整形、格宾石笼衬砌、生态砖、浆砌石护脚、涉河建筑物
37		中网河	蒲河	前当堡镇	中古城子村	630	河道清淤整形、格宾石笼衬砌、生态砖、涉河建筑物
38		民屯村河	绕阳河	卢屯镇	民屯村	950	河道清淤整形、格宾石笼衬砌、涉河建筑物
39	新民市	大民屯村河	蒲河	大民屯镇	大民屯村	1 390	河道清淤整形、浆砌石护脚、生态砖
40		小民屯村河	蒲河	大民屯镇	小民屯村	490	河道清淤整形、生态砖、格宾石笼
41		章京堡子村河	蒲河	前当堡镇	章京堡子村	770	河道清淤整形、浆砌石挡墙、涉河建筑物
42		后沙河子河	蒲河	法哈牛镇	后沙河子屯	440	河道清淤整形、浆砌石挡墙、涉河建筑物
43		后长沿村河	辽河二级支流	新城街道	后长沿村	830	河道清淤整形、格宾石笼、涉河建筑物
44		大喇嘛村河	辽河	大喇嘛镇	大喇嘛村	920	河道清淤整形、格宾石笼
45		石庙子村河	秀水河	公主屯镇	石庙子村	1 140	河道清淤整形、生态砖、格宾石笼、涉河建筑物

序号	县区	村屯河道名称	所属干流名称	建设地点		治理长度(m)/数量(条)	主要建设内容
				乡镇/街道	村		
八	小计				12 144/9		
46		深井子河	浑河	六间房镇	吉庆台村	1 100	河道清淤整形、格宾石笼
47		黄西村河	蒲河二级支流	冷子堡镇	黄西村	1 274	河道清淤整形、硬护砌、涉河建筑物
48		皮家堡村河	蒲河二级支流	刘二堡镇	皮家堡村	1 251	河道清淤整形、硬护砌、涉河建筑物
49		大邦牛村河	蒲河	城郊镇	大邦牛村	1 148	河道清淤整形、硬护砌、涉河建筑物
50	辽中县	古城子村河	辽河	满都护	古城子村	1 494	河道清淤整形、硬护砌、涉河建筑物
51		茨榆岗村河	辽河二级支流	大黑镇	茨榆岗村	707	河道清淤整形、硬护砌、涉河建筑物
52		妈妈街河	浑河	肖寨门	三北三东三南村	3 200	河道清淤整形、硬护砌、涉河建筑物
53		拉拉河	绕阳河	老大房	腰截子村	470	河道清淤整形、硬护砌、涉河建筑物
54		三尖村河	绕阳河	大黑镇	三尖村	1 500	河道清淤整形、硬护砌、涉河建筑物
九	小计				1 300/2		
55	铁西新区	土北村河	细河	长滩镇	土北村	550	河道清淤整形、浆砌石墙、涉河建筑物
56		沙河	蒲河	高花街道	沙河村	750	河道清淤整形、浆砌石墙、涉河建筑物

表 5-4　2015 年 56 条穿越村屯河道工程整治表

序号	区、县(市)	乡镇	村屯	河道名称	所属干流名称	治理长度(m)	流经形式	备注
	合计					63 419.6		
一	小计					15 212.0		
1	新民市	大红旗镇	红中村	红中村 1 号河	绕阳河	874.0	穿越	村北南河
2		大红旗镇	红中村	红中村 2 号河	绕阳河	933.0	穿越	村内北河
3		红旗乡	金平房村	金平房村河	绕阳河	1 117.0	穿越	村北南河
4		红旗乡	九天地村	九天地村河	绕阳河	510.0	穿越	村内北河
5		东城街道	巨流河村	巨流河村河	辽河	2 370.0	穿越	
6		梁山镇	梁山村	梁山村河	绕阳河	2 135.0	穿越	
7		罗家房乡	罗家房村	罗家房村河	辽河	1 777.0	邻近	
8		新农乡	高荒地村	高荒地村河	养息牧河	865.0	穿越	
9		新农乡	罗家房村	罗家房村河	养息牧河	927.0	穿越	
10		兴隆堡镇	兴隆堡村	兴隆堡村河	蒲河	2 039.0		
11		于家窝堡乡	大汉屯村	大汉屯村 1 号河	养息牧河	782.0		
12		于家窝堡乡	大汉屯村	大汉屯村 2 号河	养息牧河	883.0		

序号	区、县(市)	乡镇	村屯	河道名称	所属干流名称	治理长度(m)	流经形式		备注
二	小计					5 040.0			
13	辽中县	肖寨门	老观坨	老观坨河	蒲河	950.0	穿越		
14		老大房	佳和	路来河西河	辽河	960.0		邻近	
15		蒲西	小邦牛	小邦牛河	蒲河	745.0		邻近	
16		茨子坨	小莲花	小莲花河	蒲河	650.0	穿越		
17		刘二堡	叔家庵	叔家庵河	蒲河	725.0		邻近	
18		杨士岗	靠山屯	靠山屯河	蒲河	1 010.0	穿越		
三	小计					11 357.6			
19	康平县	张强镇	三棵树村	三棵树大沟	二道河子河	2 048.9	穿越		
20		张强镇	七家子村	七家子大沟	利民河	1 499.0	穿越		
21		沙金乡	东扎气	东扎气河	秀水河	1 018.0		邻近	
22		北三家子街道	金家村	金家河	辽河	364.0	穿越		
23		东关街道	陶屯村	陶屯大沟	李家河	653.4	穿越		
24		柳树乡	花古村	北闸泄洪沟	秀水河	1 569.9		邻近	
25		北四家子乡	长沟子村	陈坨子大沟	公河	1 178.9	穿越		
26		郝官镇	新安堡村	新安堡大沟	李家河	726.5		邻近	
27		东升乡	东升村	东升大沟	秀水河	1 280.0	穿越		
28		西关乡	大广宁村	大广宁东河沟	秀水河	1 019.0	穿越		

序号	区、县（市）	乡镇	村屯	河道名称	所属干流名称	治理长度（m）	流经形式	备注
四		小计				5 950.0		
29		和平乡	和平村	小河子	辽河	1 300.0	邻近	
30		法库镇	夏堡村	夏堡河	金沙河	1 200.0	邻近	路南
31		四家子镇	四家子村	四家子河	秀水河	950.0	邻近	路北
32		四家子镇	公主陵村	公主陵河	秀水河	1 200.0	邻近	
33	法库县	大孤家子镇	半拉山	半拉山河	拉马河	500.0	穿越	
34		法库镇	陶屯村	陶屯河	金沙河	300.0	穿越	
35		法库镇	马家店村	马家店河	金沙河	300.0	穿越	邻近
36		法库镇	汪家沟村	汪家沟河	金沙河	200.0	穿越	
五		小计				3 530.0		
37	于洪区	光辉农场	四分厂	新蒲河	蒲河	900.0		邻近
38		光辉街道	三台子村	边沟河	蒲河	2 630.0		邻近
六		小计				3 570.0		
39		马刚街道	下寺村	长河	长河	1 200.0	穿越	
40	沈北新区	马刚街道	铁营子	蒲河支流	蒲河	930.0	穿越	
41		马刚街道	树林子	蒲河支流	蒲河	840.0	穿越	
42		清水街道	前腰堡	新开河	长河	600.0	穿越	

续表 5-4

序号	区、县(市)	乡镇	村屯	河道名称	所属干流名称	治理长度(m)	流经形式	备注
七	小计					5 120.0		
43		陈相	胡老屯	大陈相河沟	北沙河	600.0	穿越	
44		陈相	黑牛村	黑牛村河沟	北沙河	710.0	穿越	
45	苏家屯区	陈相	丰收村	丰收村河沟	北沙河	1 100.0	穿越	
46		大沟	蔡家屯	蔡家屯河沟	十里河	1 760.0		
47		陈相	金钟山	金钟山河沟	北沙河	950.0	穿越	
八	小计					4 300.0		
48		大潘街道	小潘村	红领巾河	细河	1 700.0	穿越	
49	铁西区	四方台镇	四方台村	护村林河	细河	2 600.0	穿越	
九	小计					9 340.0		
50		沈抚新城	金德胜村	村内河	沙河	1 830.0	穿越	
51		新兴产业园	施家寨	忙牛河	白塔堡河	1 300.0	穿越	
52		农业示范区	中华寺	岔路沟	拉古峪河	1 500.0		邻近
53	浑南区	沈抚新城	小李相	南河沟	杨官河	1 310.0	穿越	
54		沈抚新城	大夫村	大夫河	泗水河	1 580.0	穿越	邻近
55		沈抚新城	仁境村	村内河	浑河	980.0	穿越	
56		新兴产业园	收兵台	村内河	白塔堡河	840.0	穿越	

表 5-5　2016 年村屯河道标准化建设资金分配明细

序号	项目名称	县(市、区)	治理数量(条)	治理长度(m)	初设资金(万元)	计划投资(万元)
	合计		56	54 125.7	4 999.49	5 000
1	马尔河等 7 个村屯河道标准化治理	苏家屯	7	8 205.0	481.39	481.4
2	刘大沟等 8 个村屯河道标准化治理	法库县	8	6 651.0	816.28	816.5
3	营城子村等 4 个村屯河道标准化治理	辽中县	4	2 210.0	316.59	316.6
4	孟家台、毕家村屯河道标准化治理	沈北新区	2	1 271.0	157.68	157.7
5	新民市等 16 个村屯河道标准化治理	新民市	16	15 837.7	1 179.40	1 179.5
6	康平县等 13 个村屯河道标准化治理	康平县	13	13 386.0	1 339.11	1 339.2
7	浑南区等 5 个村屯河道标准化治理	浑南区	5	5 890.0	523.99	524.0
8	和平区迎春河河道标准化治理	和平区	1	675.0	185.05	185.1

图 5-6　法库县东蛇山村河道现状（一）

图 5-7　法库县东蛇山村河道现状（二）

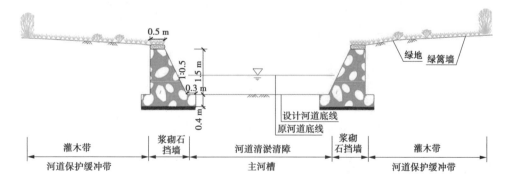

图 5-8　法库县东蛇山村河道整治断面（上游断面）设计

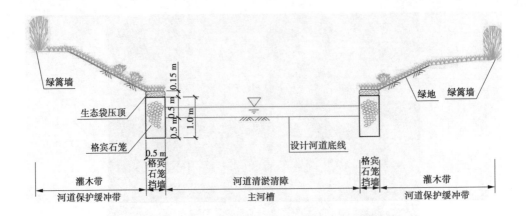

图 5-9　法库县东蛇山村河道整治断面(下游断面)设计

(a)标准化治理前

(b) 标准化治理后

图 5-10　法库县东蛇山村河道标准化治理前后对比

5.6.2.2 康平县后山村河

康平县后山村河道现状如图5-11、图5-12所示。

图5-11 康平县后山村河道现状(一)

图5-12 康平县后山村河道现状(二)

康平县后山村河道为平原区河道,穿村段较短,河槽较窄,水流较缓,淤积严重。治理措施为清淤河底,格宾石笼护脚,植生袋压顶;岸坡播撒草籽,人行广场处种植绿篱墙,提升生态环境。康平县后山村河道整治断面设计如图5-13所示,标准化治理后如图5-14所示。

5.6.2.3 康平县敖力村河

康平县敖力村河道现状如图5-15、图5-16所示。

康平县敖力村河道河槽宽浅,水流较缓,淤积严重,局部急弯险工兑岸。因此,河道标准化治理采取的措施为:清淤清障,边坡石笼护脚,局部冲刷段浆砌石护砌;天然草地绿化,局部段种植绿篱墙。新建涵桥3处,过水路面5处,方便通行,利于行洪。康平县敖力村河道整治断面设计如图5-17所示。

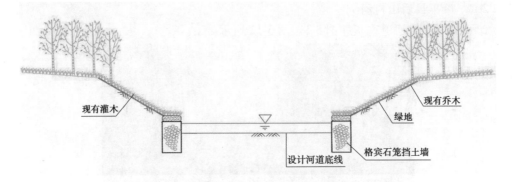

現有灌木　　　　　　　　　　　　　　　現有乔木

绿地

设计河道底线　　格宾石笼挡土墙

图 5-13　康平县后山村河道整治断面设计

图 5-14　康平县后山村河道标准化治理后

图 5-15　康平县敖力村河道现状（一）

图 5-16　康平县敖力村河道现状(二)

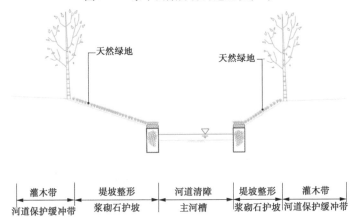

图 5-17　康平县敖力村河道整治断面设计

5.6.3　典型河道的防蚀 – 生态治理模式

5.6.3.1　法库县红石砬子村河

法库县红石砬子村河道现状如图5-18、图5-19所示。

图 5-18　法库县红石砬子村河道现状(一)

图 5-19　法库县红石砬子村河道现状(二)

法库县红石砬子村河道现状全线 1 900 m,河槽宽度变化大,山水流速急,现状左右岸树木较多。河道标准化整治措施为河道清淤清障,边坡采用格宾石笼挡墙护砌,天然草地绿化。整修及新建过路涵桥,方便通行,利于行洪。法库县红石砬子村河道标准化治理前后对比如图 5-20 所示。

(a)标准化治理前

(b)标准化治理后

图 5-20　法库县红石砬子村河道标准化治理前后对比

5.6.3.2 东陵区下楼子村河

东陵区下楼子村河道现状如图 5-21、图 5-22 所示。

图 5-21　东陵区下楼子村河现状（一）

图 5-22　东陵区下楼子村河现状（二）

治理措施:在沈祝公路以上采取清淤及种植灌木的措施;在沈祝公路以下采取清淤整形后,以干垒石护砌的形式进行衬砌,以达到美观、经济、实用的目的,堤顶树木不动,两侧设灌木隔离带。东陵区下楼子村河道现状与预期效果对比如图 5-23 所示。

(a)河道现状

图 5-23　东陵区下楼子村河道现状与预期效果对比

(b)预期效果

续图 5-23

5.6.3.3 东陵区古城子村河

东陵区古城子村河道现状如图 5-24、图 5-25 所示。

图 5-24 东陵区古城子村河道现状(一)

图 5-25 东陵区古城子村河道现状(二)

治理措施:对干沟,常水位0.5 m左右,岸坡采用格宾石笼挡土墙护砌。对支沟,岸坡较缓,坡长较长,采用预制六棱形生态砖与格宾石笼挡土墙相结合的护砌形式。东陵区古城子村河道现状与预期效果对比如图5-26所示。

(a)河道现状

(b)预期效果

图5-26　东陵区古城子村河道现状与预期效果对比

5.6.3.4　东陵区田家屯村河

东陵区田家屯村河道现状如图5-27、图5-28所示。

图5-27　东陵区田家屯村河道现状(一)

图 5-28　东陵区田家屯村河道现状（二）

　　标准化治理措施：对干沟，河道清淤清障，河道冲刷严重地区采用浆砌石护坡，天然草地绿化，堤顶种植绿篱墙。对支沟，山区河流流速较大，沟槽窄，边坡陡，采用护脚干垒砖挡墙护砌，天然草地绿化，堤顶种植绿篱墙。绿篱墙既美化河道，提升河道生态整洁程度，又对河道保护范围进行明确。东陵区田家屯村河道现状与预期效果对比如图 5-29 所示。

(a)河道现状

(b)预期效果

图 5-29　东陵区田家屯村河道现状与预期效果对比

5.6.3.5　于洪区东边村河

于洪区东边村河道现状如图 5-30、图 5-31 所示。

图 5-30　于洪区东边村河道现状（一）

图 5-31　于洪区东边村河道现状（二）

整治措施：对干、支沟，采用格宾石笼护脚，起防冲作用；对景观节点、紧邻村路、岸坡较缓、坡长较长的岸坡，采用预制六棱形生态砖护坡与格宾石笼挡墙相结合的防护形式，形成生态防护坡面；现有绿化较好坡面保留，适当补植些草籽。于洪区东边村河道现状与预期效果对比如图 5-32 所示。

5.6.3.6　沈北新区后腰堡村河

沈北新区后腰堡村河道现状如图 5-33、图 5-34 所示。

整治措施：上游坡短，格宾石笼挡土墙衬砌，植生袋压顶，边坡播撒草籽。下游缓坡，预制六棱形生态砖护坡与格宾石笼挡土墙衬砌相结合。局部淤积严重，边滩较宽，设计进行清淤，使主河道畅通。两岸原有树木较茂盛，保留原有植被，美化生态环境。沈北新区后腰堡村河道现状与预期效果对比如图 5-35 所示。

(a)河道现状

(b)预期效果

图 5-32　于洪区东边村河道现状与预期效果对比

图 5-33　沈北新区后腰堡村河道现状(一)

图 5-34　沈北新区后腰堡村河道现状（二）

(a)河道现状

(b)预期效果

图 5-35　沈北新区后腰堡村河道现状与预期效果对比

5.6.3.7 沈北新区阎三家子村河

沈北新区阎三家子村河道现状如图5-36、图5-37所示。

图5-36 沈北新区阎三家子村河道现状(一)

图5-37 沈北新区阎三家子村河道现状(二)

整治措施:河道清淤清障,堤坡整形。河道内采用格宾石笼护脚,植生袋绿化压顶,解决冲刷问题;堤岸两侧种植绿篱墙——绿化隔离河道;原有树木较茂盛,保留原有植被并补植部分灌木,施工作业面适当补植草籽,恢复原有绿化面积。重建老旧跨河桥1座。沈北新区阎三家子村河道整治断面设计如图5-38所示,河道现状与预期效果对比如图5-39所示。

5.6.3.8 苏家屯区关台沟村河

苏家屯区关台沟村河道现状如图5-40、图5-41所示。

整治措施:上游河道较窄,底宽1~1.5 m,两侧岸坡树木较多;沟底清淤,修坡整形,

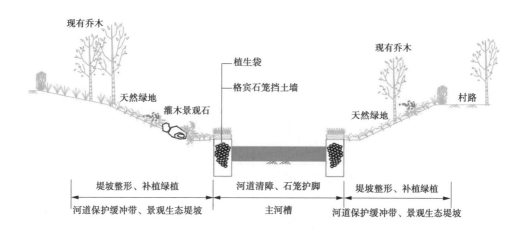

现有乔木

现有乔木

天然绿地

村路

灌木景观石

植生袋

格宾石笼挡土墙

天然绿地

堤坡整形、补植绿植	河道清障、石笼护脚	堤坡整形、补植绿植
河道保护缓冲带、景观生态堤坡	主河槽	河道保护缓冲带、景观生态堤坡

图5-38　沈北新区阎三家子村河道整治断面设计

(a)河道现状

(b)预期效果

图5-39　沈北新区阎三家子村河道现状与预期效果对比

坡面绿化,下游河道变宽;采用格宾石笼护脚,植生袋绿化压顶堤岸两侧种植绿篱墙——绿化隔离河道重建跨河桥及过水路面,解决通行问题。苏家屯区关台沟村河整治河道断

图 5-40　苏家屯区关台沟村河道现状（一）

图 5-41　苏家屯区关台沟村河道现状（二）

面设计如图 5-42、图 5-43 所示,河道现状与预期效果对比如图 5-44 所示。

5.6.3.9　苏家屯区碾盘沟村河

苏家屯区碾盘沟村河道现状如图 5-45、图 5-46 所示。

整治措施:

上游:河道较窄,底宽约 1.5 m,河道清淤、修整岸坡、岸坡绿化。

下游:清淤清障,格宾卵石笼挡墙护脚防冲,堤坡整形。

岸坡绿化:岸顶种植绿篱墙,新建跨河桥 1 座,改建 1 座;涉水垫步石 2 处,过水路面 2 处,方便通行,利于行洪。苏家屯区碾盘沟村河道现状与预期效果对比如图 5-47 所示。

5.6.3.10　新民市民屯村河

新民市民屯村河道现状如图 5-48、图 5-49 所示。

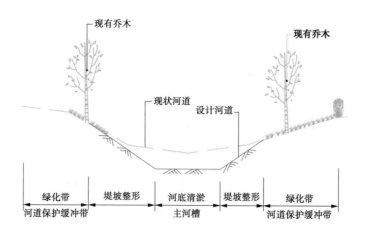

图 5-42 苏家屯区关台沟村河道整治断面设计(上游)

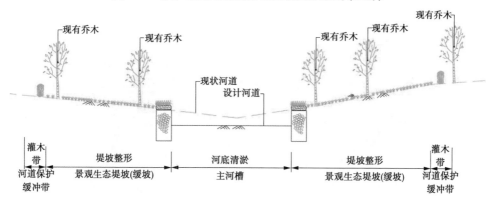

图 5-43 苏家屯区关台沟村河道整治断面设计(下游)

河道标准化治理措施如下:

上游水塘:格宾石笼护脚,植生袋压顶;六棱形生态砖护坡,周围栽种绿篱墙。

中下游河道:主河槽宽度变化较大,水流较缓,淤积严重。因此,清淤河底,开挖主河槽,采用格宾石笼护脚,植生袋压顶;天然草地绿化,局部种植绿篱墙保护河道。

新民市民屯村河道整治断面设计如图 5-50、图 5-51 所示,施工后河道如图 5-52 所示。

5.6.4 典型河道的防蚀 – 生态 – 景观治理模式

5.6.4.1 法库县头台村河

法库县头台村河道现状如图 5-53、图 5-54 所示。

河道标准化治理措施:

如下上游河道堤脚树木繁茂,以清淤清障、堤坡整形为主。下游河道修建浆砌石挡墙,解决冲刷问题。局部段堤岸两侧种植绿篱墙——绿化隔离河道(学校)。重建破损跨河桥 1 座。解决日常通行——铺设垫步石 3 处。法库县头台村河道整治断面设计如图 5-55 所示,铺设浅沟涉水路垫步石如图 5-56 所示,河道标准化治理前后对比如图 5-57 所示。

(a)河道现状

(b)预期效果

图5-44 苏家屯区关台沟村河河道现状与预期效果对比

图5-45 苏家屯区碾盘沟村河道现状(一)

图 5-46　苏家屯区碾盘沟村河道现状（二）

(a)河道现状

(b)预期效果

图 5-47　苏家屯区碾盘沟村河道现状与预期效果对比

图 5-48　新民市民屯村河道现状（一）

图 5-49　新民市民屯村河道现状（二）

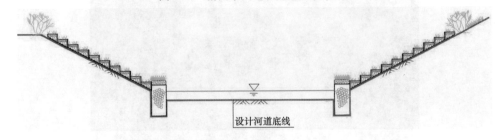

图 5-50　新民市民屯村河道整治断面设计（上游水塘）

5.6.4.2　苏家屯白清寨河

苏家屯白清寨河道现状如图 5-58、图 5-59 所示。

苏家屯白清寨河道标准化治理前后对比如图 5-60 所示。

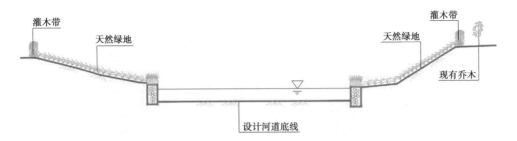

图 5-51 新民市民屯村河道整治断面设计（中、下游断面）

图 5-52 新民市民屯村后河道

图 5-53 法库县头台村河道现状（一）

5.6.4.3 辽中县吉庆台村河

辽中县吉庆台村河道现状如图 5-61、图 5-62 所示。

辽中县吉庆台村河道全线河槽较宽，水流较缓，淤积严重。因此，河道标准化治理时，采取措施为清淤河底，格宾石笼护脚，植生袋压顶；天然草地绿化，种植绿篱墙保护河道。

图 5-54   法库县头台村河道现状（二）

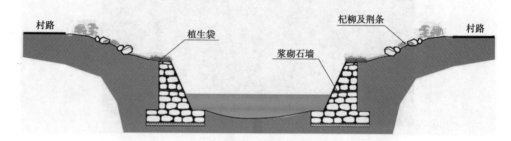

图 5-55   法库县头台村河道整治断面设计

图 5-56   铺设浅沟涉水路垫步石

辽中县吉庆台村标准化治理后河道如图 5-63 所示。

(a)标准化治理前

(b)标准化治理后

图 5-57 法库县头台村河道标准化治理前后对比

图 5-58 苏家屯白清寨河道现状(上游)

图 5-59　苏家屯白清寨河道现状（下游）

(a)标准化治理前

(b)标准化治理后

图 5-60　苏家屯白清寨河道标准化治理前后对比

图 5-61　辽中县吉庆台村河道现状（一）

图 5-62　辽中县吉庆台村河道现状（二）

图 5-63　辽中县吉庆台村标准化治理后河道

第6章 沈阳东陵区村屯河道标准化治理实例

6.1 工程区概况

东陵区(浑南新区)位于沈阳的东南部,介于东经 123°18′41″～123°48′19″,北纬 41°36′10″～41°57′54″,地跨浑河、太子河两个流域,沿东、北、南三面环绕沈阳市区,东部和抚顺市山水相连,西部的南北端与于洪区相接,南与苏家屯接壤,北与沈北新区毗邻,位于铁岭、抚顺、鞍山、本溪、辽阳等辽宁中部城市的中心。辖一个乡、5 个镇、8 个街道办事处,区域总面积为 913 km²,实际管辖 621 km²。全区有耕地 60 万亩(1 亩 = 1/15 km²,下同),其中水田 14 万亩,旱田 38 万亩,菜田 8 万亩。户籍人口 30 余万人。

工程涉及东陵区祝家街道下楼子村和田家屯村、古城子街道古城子村、深井子街道大台村和双树子村 5 个行政村,共治理村屯小河道 5 条,总计长度为 5.00 km。

(1)祝家街道下楼子村位于祝家北 3 km 处,占地面积 6 800 亩,其中耕地 5 400 亩,总人口 1 538 人,有 3 个自然村,即下楼子、常家湾、蔡家沟,分 9 个居民组,有村民代表 38 名,党员 40 名,以树莓、玉米、北虫草养殖为主导产业。

(2)祝家街道田家屯村位于东陵区东南部,与抚顺县拉古乡一岭之隔,全村总面积为 9 hm²,共计 310 户,总人口 1 100 人,分大、小田家屯两个自然村,全村耕地面积 1 800 亩,分 6 个村民小组,党员 29 名,村民代表 33 人。村内第一产业以玉米种植为主。2011 年,沈阳怡冠有机食品公司与本村 65% 农户流转土地,开发有机农业产品,主要是有机蔬菜、葡萄和观光农业,第三产业是野生榛子和寒富苹果,野生榛子 5 000 亩,寒富苹果 1 800 亩。

(3)古城子街道古城子村地处沈阳市东南郊区,隶属东陵区(浑南新区)国际新兴产业园区所在地,占地面积近 4 km²,全村总人口 3 295 人,耕地面积 7 000 余亩。全村第一产业以水稻、玉米、大豆种植为主,养殖业为辅,第二产业有二十几家知名企业(如鞍东混凝土、中安华泰防火门业、鑫汇丰工艺品、宏达纸箱等),第三产业有 200 余家,全村有 70% 以上的劳动力从事二、三产业,农村经济收入 2 839 万元,人均年收入 10 558 元。村内主要道路均为宽阔、平坦的柏油马路,村屯环境整洁卫生,全村 100% 饮用自来水。

(4)深井子街道大台村地处沈阳市东郊区,隶属东陵区(浑南新区)沈抚新城管委会所在地,占地面积近 2.1 km²,全村总人口 1 150 人,耕地面积 3 200 余亩。全村第一产业以玉米、大豆种植为主,养殖业为辅,农村经济收入 1 860 万元,人均年收入 11 560 元。村内主要道路均为宽阔、平坦的柏油马路,村屯环境整洁卫生,全村 100% 饮用自来水。

(5)深井子街道双树子村地处沈阳市东郊区,隶属东陵区(浑南新区)沈抚新城管委会所在地,占地面积近 2.5 km²,全村总人口 1 811 人,耕地面积 4 380 亩。第一产业以玉米、大豆种植为主,养殖业为辅,全村有 70% 以上的劳动力从事二、三产业,农村经济收入 3 371 万元,人均年收入 13 200 元。村内主要道路均为宽阔、平坦的柏油马路,村屯环境整洁卫生,全村100%饮用自来水。

东陵区村屯河道标准化治理工程河道分布如图6-1所示。

图6-1 东陵区村屯河道标准化治理工程河道分布

本次村屯河道标准化治理工程整治范围是以东陵区小河道的现状为基础,结合新农村建设的实际情况,以穿越村屯段河道为治理对象,因地制宜确定治理范围,在不改变现状防洪标准的前提下,通过本次工程解决现状农村村屯河道的脏、乱、差等问题,以修复堤防连续性,改善当地群众生活环境,方便百姓出行。

东陵区下楼子村等5个村屯河道标准化治理工程范围如表6-1所示。

表6-1 东陵区下楼子村等五个村屯河道标准化治理工程范围

序号	乡镇(街道)	村屯名	河道名	治理长度(m)
1	祝家街道	下楼子村	下楼子村河	1 055
2	古城子街道	古城子村	古城子村河	815
3	祝家街道	田家屯村	田家屯村河	1 250
4	深井子街道	大台村	大台村南河	750
5	深井子街道	双树子村	双树子村河	1 130

6.2 河道现状及存在问题

6.2.1 河道现状

（1）祝家街道下楼子村河为大沙河支流，穿越村屯段河长 1 055 m，本段河道比降 1/190，河道宽度 2.5~6 m。河道存在的主要问题有：上游局部堤岸冲刷，危及安全；河道淤积，影响正常行洪；河岸两侧违建挤占河道，阻碍河道管理，无法对河道进行养护。

下楼子村河上、中、下游如图 6-2~图 6-4 所示。

图 6-2　下楼子村河上游

图 6-3　下楼子村河中游

（2）古城子街道古城子村河为杨官河支流，穿越村屯段河长 815 m，本段河道比降 1/815，河道宽度 2~6 m。河道存在的主要问题有：河道淤积，影响正常行洪；局部段垃圾倾倒严重，阻塞并污染河道；跨河桥涵标准低，破损严重。

古城子村河上、中、下游如图 6-5~图 6-8 所示。

图6-4 下楼子村河下游

图6-5 古城子村河上游

图6-6 古城子村河中游(一)

图 6-7　古城子村河中游（二）

图 6-8　古城子村河下游

（3）祝家街道田家屯村河为大沙河支流,穿越村屯段河长 1 250 m,本段河道比降 1/140,河道宽度 1.6 ~ 6 m。河道存在的主要问题有:堤岸普遍冲刷,严重危及安全;下游 局部河道淤积,影响正常行洪;河岸两侧违建挤占河道,阻碍河道管理,无法对河道进行养 护;局部段垃圾倾倒严重,阻塞并污染河道;跨河桥涵标准低,破损严重。

田家屯河上、下游及支流如图 6-9 ~ 图 6-11 所示。

图 6-9　田家屯村河上游

图6-10 田家屯村河下游

图6-11 田家屯村河支流

(4)深井子街道大台村南河为杨官河支流,穿越村屯段河长750 m,本段河道比降1/375,河道宽度2.5~8 m。河道存在的主要问题有:局部堤岸冲刷,严重危及安全;下游河道淤积,影响正常行洪;局部段垃圾倾倒严重,阻塞并污染河道。

大台村南河上、中游如图6-12~图6-14所示。

图6-12 大台村南河上游

图 6-13　大台村南河中游(一)　　　　图 6-14　大台村南河中游(二)

(5)深井子街道双树子村河为杨官河支流,穿越村屯段河长 1 130 m,本段河道比降 1/345,河道宽度 3 ~ 8 m。河道存在的主要问题有:河道淤积缩窄严重,影响正常行洪;河岸两侧违建挤占河道,阻碍河道管理,无法对河道进行养护;局部段垃圾倾倒严重,阻塞并污染河道;跨河桥涵标准低,破损严重。

双树子村河上、中、下游如图 6-15 ~ 图 6-18 所示。

图 6-15　双树子村河上游　　　　　图 6-16　双树子村河中游(一)

图 6-17　双树子村河中游(二)　　　　图 6-18　双树子村河下游

6.2.2 存在问题

东陵区下楼子村等5条河道存在问题较为突出且集中,主要表现为河道垃圾堆积、水体污染严重、河道滩地及堤坡开荒,河道两岸堆放大量柴草垛等,与村屯建设极不协调。目前存在的主要问题是:

(1)由于自然因素及多年未治理,现河道主河槽狭窄,局部落淤严重。

(2)现有跨河桥、涵等建筑物老化严重,大多出现破损情况,已不能满足排水及交通要求。

(3)居住在河道两岸的村民经常向河道内倾倒杂物及建筑垃圾,造成河段淤塞,特别是汛期丰水期,造成河水污染严重,气味刺鼻。

6.3 工程建设目标及建设标准

6.3.1 工程建设目标

针对东陵区小河道存在的问题,通过对河道的清理疏浚、堤岸的修复及衬砌,恢复完善源头小河道的基本功能,与新农村建设相协调,为村民提供良好的生活环境。本次河道标准化治理工程的设计目标如下:

(1)充分体现以人为本的设计理念,确保地区人民群众的生命、财产安全,通过村屯河道标准化治理工程,促进基础设施建设,促进区域经济健康、持续发展。

(2)绿化、亮化相结合,以提高居住环境质量为目标。

6.3.2 河道建设标准

1. 技术文件和技术标准
(1)《堤防工程设计规范》(GB 50286—2013);
(2)《堤防工程管理设计规范》(SL 171—96);
(3)《水利水电工程等级划分及洪水标准》(SL 252—2000);
(4)《水工混凝土结构设计规范》(SL 191—2008);
(5)《水利水电工程施工组织设计规范》(SL 303—2004);
(6)《水利建设项目经济评价规范》(SL 72—2013)。

2. 工程规划标准
改造工程尽量采用新技术、新方法、新材料,坚持注重效益、保证质量、加强管理,做到因地制宜、经济合理、技术先进、运行可靠。

6.4 工程总体布置

6.4.1 工程布置原则

本工程本着实事求是、技术可行、经济合理、安全为重的原则进行整治。东陵区村屯河道标准化治理工程力求环境效益、经济效益相结合。工程以东陵区村屯河道天然现状为基础,考虑河道流势的合理性,遵循因势利导原则,兼顾上下游及左右岸,统筹布置,尽量尊重原有的自然形态。尽量保护、利用或移植河道两岸树木,并考虑已有设施的利用和不可拆的房屋,尽量节省投资。

6.4.2 河道工程

本次东陵区标准化治理河道共有5条,各条河道现状情况差别较大,本次设计以河道天然现状为基础,不涉及水面线推求以及冲刷计算,因势利导,尽量保持现状河道宽度,结合现状设计河底比降,河道两侧采用护坡工程,护坡形式因河因段而异,形式包括干垒石护砌、格宾卵石笼挡土墙、预制六棱形生态护坡、浆砌石护坡、干垒砖挡墙护砌、浆砌石挡土墙护砌。堤坡整形后播撒草籽,种植乔灌木。

6.4.3 过水桥涵工程

本次工程将对阻水严重的跨河桥、涵等建筑物进行改造,并根据各村实际情况新建以及改建部分桥梁、过水桥涵、穿堤涵等配套工程。

6.5 河道及过水桥涵工程设计

本次村屯河道标准化治理工程中河道工程主要包括河道清淤疏浚、岸坡整形、生态护坡(护岸)、灌木栽种。

6.5.1 下楼子村河道工程设计

纵横断面设计:下楼子村河道治理长度950 m,设计比降1/190,平均清淤深度0.5 m。河流宽度尽量保持原状或在不涉及征占地情况下适当拓宽。

防护工程:干流桩号0 + 380 ~ 0 + 750共计370 m,两侧岸坡采用干垒石护砌;干垒石高0.6 m,宽1.0 m。下部设置浆砌石基础,尺寸为0.5 m×0.8 m。

干流桩号0 + 000 ~ 0 + 380及支沟Z0 + 000 ~ 0 + 200段共计580 m,以河道清淤为主,坡面进行整形并种植灌木。

全线河道两侧岸坡种植灌木,灌木选择荆条、杞柳,株行距为1.5 m×1.5 m,草地自然恢复。在村桥处分别设置1个展示牌和3个警示牌。在局部段拦蓄水面,种植植物,布置石桌、石凳,形成区域节点;垃圾倾倒严重段设置防护网进行隔离。

6.5.2 古城子村河道工程设计

纵横断面设计:古城子村河道治理总长816 m,其中干流长530 m,设计比降1/815,支流长286 m,设计比降1/1 430,平均清淤深度0.5 m。河流宽度尽量保持原状或在不涉及征占地情况下适当拓宽。

防护工程:干流桩号0+000~0+530两侧岸坡采用格宾卵石笼挡土墙防护,两侧岸坡防护总长度为1 080 m,其中右岸长531 m,左岸长549 m,格宾卵石笼挡土墙尺寸为宽0.5 m×高1.0 m,墙顶采用植生袋压顶,两侧岸坡播撒草籽及种植灌木,灌木选择荆条、杞柳。支流Z0+000~0+216段两侧岸坡采用格宾卵石笼挡土墙与预制六棱形生态砖组合防护,两侧岸坡防护长度为407 m,其中右岸204 m,左岸203 m。预制六棱形生态护坡坡比为1:2,格宾卵石笼挡土墙尺寸为宽0.5 m×高1.0 m,采用植生袋压顶。支流Z0+234~0+268段受院落、房屋影响,不便于采用工程措施,只进行渠底清淤,两侧岸坡整形,治理长度为34 m。

在村桥处分别设置1个展示牌和4个警示牌。在局部段拦蓄水面,种植植物,布置石桌、石凳,形成区域节点;垃圾倾倒严重段设置防护网进行隔离。

6.5.3 田家屯村河道工程设计

纵横断面设计:田家屯村河道治理总长1 250 m,其中干流长900 m,设计比降为1/140,支流长350 m,设计比降为1/120。平均清淤深度为0.5 m。河流宽度尽量保持原状或在不涉及征占地情况下适当拓宽。

防护工程:干流桩号0+000~0+600、0+780~0+830段长650 m,河槽窄深,山水流速急。两侧边坡采用浆砌石护砌,对两侧天然草地进行绿化,种植绿篱墙保护河道。浆砌石护坡高1.0 m,坡度为1:2,顶宽0.9 m,浆砌石护脚深0.75 m,顶宽0.5 m,底宽0.6 m。支流Z0+000~0+350段长350 m,河道窄小,水流速度快,河道两侧进行干垒砖挡墙护砌,两侧堤顶种植绿篱墙保护河道。干垒砖挡墙高0.6 m,宽0.3 m。采用浆砌石基础,基础高0.75 m,下底宽0.6 m。

桩号0+400右侧设置一处工程展示牌;桩号0+700、Z0+200两处分别设置不锈钢警示牌。新建穿堤涵管两处,每处长6 m,浆砌石基础,进出口为浆砌石结构。

6.5.4 大台村南河道工程设计

纵横断面设计:河道治理总长 750 m,设计比降为 1/375。平均清淤深度 0.5~0.8 m。河流宽度尽量保持原状或在不涉及征占地情况下适当拓宽。

防护工程:全线堤脚进行浆砌石挡土墙护砌,墙高 1.5 m,底宽 0.8 m,堤岸两侧种植绿篱墙隔离保护河道。

现有桥五处上游右侧设置一处工程展示牌;河道桩号 0+300、0+600 两处分别设置不锈钢警示牌。改建 5 处穿堤桥涵,每处长 6 m,浆砌石基础,进出口为浆砌石结构。

6.5.5 双树子村河道工程设计

纵横断面设计:双树子村河道治理总长 1 130 m,其中干流长 880 m,设计比降为 1/350,支流长 250 m,设计比降为 1/500。平均清淤深度为 0.8 m。河流宽度尽量保持原状或在不涉及征占地情况下适当拓宽。

防护工程:干流 0+175~0+770 段采取工程措施为河道清淤,两侧布置格宾石笼挡墙,结构尺寸为高 1.2 m×宽 0.6 m,墙顶采用植生袋压顶,堤坡整形后播撒草籽。

上游池塘段进行边坡整形、垃圾清运,开荒地覆土回填后铺设人行路段 130 m,路两侧种植垂柳,池塘岸边种植水生植物。0+000~0+575 段紧邻马路种植绿篱墙保护河道。沿线通往居民房过路桥板毁坏严重,本次更新替换过路板 10 块,采用预制混凝土板。桥一处设置工程展示牌,桥二处设置不锈钢警示牌。

东陵区村屯河道标准化治理纵断面图如图 6-19~图 6-25 所示。

6.5.6 过水桥涵工程设计

本次工程将对阻水严重的跨河桥、涵等建筑物进行改造,并根据各村实际情况新建以及改建部分桥梁、过水桥涵、穿堤涵等配套工程,解决排涝及百姓出行问题,改善居住环境条件。

东陵区下楼子村等 5 条村屯河道标准化治理工程过水桥涵统计表如表 6-2 所示。

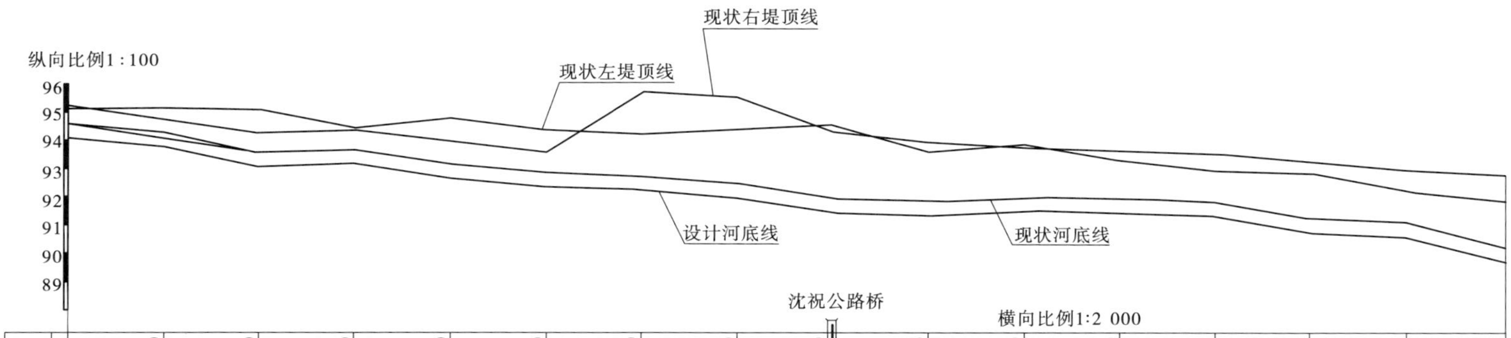

图 6-19 东陵区下楼子村河道标准化治理工程纵断面图

注：图中纵轴表示高程，高程单位以m计，下同。

桩号	0+000	0+070	0+100	0+150	0+200	0+250	0+300	0+350	0+400	0+450	0+500	0+550	0+600	0+650	0+700	0+750
现状左堤高程	95.04	94.56	94.04	94.17	93.87	93.37	95.52	95.34	94.14	93.73	93.54	93.42	93.29	93.01	92.95	92.56
现状右堤高程	94.92	94.97	94.89	94.26	94.61	94.17	94.03	94.20	94.37	93.39	93.64	93.08	92.69	92.61	91.95	91.65
现状河底高程	94.38	94.08	93.37	93.48	92.97	92.65	92.54	92.27	91.75	91.64	91.78	91.75	91.59	91.02	90.88	90.01
比降									1/190							
设计河底高程	93.88	93.58	92.87	92.98	92.47	92.15	92.04	91.77	90.25	91.14	91.28	91.25	91.09	90.52	90.38	89.51

· 109 ·

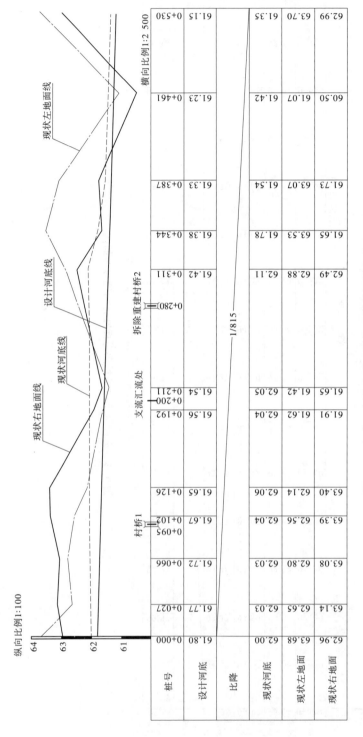

图 6-20　东陵区古城子村河道标准化治理纵断面图

纵向比例 1:100　横向比例 1:2 500

曲线标注：现状左地面线、现状右地面线、设计河底线、现状河底线

高程刻度：64、63、62、61

桩号标注：村桥1（0+095、0+102）、支流汇流处（0+200、0+211）、拆除重建村桥2（0+280）

比降：1/815

桩号	设计河底	现状河底	现状左地面	现状右地面
0+000	61.80	62.00	63.68	62.96
0+027	61.77	62.03	62.65	63.14
0+066	61.72	62.03	62.80	63.08
0+095				
0+102	61.67	62.04	62.56	63.39
0+126	61.65	62.06	62.14	63.40
0+192	61.56	62.04	61.62	61.91
0+200	61.54	62.05	61.42	61.65
0+211	61.54	62.11	62.88	62.49
0+280				
0+311	61.42	62.88	62.49	62.11
0+344	61.38	61.78	63.53	61.65
0+387	61.33	61.54	63.07	61.73
0+461	61.23	61.42	61.07	60.50
0+530	61.15	61.35	61.70	62.99

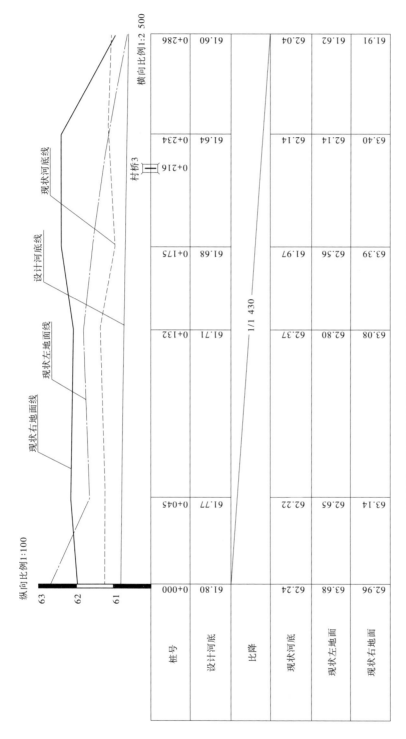

纵向比例1:100

横向比例1:2 500

桩号	0+000	0+045	0+132	0+175	0+216	0+234	0+286
设计河底	61.80	61.77	61.71	61.68	61.60	61.64	61.60
比降			1/1 430				
现状河底	62.24	62.22	62.37	62.97		62.14	62.04
现状左地面	63.68	62.65	62.80	62.56		62.14	61.62
现状右地面	62.96	63.14	63.08	63.39		63.40	61.91

现状河底线

设计河底线

现状左地面线

现状右地面线

村桥3

图 6-21 东陵区古城子村河道标准化治理支流纵断面图

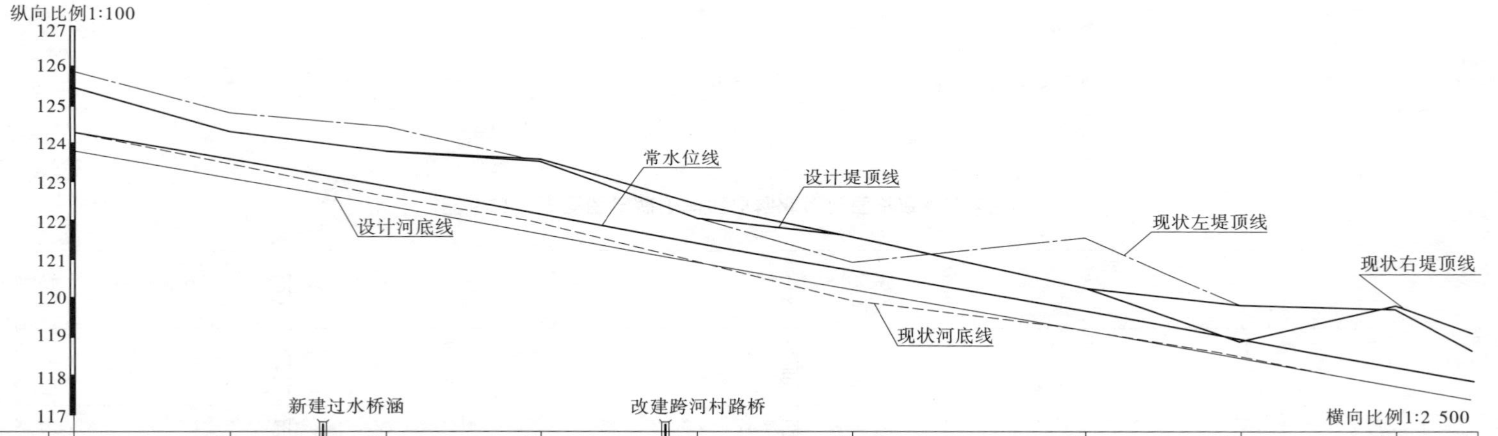

图 6-22 东陵区田家屯村河标准化治理干流纵断面图

桩号	0+000	0+100	0+160 0+200	0+300	0+380 0+400	0+500	0+650	0+750	0+850	0+900
现状左堤高程	125.87	124.81	124.45	123.53	122.06	120.93	121.55	119.81	119.71	118.63
现状右堤高程	125.47	124.32	123.82	123.59	122.43	121.59	120.27	118.88	119.73	119.09
现状河底高程	124.30	123.46	122.61	121.92	120.97	119.94	120.19	118.51	117.73	117.39
设计堤顶高程	125.47	124.32	123.82	123.53	122.06	121.59	120.27	118.81	119.71	118.63
比降					1/140					
设计河底高程	124.30	123.09	122.37	121.66	120.94	120.23	119.66	118.44	117.73	117.37
常水位	123.80	123.59	122.87	122.16	121.44	120.73	119.16	118.94	118.23	117.87

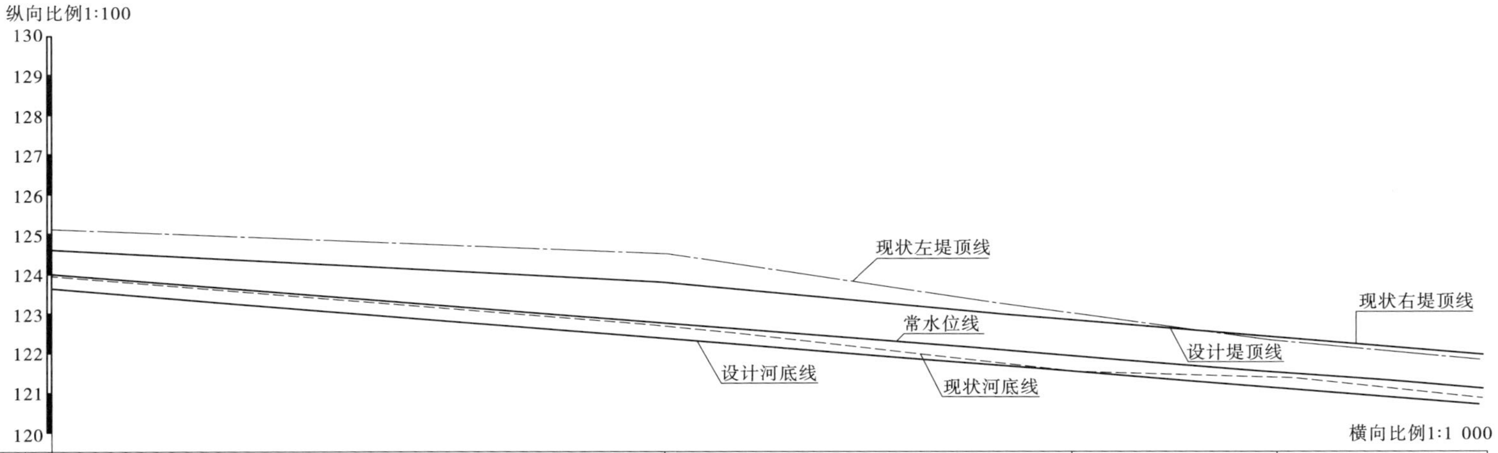

纵向比例1:100

桩号	0+350				0+200				0+100	0+050	0+000
现状左堤高程	125.13				124.47				122.97	122.31	121.81
现状右堤高程	124.61				123.77				122.80	122.40	121.98
现状河底高程	123.94				122.69				121.54	121.40	120.88
设计堤高程	124.61				123.77				122.80	122.31	121.81
比降			1/120								
设计河底高程	123.60				122.35				121.52	121.10	120.68
常水位	124.00				122.75				121.92	121.50	121.08

横向比例1:1 000

现状右堤顶线

设计堤顶线

现状左堤顶线

常水位线

现状河底线

设计河底线

注:水位单位以m计,下同。

图 6-23 东陵区田家屯村河道标准化治理支流纵断面图

·113·

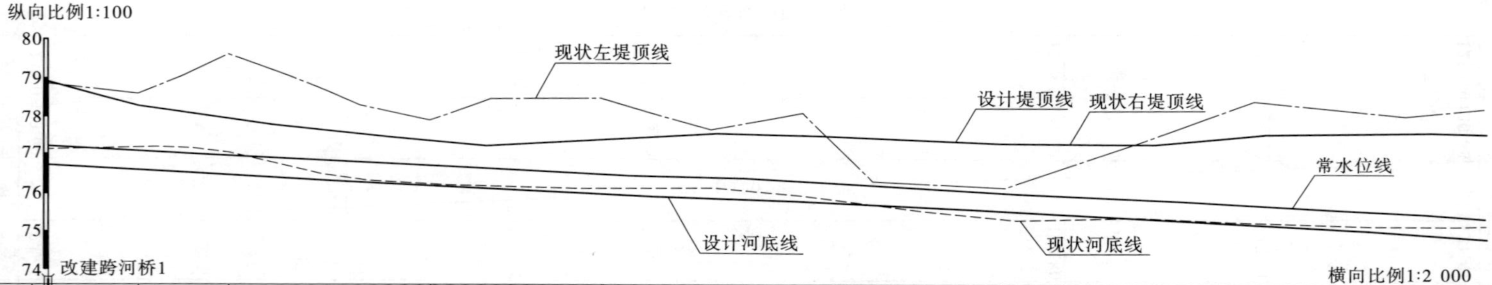

图 6-24 东陵区大台村河道标准化治理纵断面图

桩号	0+000	0+045	0+090	0+190	0+275	0+330	0+375	0+475	0+550	0+600	0+675	0+750
现状左堤高程	78.88	78.60	79.60	77.90	78.49	77.67	78.10	76.12	77.42	78.38	78.00	78.33
现状右堤高程	78.92	78.29	77.93	77.39	77.40	77.57	77.51	77.30	77.27	77.54	77.60	77.48
现状河底高程	77.11	77.20	77.04	76.22	76.12	76.10	75.92	75.30	75.35	75.22	75.11	75.19
设计堤高程	78.88	78.29	77.93	77.39	77.40	77.57	77.51	77.30	77.27	77.54	77.60	77.48
比降						1/375						
设计河底高程	76.70	77.08	76.95	76.68	76.45	75.89	75.27	75.51	75.31	75.67	74.97	74.70
常水位	77.20	76.58	76.95	76.18	75.95	76.39	76.27	76.01	75.81	75.17	75.47	75.20

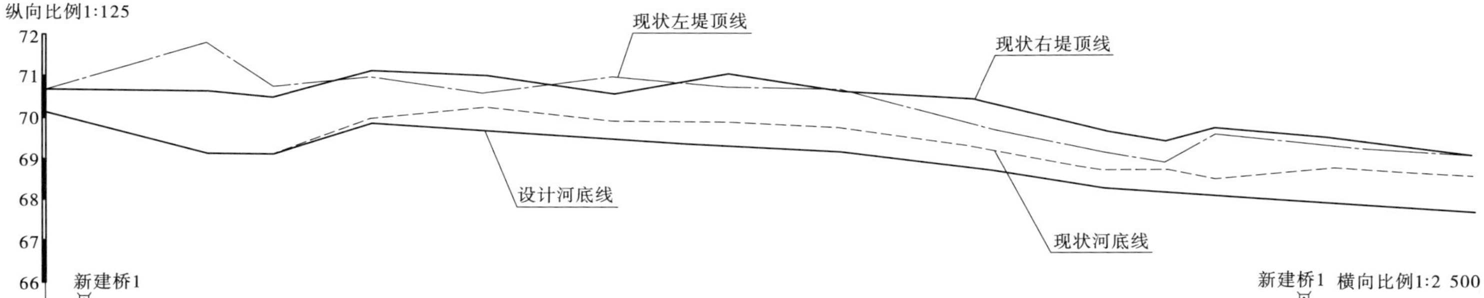

纵向比例 1:125

现状左堤顶线

现状右堤顶线

现状河底线

设计河底线

新建桥 1

新建桥 1

横向比例 1:2 500

桩号	现状左堤高程	现状右堤高程	现状河底高程	比降	设计河底高程	常水位
0+000	70.657	71.56	70.14		70.14	71.86
0+025						
0+100	71.81	70.62	69.09		69.09	69.59
0+140	71.54	70.47	69.06		69.09	69.59
0+200	71.163	71.11	69.94		69.80	70.30
0+270	70.55	70.99	70.19		69.63	70.13
0+350	70.94	70.52	69.86		69.43	69.93
0+420	70.69	71.01	69.84		69.75	69.25
0+490	70.66	70.96	69.70		69.58	69.08
0+570	69.77	70.39	69.23		69.21	68.71
0+650	70.23	70.34	68.64		68.71	68.21
0+690	70.48	69.36	68.65		68.60	68.10
0+720	70.23	69.68	68.44		68.52	68.02
0+775 0+790	70.23	70.04	68.89	1/325	68.33	67.83
0+880	69.82	70.28	68.50		68.09	67.59

图 6-25 东陵区双树子村河道标准化治理纵断面图

· 115 ·

表 6-2　东陵区下楼子村等五个村屯河道标准化治理工程过水桥涵统计表

	村名	桩号	原规格 [管径(mm)×孔数]	洞长(m)	备注
1	田家屯村	0+160	800×3	5	新建
2	大台村	0+310	800×3	10	改建
3	双树子村	0+025	800×3	3	改建
		0+775	800×3	3	新建

东陵区下楼子村等五个村屯河道标准化治理工程新(改)建农桥统计表如表 6-3 所示。

表 6-3　东陵区下楼子村等五个村屯河道标准化治理工程新(改)建农桥统计表

	村名	桩号	原规格 [长(mm)×宽(mm)]	孔数	备注
1	古城子村河	0+278	6×4	1	改建
2	田家屯村河	桥0+380	6×4	1	改建
3	大台村河	0+000	6×4	1	改建
		0+360	6×4	1	改建

东陵区田家屯村河道标准化治理村桥平面图、穿堤涵及过水桥涵平面图如图 6-26 ~ 图 6-28 所示。

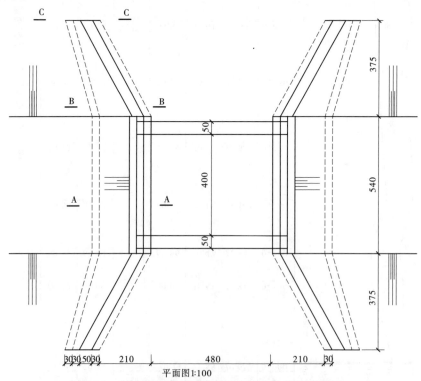

平面图1:100

图 6-26　东陵区田家屯村河道标准化治理村桥平面图

东陵区大台村河道标准化治理村桥平面图如图 6-29 所示。

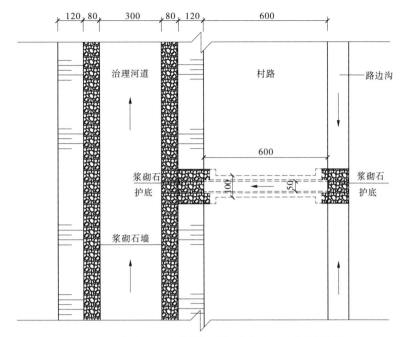

图 6-27　东陵区田家屯村河道标准化治理穿堤涵平面图

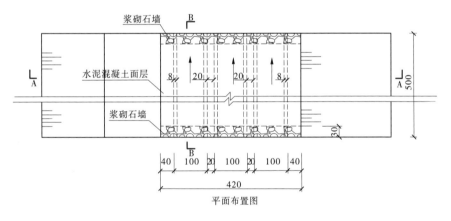

平面布置图

图 6-28　东陵区田家屯村河道标准化治理过水桥涵平面图

东陵区双树子村河道标准化治理过水桥涵平面图如图 6-30 所示。

6.6　河道工程施工

标准化治理河道工程主要工程内容为河道清淤、坡面整形、填筑。

土方开挖:采用 1 m³ 挖掘机挖土,74 kW 推土机推土集料,将利用的土料堆放在一起,以备填筑时利用。剩余土料采用 1 m³ 挖掘机开挖、8 t 自卸汽车运输至大堤背水坡平整洼地。

土方回填:回填料来源于河道清淤土料,采用 1 m³ 挖掘机开挖、8 t 自卸汽车运输至工作面,74 kW 推土机摊平,74 kW 拖拉机压实,边角地段采用 2.8 kW 蛙式打夯机补夯。

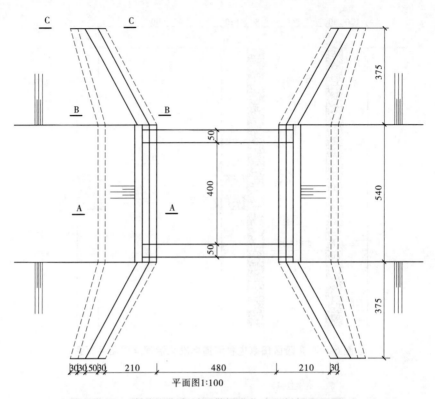

平面图1:100

图 6-29　东陵区大台村河道标准化治理村桥平面图

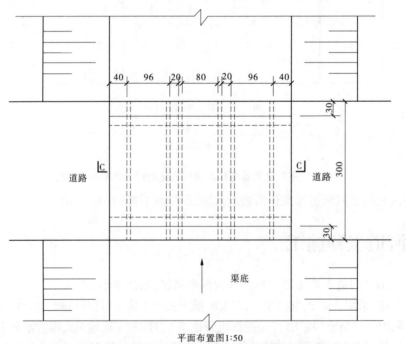

平面布置图1:50

图 6-30　东陵区双树子村河道标准化治理过水桥涵平面图

东陵区河道标准化治理横断面图如图 6-31 ～图 6-36 所示。

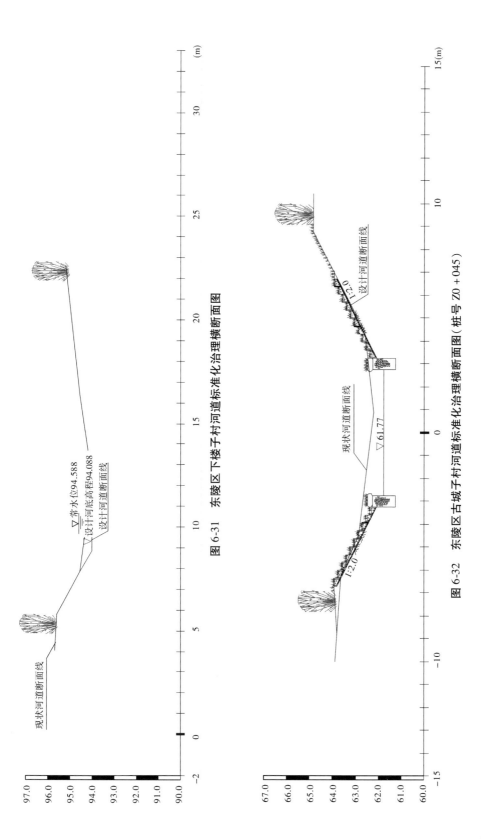

图 6-31 东陵区下楼子村河道标准化治理横断面图

图 6-32 东陵区古城子村河道标准化治理横断面图（桩号 Z0＋045）

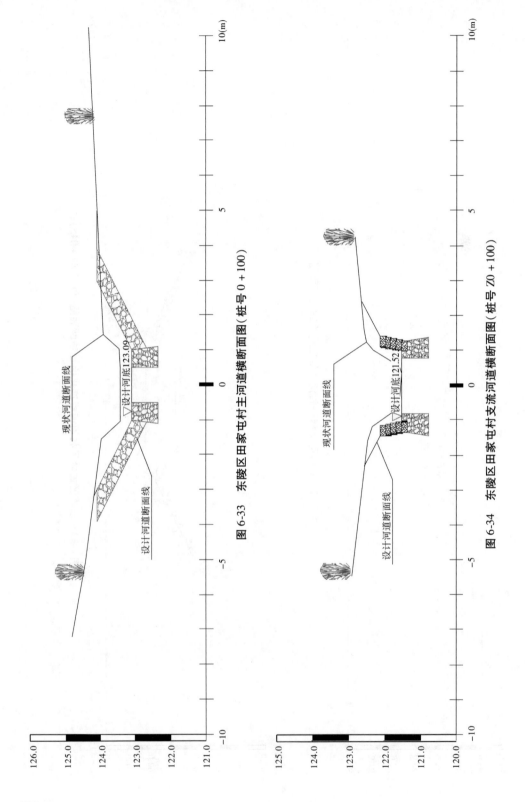

图 6-33　东陵区田家屯村主河道横断面图（桩号 0＋100）

图 6-34　东陵区田家屯村支流河道横断面图（桩号 Z0＋100）

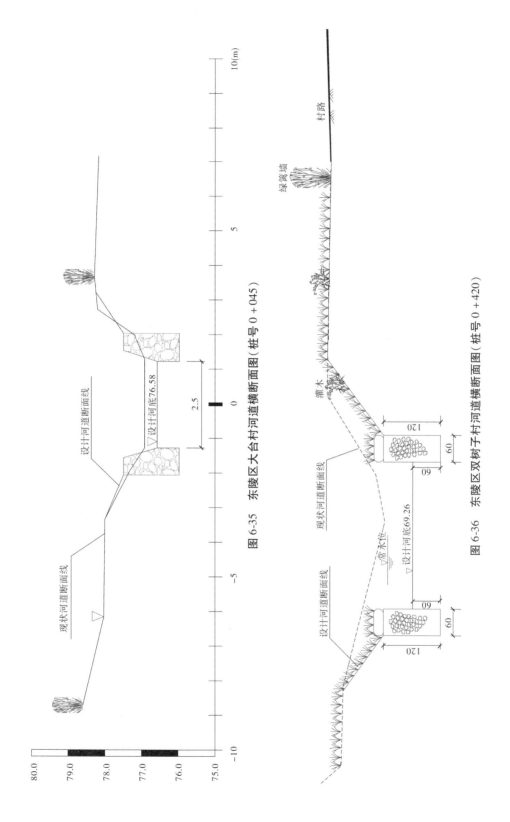

图 6-35 东陵区大台村河道横断面图（桩号 0 + 045）

图 6-36 东陵区双树子村河道横断面图（桩号 0 + 420）

6.7 护砌工程

6.7.1 浆砌石挡墙

主要工程内容为基础开挖、浆砌石直立挡墙砌筑、基础回填。

基础开挖:采用 1 m³挖掘机开挖,放置渠道中用于围堰填筑、基础回填及堤坡恢复填筑,多余土方采用 8 t 自卸汽车运输至堤防填筑段,运距 1 km。

浆砌石直立挡墙砌筑:采用自卸汽车运输所需材料至料场,采用 1 t 翻斗车运输至工作面附近,人工倒运至工作面,人工采用铺浆法砌筑块石。

基础回填:回填料来源于河道清淤土料,采用 1 m³挖掘机装 8 t 自卸汽车运输至工作面,74 kW 推土机摊平,74 kW 拖拉机压实,边角地段采用 2.8 kW 蛙式打夯机补夯。

6.7.1.1 浆砌石砌筑方法

(1)使用的石料必须保持清洁,受污染或水锈较重的石块应冲洗干净。在铺砌前,将石料洒水湿润,使其表面充分吸收,但不得残留积水。砌筑时选取砌筑面良好的块石。

(2)砌筑墙体的第一皮石块应坐浆,且将大面朝下。砌体第一皮及转角处、交接处和洞口处应选用较大的石料砌筑。

(3)砌石采用铺浆法砌筑,铺浆厚度控制在 30 ~ 50 mm,砂浆标号 M10,当气温变化时,应适当调整,砌筑砂浆用砂浆搅拌机拌制,随拌随用。

(4)砌石必须采用铺浆法砌筑,砌筑时,石块宜分层卧砌,内外搭砌,上下错缝,拉砌石、顶砌石交错设置,不得采用外面侧立石块、中间填心的砌筑方法。砌筑时砌石达到边缘顺直,砌筑密实、平整,搭压牢靠整齐,确保砌体外露面平整美观。已砌好的砌体,在抗压强度未达到 2.5 MPa 前不得进行上层砌石的准备工作。浆砌石墙前齿回填土高程至设计渠底高程。

(5)石块间较大的空隙应先填塞砂浆,后用碎块石或片石嵌实。不得采用先摆碎块石后填砂浆或干填碎块石的方法施工,确保石块间不相互接触。

(6)石墙必须设置拉结石。拉结石必须均匀分布、相互错开,一般每 0.7 m² 墙面至少应设置一块,且同皮内的中距(同一皮内的拉结石中间距离)不应大于 2 m。拉结石的长度,若墙厚等于或小于 40 cm,应等于墙厚;墙厚大于 40 cm 时,可用两块拉结石内外搭接,搭接长度不应小于 150 mm,且其中一块长度不应小于墙厚的 2/3。

(7)砌筑时砌缝用砂浆充填饱满,砌缝内砂浆用扁铁插捣密实,砌体外露面预留深度不大于 4 cm,水平缝宽不大于 4 cm 的空隙,采用 M10 的水泥砂浆勾缝。砌筑完进行洒水养护。

(8)雨天施工不得使用过湿的石块,以免砂浆流淌,影响砌体的质量,并做好表面的保护工作。如没有做好防雨棚,降雨量大于 5 mm 时,应停止砌筑作业。如需冬季施工,在不采取防冻措施情况下,施工温度不得低于 0 ℃。

(9)每隔 15 m 设置一道伸缩缝。严格按照设计要求的位置进行砌体伸缩缝埋设,沥青木板安装牢固,灌封密实,外观整齐美观。

（10）排水孔预埋内径ϕ100 mm PVC管,管长为预埋处墙体厚度增加10 cm,每2 m设置一处排水孔。排水孔墙后端头包裹土工滤布,并埋筑反滤料。为保证排水孔出口排水通畅,施工时将排水孔出口进行封堵,完工后清除。

6.7.1.2 成品保护及养护

砌筑完成的构筑物要注意成品保护,避免碰撞,砌体外露面宜在砌筑后及时养护。

砌体外露面养护:砌体在砌筑后12～18 h应及时养护,经常保持外露面湿润。水泥砂浆砌体养护时间不少于14 d。当勾缝完成和砂浆初凝后,砌体表面应刷洗干净。在养护期间应经常洒水,使砌体保持湿润,避免碰撞和振动。

6.7.2 自嵌式挡墙

主要工程内容为基础开挖、自嵌式挡墙砌筑、基础回填。

基础开挖:采用1 m³挖掘机开挖,放置渠道中用于围堰填筑、基础回填及堤坡恢复填筑,多余土方采用8 t自卸汽车运输至堤防填筑段,运距1 km。

自嵌式挡墙砌筑:采用1 t翻斗车由料场运输至工作面附近,人工倒运至工作面,人工砌筑自嵌式挡土块。

基础回填:回填料来源于河道清淤土料,采用1 m³挖掘机装8 t自卸汽车运输至工作面,74 kW推土机摊平,74 kW拖拉机压实,边角地段采用2.8 kW蛙式打夯机补夯。

自嵌式挡墙砌筑方法:

（1）人工按照铺设土工布—填料—压实—铺设土工格栅—铺设土工布—填料—压实—安装上一层面板—铺设土工格栅的工序砌筑自嵌式挡土块。

（2）基础与干垒砖连接,基础前方突出,防止干垒砖水平移动。

（3）干垒砖与碎石连接,碎石与土工格栅连接,锚固棒与上下干垒砖及土工格栅相连接,墙体倾角12°。

6.7.3 格宾石笼挡墙

主要工程内容为基础开挖、格宾石笼挡墙砌筑、基础回填。

基础开挖:采用1 m³挖掘机开挖,放置渠道中用于围堰填筑、基础回填及堤坡恢复填筑,多余土方采用8 t自卸汽车运输至堤防填筑段,运距1 km。

格宾石笼挡墙砌筑:采用自卸汽车运输所需材料至料场,采用1 t翻斗车运输至工作面附近,人工倒运至工作面,人工铺设格宾石笼网箱、砌筑块石。

基础回填:回填料来源于河道清淤土料,采用1 m³挖掘机装8 t自卸汽车运输至工作面,74 kW推土机摊平,74 kW拖拉机压实,边角地段采用2.8 kW蛙式打夯机补夯。

格宾石笼挡墙砌筑方法:

（1）格宾石笼护底笼体顺水流方向长3 m,宽0.5 m,高1 m。

（2）格宾石笼每个单体均在现场按图制作,用与网线同材质的钢丝绑扎连接成整体。

（3）笼体内充填石料时严禁抛投作业,填充石料时宜对称填料,且应大小料配合,使充填饱满。

（4）石笼充填满槽后,表层用较小石料(粒径大于10 cm)找平,使之平整美观。

注意:格宾网箱供货单位需提供由中国国家认证认可监督管理委员会认证的检测单位出具的检测报告。

6.7.4 六棱形生态砖挡墙

主要工程内容为坡面整形、六棱形生态砖挡墙砌筑、土料回填。

坡面整形:采用 1 m³ 挖掘机开挖平整,填筑土料采用 8 t 自卸汽车运输至需填筑段,运距 1 km。

六棱形生态砖挡墙砌筑:采用自卸汽车运输所需材料至料场,采用 1 t 翻斗车运输至工作面附近,人工倒运至工作面,人工铺设六棱形生态砖。

土料回填:回填料来源于围堰拆除土料,采用 1 t 翻斗车运输至工作面附近,人工倒运至工作面,人工回填土料。

六棱形生态砖挡墙砌筑方法:

(1)先完成趾墙砌筑,再开始铺装护坡砌块。铺装时,应从下部趾墙开始,本着"自下而上,从一端向另一端"或按"自下而上、从中部向两端"的顺序铺装,千万不可从两端向中部铺装,否则会在中部产生一个无法结合的分缝;块与块尽可能挤紧,做到横、竖和斜线对齐。

(2)趾墙位置的土方应密实,以防局部沉降。

(3)锥坡或弯道施工应当随坡就势,砌块要铺砌紧密,并注意对转角后产生的下部不规则空当进行加固,以免产生滑塌和局部沉降。

(4)在可能产生冲淘的部位(如道路排水管口或过水部分),应在砌块下铺土工布反滤。

(5)砌块铺装完成后进行种植土的回填,以保证种植结束后砌块内土壤表面距砌块上沿 2 cm,以确保植物栽植后砖内有足够的空间拦蓄上游来水和土壤,切不可将土填满砌块甚至高于砌块上沿。

推荐护坡植物:苜蓿草。

后期管护要点:浇水养护时,可采用雾状喷灌,喷水速度不要太快,不可用大水流直冲砌块内土壤。

每次浇水以砌块上部 2 cm 空间内水满(湿润土表 10~15 cm)为宜。

6.8 生态建设工程

主要工程内容为坡面播撒草籽、栽植灌木工程。

栽树:采用 8 t 自卸汽车运输所需苗木至工作面附近,人工倒运至工作面,人工种植。

6.9 环境保护设计

6.9.1 规划依据

通过采取相应的措施,使施工期环境污染降到最低标准,符合有关规定的要求。

相关规定主要有:

(1)《中华人民共和国环境影响评价法》;

(2)《中华人民共和国大气污染防治法》;

(3)《中华人民共和国环境噪声污染防治法》;

(4)《中华人民共和国固体废物污染环境防治法》;

(5)《中华人民共和国水污染防治法》;

(6)《环境影响评价技术导则　水利水电工程》(HJ/T 88—2003);

(7)《环境影响评价技术导则　非污染生态影响》(HJ/T 19—1997);

(8)《环境影响评价技术导则　声环境》(HJ 2.4—2009);

(9)《地表水环境质量标准》(GB 3838—2002);

(10)《环境空气质量标准》(GB 3095—2012);

(11)《辽宁省污水综合排放标准》(DB21/1627—2008);

(12)《建筑施工场界环境噪声排放标准》(GB 12523—2011)。

6.9.2 对环境的有利影响

本工程对现有的自然环境中的气候、水文等都不会产生不利影响,河道清淤和岸坡砌筑将大大改善水流边界条件,加快河道流速,减少水土流失、污水回流和泥沙淤积,从而有利于水质改善。同时,还可清理河道两侧生活垃圾。以上工程措施,对于优化区域生活环境,建设优质人居环境具有重要意义。

6.9.3 对环境的不利影响

施工期间,机械车辆跑、冒、滴、漏的油料及冲洗废水,若任意倾倒,会污染附近土壤环境。因此,应采取适当措施减免这种污染。

挖掘机、汽车等机械使用时将产生噪声,应合理安排施工时间,避免夜间施工。

施工及运输产生的粉尘、飘尘,发电机、挖掘机、汽车等燃油机械使用时排放的废气,会增加空气中的悬浮颗粒、二氧化硫、氮氧化物和一氧化碳。但由于地形开阔,空气扩散能力较强,因此影响不大。

在施工高峰期,工程临时占地、材料堆放占地及料场开挖等都会对项目区周边环境产生一定程度的不利影响。

在施工期对环境的影响主要是生活区生活垃圾和临时占地。为减少对环境的不利影响,在生活区修建临时厕所及垃圾堆放点,待施工结束后集中进行清理。

6.9.4 不利影响的防治措施

(1)施工期间,对进场运料车辆要进行有效覆盖;拌和、筛分注意远离当地村民、住户,施工现场人员要进行有效防护;现场施工道路要经常洒水,减少粉尘对施工人员的危害。

(2)项目施工期间要注意加强环境保护。做好宣传教育工作,增强施工人员的环保观念,制定环保措施,按设计施工,不得任意扩大渠道断面和建筑物开挖基坑。保护耕地,弃土、弃石、弃渣不得随意堆放,要废物利用,堆放有序。竣工后要认真清理现场,恢复原有地形地貌。

6.9.5 环境影响评价结论

6.9.5.1 有利影响

工程的环境保护效益较大。河道整治及生态建设工程的实施,为该区域人民提供更为安全的生产和生活环境,并且河道整治及生态建设的逐步完善,将促进该区域的经济发展和生态环境建设。工程建设的环境保护意义较大。

6.9.5.2 不利影响

在施工期对环境有所影响,通过采取相应措施可以减缓或避免其影响。施工过程中产生的废水、废气、废油、扬尘、弃渣、噪声、生活垃圾及污水等会对当地环境、人群健康产生一些影响,雨季施工还可能造成一定的水土流失。以上这些影响,程度是比较轻微的,多为局部性和暂时性的影响,可以通过加强施工管理得到减免,并会随工程施工的结束而消失。

6.9.5.3 结论

综上所述,该工程的建设将有利于水质及两岸生态环境的改善,优化该区域人民群众生产生活环境,社会效益显著。该工程对环境的影响利大于弊,不利影响主要是施工期的临时影响,只要做好施工期的环境保护工作,加强施工管理,就可将不利影响降至最低程度。因此,从环境影响方面分析,工程项目对于环境的影响是以有利影响为主导的,工程的兴建是可行的,不存在制约工程实施的环境因素。

6.10 水土保持设计

6.10.1 水土流失防治情况

根据《辽宁省人民政府关于确定水土流失重点防治区的公告》,项目区为水土流失重点监督区。

造成水土流失的主要因素为自然因素和人为因素。自然因素多为气候干旱、雨量集中、植被稀疏、风沙区林网密度低等。由于人口的增长,人为扰动水土资源频繁,人为造成水土流失严重。

6.10.2 水土流失防治责任范围

全线布设 5 处施工临时场地。施工临时占地约 0.2 hm² (包括临时仓库 400 m²、施工管理及生活区 250 m²、施工临时道路 1 320 m²)。

根据"谁开发、谁保护,谁造成水土流失、谁负责治理"的原则和《开发建设项目水土保持方案技术规范》的要求,凡在生产建设过程中造成水土流失的,都必须采取措施对水土流失进行治理。本工程河道蓄水区(占地面积 2.05 hm²)不存在水土流失问题,水土流失防治责任范围为 2.48 hm²。

本工程土石方主要包括堤防开挖、填筑工程。本着对开挖料和弃料能利用的部分尽可能利用的原则,进行土石方平衡。

基础开挖土方用于主要建筑物回填及堤坡填筑,剩余土方用于堤坡加高培厚。因工程开挖土方满足填筑需要,无需另寻取土场;其中河道清淤产生的废土需要外运,运距 5 km,由业主指定堆放场地。

6.10.3　水土流失因素分析

根据工程建设和生产特点,其新增侵蚀影响因素主要表现为对地貌、土壤、水文等的影响。

(1)建设期,产生水土流失的区域主要是地表开挖区。水土流失的表现形式主要有:

①改变微地形,增大降雨侵蚀;

②破坏植被,造成植被覆盖度下降;

③破坏土壤结构,造成土体抗冲抗蚀能力下降。

(2)项目竣工验收后,实施绿化工程管理,对项目进行绿化恢复,绿化树种趋于多样化,场区绿化质量有所提高;挡土设施的修筑、路面的铺设,不会造成新的侵蚀来源。除在营运期前一两年水土保持植物措施还未完全发挥作用外,基本不会出现水土流失加剧的现象。

6.10.4　水土流失特点分析

根据工程建设内容、施工工序等技术资料的分析,本工程侵蚀有以下特点:

(1)工程建设区的新增侵蚀范围小、强度低、时间短,侵蚀危害不具备积累性,易于控制,危害有限。

(2)时空分布一致、侵蚀强度变化不同。施工期新增水土流失主要集中在建筑占地区、场内道路区、附属区等区域,呈点、线、片状分布,新增侵蚀少。施工结束后,侵蚀活动随之消失,呈先强后弱的特点。随时间的延长,林木郁闭度增加,水土保持措施逐渐发挥作用,侵蚀活动逐渐减弱。

新增侵蚀的特点主要体现在以下两个方面:

(1)施工扰动地表,造成地表植被破坏,形成新的土壤侵蚀;

(2)临时排弃的土、石等堆积物引起新的水土流失。

6.10.5　水土流失估测

工程建设期间占用土地、扰动地表、破坏植被,可能导致项目区水土流失加剧,土壤结构破坏,土壤有机质流失,水土保持能力下降,可利用土地资源减少,从而影响当地的生态平衡。

由于该工程建设期间扰动地表范围小、施工中不产生弃土弃渣、工程施工期短,不会造成原生地貌破坏及新增水土流失。

该工程含有生态建设措施,工程竣工验收后,不仅能满足水土保持工程要求,而且将进一步改善工程所在区域生态环境。

6.10.6 结论

由于工程在建设过程中已经结合了大部分水土保持的工程措施和植物措施,特别是植物措施部分能满足对水土流失的防治要求,故不再单独考虑水土保持措施。

6.11 工程管理设计

6.11.1 工程类别与管理单位性质

本次东陵区村屯河道标准化治理工程涉及 3 个街道,包括 5 条河道,由东陵区水利局河道管理中心统一管理,所在乡(镇)水利站配合相关工作,日常维护由河道所在村屯负责,实行河长制。

6.11.2 工程建设管理

工程建设期将成立项目指挥部,由东陵区水利局河务部门与相关部门协调运行。

初步设计阶段工程投资估算 425.45 万元,工程计划在 2014 年年底前完成。

建设工程费用主要来自于市财政投资。

6.11.3 工程运行管理

6.11.3.1 运行期工程管理内容

(1)生产与技术管理;

(2)水质与检验管理;

(3)物资与设备管理;

(4)工程管理与维修;

(5)财务与成本管理;

(6)安全教育与检查管理。

此外,要增强村镇居民安全意识,在河道沿线设置警示牌,禁止靠近深水处。

6.11.3.2 运行管理单位职责与权力

运行管理单位为河道所在村屯,管理的职责与权力包括建筑物维护、河道沿线环境管理等。

6.11.4 管理范围和保护范围

东陵区村屯河道标准治理工程管理范围为河道穿越村屯段,日常运行管理主要由河道所在村屯负责。

6.11.4.1 工程管理范围

村屯河道工程的管理范围,包括以下工程和设施的建筑场地和管理用地:

(1)河道、滩地、堤顶及河道保护范围;

(2)穿堤、跨河交叉建筑物,包括跨河桥、涵、排水涵。

6.11.4.2 工程保护范围

在现状河道两岸应划定一定的区域,作为工程保护范围。

工程保护范围的横向宽度根据工程规模确定。本次设计村屯河道规模较小,工程保护范围确定为 5 m。

6.11.5 工程管理设施与设备

东陵区村屯河道由所在村屯负责管理,本次设计不另设管理设施及设备。

6.11.6 工程管理运用

(1)跨河桥、涵必须确保安全完好。任何单位或个人不得擅自改动、毁坏、拆除。

(2)加强河道沿线的巡视,对堤防破坏、淘刷脱坡等应立即上报区主管河务部门及乡镇街道水利站,并及时处理。

6.12 设计概算

6.12.1 投资主要指标

工程预算总投资为 425.46 万元,其中建筑工程 357.40 万元,施工临时工程 30.34 万元,独立费用 37.72 万元。

6.12.2 编制原则

辽发改发〔2005〕1114 号文件《关于发布〈辽宁省水利工程设计概(估)算编制规定(试行)〉的通知》。

辽发改农经〔2007〕71 号文件《关于发布〈辽宁省水利水电建筑工程预算定额〉和〈辽宁省水利水电工程施工机械台班费定额〉的通知》。

沈阳市人民政府办公厅 2005 年市长办公会议纪要第 356 号《关于水利建设基金等有关问题的会议纪要》。

6.12.3 编制依据

6.12.3.1 人工工日预算单价

依据辽发改发〔2005〕1114 号文件计算,其中,技术工为 35.02 元/工日,普工为 19.93 元/工日。

6.12.3.2 主要材料预算单价

以辽宁省造价信息网公布的材料价格为原价,不计运杂费,加收2%采购保管费,主要材料限价进入工程单价,其中,水泥为300元/t,钢筋为3 000元/t,木材为1 100元/m³,砂子为35元/m³,石子为55元/m³,块石为50元/m³,柴油为3 500元/t,汽油为3 700元/t,高于限价部分按材料价差计算。

6.12.3.3 施工机械台班费

一类费用按定额计算,二类费用按人工工日预算单价和材料预算价格限价计算,高于限价部分按材料价差计算。

6.12.3.4 其他直接费

建筑工程按直接费的5.3%计算,其中冬雨季施工增加费为3%,夜间施工增加费为0.5%,小型临时设施摊销费为0.8%,其他为1%。

6.12.3.5 间接费

按直接工程费百分比计算,其中土方工程为5%,混凝土工程为6%,模板工程为8%,其他工程为7%。

6.12.3.6 企业利润

按直接工程费与间接费之和的7%计算。

6.12.3.7 材料限价价差

材料限价价差=(材料预算价格−材料限价)×定额材料用量

6.12.3.8 税金

按直接工程费、间接费、企业利润之和的3.22%计算。

6.12.4 工程投资预算表

工程投资预算表见表6-4~表6-27。

表6-4 预算总表 （单位:万元）

序号	乡镇名称	村屯名称	河道名称	建筑工程费	临时工程费	独立费用	合计
1	祝家街道	下楼子村	下楼子村河	43.02	5.78	4.71	53.51
2	古城子街道	古城子村	古城子村河	80.79	6.85	8.55	96.19
3	祝家街道	田家屯村	田家屯村河	99.45	1.79	9.76	111.00
4	深井子街道	大台村	大台村南河	55.90	6.79	6.27	68.96
5	深井子街道	双树子村	双树子村河	78.24	9.13	8.43	95.80
合计				357.40	30.34	37.72	425.46

表 6-5 下楼子村河总预算表 （单位：万元）

序号	工程或费用名称	建安工程费	设备购置费	独立费用	合计
Ⅰ	工程部分投资				53.51
一	第一部分 建筑工程	43.02			43.02
二	第二部分 金属结构设备及安装工程				
三	第三部分 机电设备及安装工程				
四	第四部分 临时工程	5.78			5.78
五	第五部分 独立费用			4.71	4.71
	一至五部分合计	48.80	0.00	4.71	53.51
六	工程部分总投资				53.51
Ⅱ	总投资				53.51

表 6-6 下楼子村河建筑工程预算表

序号	工程或费用名称	单位	工程量	单价(元)	合计(万元)
	第一部分 建筑工程				43.02
一	渠底清淤	m³	6 500.00	2.97	1.93
二	浆砌石基础	m³	370.00	213.71	7.91
三	干垒石	m³	720.00	298.15	21.47
四	荆条	株	3 500.00	2.75	0.96
五	杞柳	株	2 800.00	2.75	0.77
六	绿篱保护带	株	12 800.00	7.38	9.44
七	不锈钢展示牌	个	1.00	3 000.00	0.30
八	警示牌	个	3.00	800.00	0.24

表 6-7 下楼子村河临时工程预算表

序号	工程或费用名称	单位	工程量	单价(元)	合计(元)
	第四部分 临时工程				5.78
一	导流工程				1.14
	围堰填筑	m³	420	2.93	0.12
	土料压实	m³	420	5.27	0.22
	围堰拆除	m³	420	18.90	0.79
二	施工排水工程				2.14
	施工排水	台班	98	72.77	0.71
	柴油发电机组	台班	30	477.00	1.43
三	施工房屋建筑工程				2.50
	施工仓库	m²	100	150.00	1.50
	办公、生活及文化福利建筑	m²	50	200.00	1.00

表 6-8 下楼子村河独立费用计算表

序号	工程或费用名称	计算及依据	合计(万元)
	第五部分 独立费用		4.71
一	建设管理费		1.46
(一)	项目建设管理费	按沈阳市人民政府办公厅 2005 年市长办公会议纪要第 356 号《关于水利建设基金等有关问题的会议纪要》执行	0.73
(二)	工程建设监理费	按沈阳市人民政府办公厅 2005 年市长办公会议纪要第 356 号《关于水利建设基金等有关问题的会议纪要》执行	0.73
二	科研勘测设计费	按沈阳市人民政府办公厅 2005 年市长办公会议纪要第 356 号《关于水利建设基金等有关问题的会议纪要》执行	2.69
三	其他		0.56
	招标业务费	按建安工作量累进计算	0.56

表 6-9　古城子村河总预算表　　　　　　　　　　　　　（单位:万元）

序号	工程或费用名称	建安工程费	设备购置费	独立费用	合计
Ⅰ	工程部分投资				96.19
一	第一部分　建筑工程	80.79			80.79
二	第二部分　金属结构设备及安装工程				
三	第三部分　机电设备及安装工程				
四	第四部分　临时工程	6.85			6.85
五	第五部分　独立费用			8.55	8.55
	一至五部分合计	87.64	0.00	8.55	96.19
六	工程部分总投资				96.19
Ⅱ	总投资				96.19

表 6-10　古城子村河建筑工程预算表

序号	工程或费用名称	单位	工程量	单价(元)	合计(万元)
	第一部分　建筑工程				80.79
一	河道工程				73.99
	土方开挖	m³	5 134.00	1.93	0.99
	人工土方开挖	m³	3 166.00	6.03	1.91
	土方回填	m³	2 126.00	2.93	0.62
	土料压实	m³	2 126.00	5.27	1.12
	预制六棱形砖	m²	1 587.00	130.00	20.63
	格宾网箱	m²	5 205.00	25.28	13.16
	卵石	m³	745.00	378.00	25.70
	植生袋	个	3 460.00	5.00	1.73
	撒播草籽	m²	4 347.00	0.28	0.12
	水生植物	株	465.00	1.50	0.07
	绿篱保护带	株	2 710.00	7.38	2.00
	弃土运输	m³	3 008.00	18.14	5.46
	不锈钢展示牌	个	1.00	4 000.00	0.40
	警示牌	个	4.00	200.00	0.08

序号	工程或费用名称	单位	工程量	单价（元）	合计（万元）
二	跨河桥				6.80
	土方开挖	m³	200.00	1.93	0.04
	土方回填	m³	150.00	2.93	0.04
	土料压实	m³	150.00	5.27	0.08
	混凝土护轮台 C25	m³	4.00	535.01	0.21
	浆砌石桥墩	m³	41.20	225.46	0.93
	浆砌石挡土墙	m³	47.60	221.51	1.05
	砂垫层	m³	11.80	108.38	0.13
	模板	m²	20.00	94.31	0.19
	油毡伸缩缝	m²	5.60	170.31	0.10
	钢筋	t	1.40	5 039.06	0.71
	混凝土铺装层	m²	24.00	49.65	0.12
	预制混凝土桥面板	块	4.00	7 000	2.80
	混凝土桥面板吊装	块	4.00	1 000	0.40

表 6-11 古城子村河临时工程预算表

序号	工程或费用名称	单位	工程量	单价（元）	合计（元）
	第四部分 临时工程				6.85
一	施工排水工程				2.05
	施工排水	台班	85	72.77	0.62
	柴油发电机组	台班	30	477.00	1.43
二	临时交通工程				2.30
	沥青路面恢复	m²	400.00	52.47	2.10
	土方填筑	m³	250.00	2.93	0.07
	土料压实	m³	250.00	5.27	0.13
三	施工房屋建筑工程				2.50
	施工仓库	m²	100.00	150.00	1.50
	办公、生活及文化福利建筑	m²	50.00	200.00	1.00

表 6-12　古城子村河独立费用计算表

序号	工程或费用名称	计算及依据	合计(万元)
	第五部分　独立费用		8.55
一	建设管理费		2.63
（一）	项目建设管理费	按沈阳市人民政府办公厅 2005 年市长办公会议纪要第 356 号《关于水利建设基金等有关问题的会议纪要》执行	1.31
（二）	工程建设监理费	按沈阳市人民政府办公厅 2005 年市长办公会议纪要第 356 号《关于水利建设基金等有关问题的会议纪要》执行	1.31
二	科研勘测设计费	按沈阳市人民政府办公厅 2005 年市长办公会议纪要第 356 号《关于水利建设基金等有关问题的会议纪要》执行	4.82
三	其他		1.10
	招标业务费	按建安工作量累进计算	1.10

表 6-13　田家屯村河总预算表　　　　　　　　　　　　（单位:万元）

序号	工程或费用名称	建安工程费	设备购置费	独立费用	合计
Ⅰ	工程部分投资				111.00
一	第一部分　建筑工程	99.45			99.45
二	第二部分　金属结构设备及安装工程				
三	第三部分　机电设备及安装工程				
四	第四部分　临时工程	1.79			1.79
五	第五部分　独立费用			9.76	9.76
	一至五部分合计	101.24	0.00	9.76	111.00
六	工程部分总投资				111.00
Ⅱ	总投资				111.00

表 6-14　田家屯村河建筑工程预算表

序号	工程或费用名称	单位	工程量	单价(元)	合计(万元)
	第一部分　建筑工程				99.45
一	河道工程				90.15
	土方开挖	m³	4 572.00	1.93	0.88
	土方回填	m³	2 551.00	2.93	0.75
	土料压实	m³	2 551.00	5.27	1.35
	浆砌石基础	m³	798.00	213.71	17.05
	浆砌石护坡	m³	1 417.00	225.01	31.88
	砂垫层	m³	536.00	108.38	5.81
	边坡整形	m²	2 047.00	1.25	0.26
	天然石	m³	15.00	378.00	0.57
	撒播草籽	m²	2 047.00	0.28	0.06
	绿篱保护带	株	7 750.00	7.38	5.72
	沥青木板	m²	756.00	126.45	9.56
	垃圾清运	m³	840.00	18.14	1.52
	不锈钢展示牌	个	1.00	3 000.00	0.30
	警示牌	个	2.00	800.00	0.16
	自嵌式挡墙	m²	560.00	255.00	14.28
二	建筑物				9.30
1	跨河桥(宽4 m×长6 m)				6.88
	土方开挖	m³	200.00	6.03	0.12
	土方回填	m³	150.00	2.93	0.04
	土料压实	m³	150.00	5.27	0.08
	混凝土护轮台 C25	m³	4.00	535.01	0.21
	浆砌石桥墩	m³	41.20	225.46	0.93
	浆砌石挡土墙	m³	47.60	221.51	1.05
	砂垫层	m³	11.80	108.38	0.13
	模板	m²	20.00	94.31	0.19
	油毡伸缩缝	m²	5.60	170.31	0.10
	钢筋	t	1.40	5 039.06	0.71
	混凝土铺装层	m²	24.00	49.65	0.12
	预制混凝土桥面板	块	4.00	7 000.00	2.80

序号	工程或费用名称	单位	工程量	单价(元)	合计(万元)
	混凝土桥面板吊装	块	4.00	1 000.00	0.40
2	过水桥涵(长5 m)				1.70
	土方开挖	m³	11.50	1.93	0.00
	土方回填	m³	8.50	2.93	0.00
	土料压实	m³	8.50	5.27	0.00
	浆砌石基础		18.80	213.71	0.40
	涵管(φ800×80×2 000) (管径(mm)×壁厚(mm)× 长(mm),下同)	m	6.00	255.00	0.15
	涵管(φ800×80×2 000)铺设	m	6.00	76.27	0.05
	涵管(φ800×80×3 000)	m	9.00	260.00	0.23
	涵管(φ800×80×3 000)铺设	m	9.00	76.80	0.07
	砂垫层	m³	2.10	108.38	0.02
	混凝土 C20	m³	12.00	495.39	0.59
	沥青木板	m²	14.00	123.30	0.17
3	穿堤涵管(2个)	个	2.00	3 616.51	0.72
	1个穿堤涵管				0.36
	土方开挖	m³	30.00	1.93	0.01
	土方回填	m³	30.00	2.93	0.01
	土料压实	m³	30.00	5.27	0.02
	浆砌石	m³	5.60	213.71	0.12
	涵管(φ500×50×3 000)	m	6.00	120.00	0.07
	涵管(φ500×50×3 000)铺设	m	6.00	46.54	0.03
	砂垫层	m³	1.20	108.38	0.01
	沥青木板	m²	8.00	123.30	0.10

表 6-15 田家屯村河临时工程预算表

序号	工程或费用名称	单位	工程量	单价(元)	合计(元)
	第四部分 临时工程				1.79
一	临时交通工程				0.04
	施工临时路土方填筑	m³	48.00	2.93	0.01
	土料压实		48.00	5.27	0.03
二	施工房屋建筑工程				1.75
	施工仓库	m²	50	150.00	0.75
	办公、生活及文化福利建筑	m²	50	200.00	1.00

表 6-16　田家屯村河独立费用计算表

序号	工程或费用名称	计算及依据	合计(万元)
	第五部分　独立费用		9.76
一	建设管理费		3.04
(一)	项目建设管理费	按沈阳市人民政府办公厅 2005 年市长办公会议纪要第 356 号《关于水利建设基金等有关问题的会议纪要》执行	1.52
(二)	工程建设监理费	按沈阳市人民政府办公厅 2005 年市长办公会议纪要第 356 号《关于水利建设基金等有关问题的会议纪要》执行	1.52
二	科研勘测设计费	按沈阳市人民政府办公厅 2005 年市长办公会议纪要第 356 号《关于水利建设基金等有关问题的会议纪要》执行	5.57
三	其他		1.15
	招标业务费	按建安工作量累进计算	1.15

表 6-17　大台子村河总预算表　　　　　　　　　　　　　　（单位:万元）

序号	工程或费用名称	建安工程费	设备购置费	独立费用	合计
I	工程部分投资				68.96
一	第一部分　建筑工程	55.90			55.90
二	第二部分　金属结构设备及安装工程				
三	第三部分　机电设备及安装工程				
四	第四部分　临时工程	6.79			6.79
五	第五部分　独立费用			6.27	6.27
	一至五部分合计	62.69	0.00	6.27	68.96
六	工程部分总投资				68.96
II	总投资				68.96

表 6-18　大台子村河建筑工程预算表

序号	工程或费用名称	单位	工程量	单价(元)	合计(万元)
	第一部分　建筑工程				55.90
一	河道工程				47.10
	土方开挖	m³	3 450.00	1.93	0.67
	土方回填	m³	1 822.00	2.93	0.53
	土料压实	m³	1 822.00	5.27	0.96
	清基	m³	120.00	1.93	0.02
	边坡整形	m²	2 035.00	1.25	0.26
	浆砌石墙	m³	1 650.00	221.51	36.55
	砂垫层		120.00	108.38	1.30
	沥青木板		165.00	123.30	2.03
	撒播草籽	m²	2 035.00	0.28	0.06
	灌木		52.00	47.00	0.24
	绿篱保护带	株	4 375.00	7.38	3.23
	天然石	m³	1.00	378.00	0.04
	弃土运输	m³	412.50	18.14	0.75
	不锈钢展示牌	个	1.00	3 000.00	0.30
	警示牌	个	2.00	800.00	0.16
二	建筑物				8.80
1	跨河桥(宽4 m×长6 m)				6.88
	土方开挖	m³	200.00	6.03	0.12
	土方回填	m³	150.00	2.93	0.04
	土料压实	m³	150.00	5.27	0.08
	混凝土护轮台 C25	m³	4.00	535.01	0.21
	浆砌石桥墩	m³	41.20	225.46	0.93
	浆砌石挡土墙	m³	47.60	221.51	1.05
	砂垫层	m³	11.80	108.38	0.13
	模板	m²	20.00	94.31	0.19
	油毡伸缩缝	m²	5.60	170.31	0.10
	钢筋	t	1.40	5 039.06	0.71
	混凝土铺装层	m²	24.00	49.65	0.12
	预制混凝土桥面板	块	4.00	7 000.00	2.80

序号	工程或费用名称	单位	工程量	单价(元)	合计(万元)
	混凝土桥面板吊装	块	4.00	1 000.00	0.40
2	穿堤涵管(5个)	个	5.00	3 616.51	1.81
	1个穿堤涵管				0.36
	土方开挖	m³	30.00	1.93	0.01
	土方回填	m³	30.00	2.93	0.01
	土料压实	m³	30.00	5.27	0.02
	浆砌石	m³	5.60	213.71	0.12
	涵管(ϕ500×50×3 000)	m	6.00	120.00	0.07
	涵管(ϕ500×50×3 000)铺设	m	6.00	46.54	0.03
	砂垫层	m³	1.20	108.38	0.01
	沥青木板	m²	8.00	123.30	0.10
3	建筑物拆除外运				0.11
	建筑物拆除外运	m³	23.00	13.78	0.03
	弃渣运输	m³	23.00	35.40	0.08

表 6-19　大台子村河临时工程预算表

序号	工程或费用名称	单位	工程量	单价(元)	合计(元)
	第四部分　临时工程				6.79
一	施工围堰				1.05
	土方填筑	m³	630.00	2.93	0.18
	土料压实	m³	630.00	5.27	0.33
	编织袋	m³	126.00	39.33	0.50
	拆除编织袋	m³	126.00	2.86	0.04
二	施工排水工程				1.60
	施工排水	台班	75	72.77	0.55
	柴油发电机组	台班	22	477.00	1.05
三	临时交通工程				2.40
	沥青路面恢复	m²	450.00	52.47	2.36
	临时路土方填筑	m³	48.00	2.93	0.01
	土料压实	m³	48.00	5.27	0.03
四	施工房屋建筑工程				1.75
	施工仓库	m²	50.00	150.00	0.75
	办公、生活及文化福利建筑	m²	50.00	200.00	1.00

表 6-20 大台子村河独立费用计算表

序号	工程或费用名称	计算及依据	合计(万元)
	第五部分 独立费用		6.27
一	建设管理费		1.88
(一)	项目建设管理费	按沈阳市人民政府办公厅 2005 年市长办公会议纪要第 356 号《关于水利建设基金等有关问题的会议纪要》执行	0.94
(二)	工程建设监理费	按沈阳市人民政府办公厅 2005 年市长办公会议纪要第 356 号《关于水利建设基金等有关问题的会议纪要》执行	0.94
二	科研勘测设计费	按沈阳市人民政府办公厅 2005 年市长办公会议纪要第 356 号《关于水利建设基金等有关问题的会议纪要》执行	3.45
三	其他		0.94
	招标业务费	按建安工作量累进计算	0.94

表 6-21 双树子村河总预算表　　　　　　　　　　　　　　(单位:万元)

序号	工程或费用名称	建安工程费	设备购置费	独立费用	合计
Ⅰ	工程部分投资				95.80
一	第一部分 建筑工程	78.24			78.24
二	第二部分 金属结构设备及安装工程				
三	第三部分 机电设备及安装工程				
四	第四部分 临时工程	9.13			9.13
五	第五部分 独立费用			8.43	8.43
	一至五部分合计	87.37	0.00	8.43	95.80
六	工程部分总投资				95.80
Ⅱ	总投资				95.80

表 6-22 双树子村河建筑工程预算表

序号	工程或费用名称	单位	工程量	单价(元)	合计(万元)
	第一部分 建筑工程				78.24
一	沟道工程				76.13
	河底清淤(人工)	m³	2 556.35	4.86	1.24
	河底清淤(机械)	m³	525.00	1.80	0.09
	土方开挖(人工)	m³	1 494.54	6.48	0.97
	土方开挖(机械)	m³	747.26	1.93	0.14
	土方回填	m³	1 330.91	2.93	0.39
	土料压实	m³	1 330.91	5.27	0.70
	卵石	m³	1 357.72	378.00	51.32
	格宾网箱	m²	4 618.15	25.28	11.67
	植生袋	个	1 225.00	5.00	0.61
	水生植物	株	1 500.00	3.00	0.45
	绿篱保护带	株	3 000.00	7.38	2.21
	天然石	m³	5.00	378.00	0.19
	垂柳	株	20.00	187.08	0.37
	人行路砖	m²	195.00	45.00	0.88
	不锈钢展示牌	个	1.00	3 000.00	0.30
	警示牌	个	1.00	800.00	0.08
	预制混凝土板更换	块	30.00	1 500.00	4.50
二	过水桥涵				2.11
	土方开挖	m³	30.00	6.48	0.02
	土方填筑	m³	24.00	2.93	0.01
	土料压实	m³	24.00	5.27	0.01
	承插式混凝土管 ($\phi800 \times 80 \times 3\ 000$)	m	18.00	260.00	0.47
	承插式混凝土管 ($\phi800 \times 80 \times 3\ 000$)铺设	m	18.00	76.80	0.14
	砂垫层	m³	4.20	108.38	0.05
	混凝土基础 C25	m³	9.83	517.09	0.51
	混凝土挡土墙 C25	m³	4.36	526.91	0.23
	模板	m²	71.48	95.26	0.68

表 6-23　双树子村河临时工程预算表

序号	工程或费用名称	单位	工程量	单价(元)	合计(元)
	第四部分　临时工程				91 293.19
一	导流工程				1 652.18
	土方填筑	m³	13.44	2.93	39.32
	袋装土石围堰填筑	m³	8.00	39.33	314.61
	袋装土石围堰填筑	m³	8.00	2.86	22.85
	土工膜	m²	16.00	14.18	226.86
	围堰拆除	m³	13.44	18.14	243.86
	导流明渠土方开挖	m³	50.00	6.48	323.79
	导流明渠土方回填	m³	50.00	2.93	146.29
	土料压实	m³	63.44	5.27	334.60
二	临时交通工程				64 641.01
	施工临时道路土方填筑	m³	93.00	2.93	272.10
	土料运输	m³	93.00	18.14	1 687.40
	土料压实	m³	93.00	5.27	490.50
	沥青路面恢复	m²	400.00	53.78	21 511.79
	水稳层	m²	400.00	101.70	40 679.21
三	施工房屋建筑工程				25 000.00
	施工仓库	m²	100.00	150.00	15 000.00
	办公、生活及文化福利建筑	m²	50.00	200.00	10 000.00

表 6-24　双树子村河独立费用计算表

序号	工程或费用名称	计算及依据	合计(万元)
	第五部分　独立费用		8.43
一	建设管理费		2.62
(一)	项目建设管理费	按沈阳市人民政府办公厅 2005 年市长办公会议纪要第 356 号《关于水利建设基金等有关问题的会议纪要》执行	1.31

续表 6-24

序号	工程或费用名称	计算及依据	合计(万元)
(二)	工程建设监理费	按沈阳市人民政府办公厅 2005 年市长办公会议纪要第 356 号《关于水利建设基金等有关问题的会议纪要》执行	1.31
二	科研勘测设计费	按沈阳市人民政府办公厅 2005 年市长办公会议纪要第 356 号《关于水利建设基金等有关问题的会议纪要》执行	4.81
三	其他		1.00
	招标业务费	按建安工作量累进计算	1.00

表 6-25　主要材料价格估算表

序号	名称及规格	单位	预算价格(元)	单价(元) 原价	采购保管费
1	板枋材	m³	1 836.00	1 800.00	36.00
2	0#柴油	kg	8.65	8.65	
3	93#汽油	kg	10.22	10.22	
4	粗砂	m³	85.68	84.00	1.68
5	钢筋	t	3 570.00	3 500.00	70.00
6	沥青	t	4 488.00	4 400.00	88.00
7	碎石	m³	84.66	83.00	1.66
8	块石	m³	80.58	79.00	1.58
9	水泥 425		438.60	430.00	8.60
10	风	m³/min	0.18		
11	水	t	4.00		
12	电	kW·h	1.06		
13	C20 商砼	m³	354.00		
14	C25 商砼	m³	371.00		
15	C10 商砼		311.00		

注:表中"砼"指混凝土,下同。

·144·

表 6-26　施工机械台班费汇总表

序号	定额编号	名称及规格	台班费（元/台班）	其中		汽油用量（kg）	柴油用量（kg）	限价价差（元）
				一类费用（元/台班）	二类费用（元/台班）			
1	1002	挖掘机　液压 1 m³	705.30	374.51	330.79	74.50		350.15
2	1011	推土机　55 kW	329.62	121.33	208.29	39.50		185.65
3	1013	推土机　74 kW	508.88	253.34	255.54	53.00		249.10
4	1014	推土机　88 kW	626.79	336.25	290.54	63.00		296.10
5	1025	拖拉机　55 kW	253.84	54.30	199.54	37.00		173.90
6	1027	拖拉机　74 kW	379.84	136.55	243.29	49.50		232.65
7	1030	铲运机　2.75 m³	63.18	63.18				
8	1038	内燃压路机　12~15 t	353.08	169.29	183.79	32.50		152.75
9	1039	刨毛机	267.82	68.28	199.54	37.00		173.90
10	1040	蛙式打夯机　2.8 kW	88.28	7.12	81.16			
11	2002	混凝土搅拌机　0.4 m³	136.47	55.91	80.56			
12	2022	砼泵　30 m³/h	518.98	307.54	211.44			
13	2026	振动器　1.1 kW	12.16	9.62	2.54			
14	2028	振动器　2.2 kW	20.01	14.61	5.40			
15	2045	风(砂)水枪　6.0 m³/min	216.10	4.70	211.40			
16	3003	载重汽车　5 t	265.49	110.59	154.90		32.40	196.99
17	3010	自卸汽车 8 t	410.13	214.46	195.67	45.90		215.73
18	3022	胶轮车	5.40	5.40				
19	3025	机动翻斗车　1 t	72.86	14.04	58.82	6.80		31.96
20	4037	汽车起重机　5 t	287.80	121.56	166.24		26	158.08
21	4007	塔式起重机　10 t	619.02	354.63	264.39			
22	8015	污水泵　4 kW	72.77	17.10	55.67			
23	8016	污水泵　7.5 kW	97.89	23.15	74.74			
24	8028	电焊机　25 kVA	66.08	4.65	61.43			
25	8031	对焊机　150 型	407.25	32.88	374.37			
26	8033	钢筋弯曲机　40 kW	79.49	12.70	66.79			
27	8036	切筋机　20 kW	144.50	18.39	126.11			
28	8037	钢筋调直机　14 kW	100.42	27.27	73.15			
29	8051	土工膜热焊机	59.13	20.40	38.73			
30	8052	土工布缝边机	36.09	0.54	35.55			

表6-27 建筑工程单价汇总表

| 序号 | 名称 | 单位 | 单价(元) | 其中 | | | | | | | | 备注 |
				人工费(元)	材料费(元)	机械使用费(元)	其他直接费(元)	间接费(元)	企业利润(元)	材料限价(元)	税金(元)	
一	土方工程											
1	1 m³ 挖掘机挖土	100 m³	193.29	8.77	5.38	98.74	5.98	5.94	8.74	53.71	6.03	Ⅲ类土
2	渠道土方开挖	100 m³	602.81	425.27	9.68	58.70	26.16	25.99	38.21	0.00	18.80	Ⅲ类土
3	土方回填	100 m³	292.58	171.57	8.58	0.00	9.55	9.48	13.94	0.00	6.86	Ⅲ类土,松实方转换系数1.33
4	土料压实	100 m³	527.42	48.63	28.38	235.21	16.55	16.44	24.16	141.60	16.45	
5	土料运输	100 m³	1 814.41	14.15	39.17	965.13	53.98	53.62	78.82	552.93	56.60	运距5 km
6	人工清淤	100 m³	486.45	328.65	7.80	61.18	21.07	20.93	30.77	0.00	16.04	
7	机械清淤	100 m³	180.29	8.77	5.02	91.69	5.59	5.55	8.16	49.88	5.62	
8	边坡整形	100 m²	125.36	101.64	1.02	0.00	5.44	5.41	7.95	0.00	3.91	
二	砌石工程											
1	人工铺筑砂垫层	100 m³	10 837.80	899.92	3 605.70		238.80	237.22	348.71	5 169.36	338.09	
2	浆砌石墙	100 m³	22 151.23	2 270.03	9 946.25	281.67	662.39	658.02	967.29	6 674.56	691.02	
3	浆砌石桥墩	100 m³	22 546.33	2 504.19	9 998.80	285.37	677.78	673.31	989.76	6 713.77	703.34	
4	浆砌石基础	100 m³	21 371.24	1 807.09	9 893.70	279.44	634.95	630.76	927.22	3 302.64	562.72	
5	浆砌石护坡	100 m³	22 501.33	2 357.83	10 064.49	287.76	673.63	669.19	983.70	6 762.78	701.94	
6	浆砌石拆除	100 m³	1 463.94	306.98	26.98	592.45	49.10	48.78	71.70	322.29	45.67	
三	混凝土工程										0.00	
1	小体积混凝土C25	100 m³	53 500.86	3 417.02	38 977.26	1 004.64	2 300.14	2 741.94	3 390.87	0.00	1 668.99	
2	混凝土基础C25	100 m³	51 708.73	1 918.54	38 404.07	1 622.57	2 223.09	2 650.10	3 277.29	0.00	1 613.08	
3	混凝土挡墙C25	100 m³	52 690.60	1 518.41	38 977.26	2 245.97	2 265.31	2 700.42	3 339.52	0.00	1 643.71	
4	钢筋制安	t	5 039.06	359.90	3 154.55	130.85	193.20	172.73	280.79	589.85	157.20	

续表 6-27

序号	名称	单位	单价（元）	人工费（元）	材料费（元）	机械使用费（元）	其他直接费（元）	间接费（元）	企业利润（元）	材料限价（元）	税金（元）	备注
							其中					
5	沥青木板	100 m²	12 552.93	858.65	7 940.46	3.19	466.52	556.13	687.75	1 648.64	391.59	
6	沥青油毡伸缩缝	100 m²	17 030.70	858.65	12 953.21	3.13	732.19	872.83	1 079.40	0.00	531.28	
7	混凝土拆除	100 m³	8 975.34	32.13	242.29	4 813.67	269.67	321.47	397.55	2 618.58	279.99	
四	模板工程										0.00	
1	普通平面木模板制作	100 m²	5 639.52	230.31	2 614.95	242.98	163.68	260.15	245.85	1 705.68	175.93	
2	普通平面木模板安装、拆除	100 m²	3 791.92	556.27	1 639.79	562.80	146.22	232.41	219.62	316.52	118.29	
3	普通标准钢模板	100 m²	4 109.93	749.88	1 762.67	528.23	161.16	256.16	242.07	281.55	128.21	
五	堤防防护工程										0.00	
1	土工膜铺设	100 m²	1 429.64	39.33	1 102.40	7.13	60.89	84.68	90.61		44.60	
2	格宾网箱	100 m²	2 527.68	49.89	1 981.35	0.00	107.66	149.72	160.20		78.85	
六	绿化工程											
1	绿篱栽种	100 株	737.54	53.97	538.72	0.00	31.41	43.69	46.75		23.01	
2	垂柳栽种	100 株	18 708.34	157.87	14 876.16	0.00	796.80	1 108.16	1 185.73		583.62	
3	撒播草籽	1 hm²	2 774.65	129.71	2 100.00		118.17	164.35	175.86		86.56	
4	杞柳栽种	100 株	275.20	64.681 4	156.06		11.70	16.27	17.41		9.07	
七	其他工程											
1	涵管铺设	1 km	46 541.69	10 128.19	20 893.62	4 719.14	1 894.27	2 634.47	2 818.88	2 001.22	1 451.89	φ500×50×3 000
2	涵管铺设	1 km	76 797.66	17 799.33	32 217.44	8 958.56	3 125.69	4 347.07	4 651.37	3 302.47	2 395.74	φ800×80×3 000
3	涵管铺设	1 km	76 272.85	17 799.33	31 795.70	8 958.56	3 103.34	4 315.98	4 618.10	3 302.47	2 379.37	φ800×80×2 000

6.13 经济评价

6.13.1 采用的价格水平、主要参数及评价准则

国民经济评价的依据是《水利建设项目经济评价规范》(SL 72—2013)及《建设项目经济评价方法与参数》(第三版),在有、无该工程项目情况下,从社会整体的角度考虑工程效益增量和增加的费用。用影子价格、社会折现率计算分析工程给国民经济带来的净效益,评价工程国民经济的合理性。

工程效益和费用计算:工程效益主要为水土保持效益和改善水环境的效益,费用为水利部门的投资、增加的年运行费和流动资金。

6.13.2 费用估算

6.13.2.1 投资

(1)扣除国民经济内部转移的税金和计划利润后共计387万元。

(2)其他费用不做调整。

(3)国民经济评价投资总计为387万元。

6.13.2.2 年运行费及流动资金

本项目不投入年运行费和流动资金。

6.13.3 效益估算

6.13.3.1 经济效益

本项目属公益性项目,水土保持效益及改善水环境效益可作为经济评价的经济效益,工程实施后,每年可减少损失50万元。

6.13.3.2 社会效益

工程的实施不仅具有一定的经济效益,而且具有广泛的社会效益。工程实施后,可有效改善村屯的人居环境,促进新型城镇化和美丽乡村建设。东陵区村屯河道标准化治理前后对比如图6-37~图6-42所示。

6.13.4 经济效益指标计算

国民经济现金流量表的经济计算期取21年,其中建设期1年。依据《水利工程经济评价规范》(SL 72—2013)及《建设项目经济评价方法与参数》(第三版),基准年选择建设期第一年年初,费用和效益按照年末结算,社会折现率取8%。国民经济现金流量计算见表6-28。可知,如果不计节水转换效益,经济净现值为96.21万元,经济内部收益率为11.44%,大于8%。因此,项目国民经济评价是可行的。

图 6-37　东陵区田家屯施工前

图 6-38　东陵区田家屯施工后

图 6-39　东陵区田家屯施工前

图 6-40　东陵区田家屯施工后

图 6-41　东陵区下楼子施工前

图 6-42　东陵区下楼子施工后

表 6-28　国民经济现金流量计算表

（单位：万元）

序号	项目	建设期 1	运行期 2	3	4	5	6	7	8	9	10	11
1	效益流量 B		50	50	50	50	50	50	50	50	50	50
1.1	增量效益		50	50	50	50	50	50	50	50	50	50
1.2	回收流动资金											
2	费用流量 C	387	0	0	0	0	0	0	0	0	0	0
2.1	固定资产投资	387										
2.2	流动资金											
2.3	年运行费		0	0	0	0	0	0	0	0	0	0
3	净现金流量 B－C	-387	50	50	50	50	50	50	50	50	50	50
4	累计净现金流量	-387	-337	-287	-237	-187	-137	-87	-37	13	63	113

序号	项目	运行期 12	13	14	15	16	17	18	19	20	21	合计
1	效益流量 B	50	50	50	50	50	50	50	50	50	50	1 000
1.1	增量效益	50	50	50	50	50	50	50	50	50	50	1 000.00
1.2	回收流动资金											0.00
2	费用流量 C	0	0	0	0	0	0	0	0	0	0	387.00
2.1	固定资产投资											387.00
2.2	流动资金											0.00
2.3	年运行费	0	0	0	0	0	0	0	0	0	0	0.00
3	净现金流量 B－C	50	50	50	50	50	50	50	50	50	50	613.00
4	累计净现金流量	163	213	263	313	363	413	463	513	563	613	

经济净现值：96.21 万元　　经济内部收益率：11.44%

第7章 沈阳新民市村屯河道标准化治理实例

7.1 工程区概况

新民市位于辽宁省中部,地处沈阳市以西,东与沈北新区和于洪区接壤,西与黑山县为邻,南接辽中县,北靠彰武和法库县,地理坐标为东经122°26′~123°20′,北纬40°43′~42°17′。全市水系发达,河流总长272 km,流域面积4 138.62 km²。

本次工程为新民市侉屯村等十个村屯河道标准化治理工程,共治理村屯小河道10条,总计长度为8.48 km。具体分布见图7-1。

图7-1 新民市村屯河道标准化治理工程河道平面分布图

卢屯镇侉屯村全村共有314户、人口1 114人,现有6个村民小组,全村耕地面积6 100亩,设施农业2 000亩,是卢屯镇的一个中等规模村。

前当堡镇中古城子村位于新民、辽中交界处,辽得公路由村通过,全村区域面积8 000亩。章京堡子村位于前当堡镇东北,东与张屯乡相邻,北与大民屯镇相邻。全村区域面积667 hm²,全村共有780户、人口2 235人,劳动力1 400人。

大民屯镇大民屯村在辽得公路与102国道交叉处,五十家子排干贯穿村子,整个村庄居镇中心。全村共有 771 户、人口 2 870 人,现有 6 个村民小组,全村耕地面积 5 500 亩。

法哈牛镇前沙河村后沙河子屯位于蒲河廊道左岸、沈新辽大排干右侧,四法线从村穿过,是一个交通便捷、资源丰富的美丽村屯。

新城街道后长沿村地处 102 国道沈阳至新民路线上,位于瓦房村东侧、辽河岸边西侧,距辽河有 1 km。全村共有 407 户、人口 1 682 人,现有 5 个小组,耕地面积 7 680 亩。

大喇嘛镇小岗子村在辽河左岸,距辽河 1.5 km,全村共有 385 户、人口 1 125 人,现有 6 个村民小组,全村耕地面积 7 745 亩,其中辽河套地面积 2 561 亩,水田面积 2 800 亩,设施农业面积 2 000 亩,是大喇嘛镇的一个中等规模村。

公主屯镇石庙子村位于公主屯镇中北部,有 2 个自然屯,全村总人口 1 794 人,全村耕地面积 8 500 亩。

新民市侉屯村等十个村屯河道标准化治理工程范围见表 7-1。

表 7-1　新民市侉屯村等十个村屯河道标准化治理工程范围

序号	乡镇(街道)	村屯名	河道名	治理长度(m)
1	卢屯镇	侉屯村	侉屯村河	920
2	前当堡镇	中古城子村	中网河	630
3	卢屯镇	民屯村	民屯村河	950
4	大民屯镇	大民屯村	大民屯村河	1 390
5	大民屯镇	小民屯村	小民屯村河	490
6	前当堡镇	章京堡子村	章京堡子村河	770
7	法哈牛镇	后沙河子屯	后沙河子河	440
8	新城街道	后长沿村	后长沿村河	830
9	大喇嘛镇	大喇嘛村	大喇嘛村河	920
10	公主屯镇	石庙子村	石庙子村河	1 140

7.2　河道现状及存在问题

7.2.1　河道现状

(1)卢屯镇侉屯村河(见图 7-2、图 7-3)为四龙湾河支流,河长 4.6 km,流经兰家窝堡、柴家窝堡、卢屯、侉屯、付烧锅村。民屯村河(见图 7-4、图 7-5)为四龙湾河支流,河长 3.8 km,流经王庄屯、刘花屯、民屯、付烧锅村。

图 7-2　卢屯镇侉屯村河下游

图 7-3　卢屯镇侉屯村河上游

图 7-4　卢屯镇民屯村河下游

图 7-5　卢屯镇民屯村河上游

（2）前当堡镇中网河（见图7-6、图7-7）和章京堡子村河（见图7-8、图7-9）为五十家子河支流,发源于中古城子村,河长6.85 km,控制面积6.8 km²。

图 7-6　前当堡镇中网河中游

图 7-7　前当堡镇中网河下游

图 7-8 前当堡镇章京堡子村河上游

图 7-9 前当堡镇章京堡子村河下游

(3)大民屯镇大民屯村河(见图 7-10、图 7-11)和小民屯村河(见图 7-12、图 7-13)为五十家子河支流,发源于大民屯村,在大民屯镇境内长度 11.5 km,控制面积 33 km²。

图 7-10 大民屯镇大民屯村河上游

图 7-11　大民屯镇大民屯村河下游

图 7-12　大民屯镇小民屯村河下游

图 7-13　大民屯镇小民屯村河上游

（4）法哈牛镇后沙河子河（见图7-14、图7-15）发源于后沙河村中部，穿越法杨线，流经后沙河子屯、古屯村、孙家套村，于沈新辽大排干汇入蒲河。

图7-14　法哈牛镇后沙河子河下游

图7-15　法哈牛镇后沙河子河上游

（5）新城街道后长沿村河（见图7-16、图7-17）为付家窝堡河支流，发源于后长沿村，河长3.2 km。

图7-16　新城街道后长沿村河上游

图 7-17　新城街道后长沿村河中游

（6）大喇嘛镇大喇嘛村河（见图 7-18、图 7-19）是小岗子河支流,发源于新民市大喇嘛村,流经大喇嘛、敖多牛小岗子,在小岗子汇入辽河。大喇嘛村河长度 3 km,控制面积 24 km²。

图 7-18　大喇嘛镇大喇嘛村河中游

图 7-19　大喇嘛镇大喇嘛村河下游

（7）公主屯镇石庙子村河（见图 7-20、图 7-21）,发源于石庙子村北部,河长 8.5 km,控制面积 14.19 km²,河道平均比降为 1.1‰。

图 7-20　公主屯镇石庙子村河上游　　　　图 7-21　公主屯镇石庙子村河中游

7.2.2　存在问题

新民市侉屯村等十条河道存在问题较为突出且集中,主要表现为河道垃圾堆积、水体污染严重、河道滩地及堤坡开荒、河道两岸堆放大量柴草垛等问题,与村屯建设极不协调。目前存在的主要问题是:

(1)由于自然因素及多年未治理,现河道主河槽狭窄,局部落淤严重。

(2)现有跨河桥、涵等建筑物老化严重,大多出现破损情况,已不能满足排水及交通要求。

(3)居住在河道两岸的村民经常向河道内倾倒杂物及建筑垃圾,造成河段淤塞,特别是汛期丰水期,造成河水污染严重,气味刺鼻。

7.3　工程建设目标及建设标准

7.3.1　工程建设目标

针对新民市小河道存在的问题,通过对河道的清理疏浚、堤岸的修复及衬砌,恢复完善源头小河道的基本功能,与新农村建设相协调,为村民提供良好的生活环境。

本次河道标准化治理工程的设计目标如下:

(1)充分体现以人为本的设计理念,确保地区人民群众的生命、财产安全,通过村屯河道治理,促进基础设施建设,促进区域经济健康、持续的发展。

(2)绿化、亮化相结合,以提高居住环境质量为目标。

7.3.2　河道建设标准

7.3.2.1　技术文件和技术标准

《堤防工程设计规范》(GB 50286—2013);

《堤防工程管理设计规范》(SL 171—96);

《水利水电工程等级划分及洪水标准》(SL 252—2000);

《水工混凝土结构设计规范》(SL/T 191—2008);

《水利水电工程施工组织设计规范》(SL 303—2004);

《水利建设项目经济评价规范》(SL 72—2013)。

7.3.2.2 工程规划标准

改造工程尽量采用新技术、新方法、新材料,坚持注重效益,保证质量,加强管理,做到因地制宜、经济合理、技术先进、运行可靠。

7.4 工程总体布置

本工程本着实事求是、技术可行、经济合理、安全为重的原则进行整治。新民市村屯河道标准化治理工程力求环境效益、经济效益相结合。工程以新民市村屯河道天然现状为基础,考虑河道流势的合理性,因势利导,兼顾上下游及左右岸,统筹布置,尽量尊重原有的自然形态。本次初步设计主要包括河道工程及过水桥涵工程。

7.5 河道及过水桥涵工程设计

7.5.1 河道工程

本次村屯河道标准化治理工程中河道工程主要包括河道清淤疏浚、岸坡整形、生态护坡(护岸)、灌木栽种等。

(1)卢屯镇侉屯村侉屯村河:河道治理长度920 m,设计比降1/1 000,平均清淤深度0.5 m,其中桩号0+000~0+100共计100 m,两侧岸坡采用预制六棱形生态砖与格宾块石笼挡土墙组合护砌;0+100~0+800共计700 m,堤脚采用格宾块石笼挡土墙宽0.5 m×高1.0 m形式,应用植生袋压顶,堤坡采用植草护坡至坡顶;0+800~0+920共计120 m,两侧岸坡采用自嵌式挡土墙护岸形式。两侧堤顶种植绿篱墙1 488 m。桩号0+400~0+500左岸结合原有坑洼地形利用清淤土方回填400 m² 场地,铺设荷兰砖路面,为村民出行休闲提供良好去处。在村桥处分别设置1个展示牌和2个警示牌。

(2)前当堡镇中古城子村中网河:河道治理长度630 m,设计比降1/780,平均清淤深度0.6 m,堤脚采用格宾块石笼挡土墙宽0.5 m×高1.0 m形式,应用植生袋压顶,堤坡采用植草护坡至坡顶,其中桩号0+300~0+470段170 m,两侧岸坡采用预制六棱形生态砖与格宾块石笼挡土墙组合护砌,堤顶两侧栽种0.5 m宽灌木带,如实际地形不足0.5 m或超出0.5 m,按照实际情况栽种,以达到最佳景观效果,堤顶种植绿篱墙1 100 m。在村桥处分别设置1个展示牌和2个警示牌。

(3)卢屯镇民屯村民屯村河:河道治理总长度950 m,其中干流长480 m,设计比降1/615,支流长470 m,设计比降1/700。河道清淤、整形,设计底宽5 m,内堤脚采用格宾护砌,尺寸为宽0.5 m×高1.0 m,上部植生袋压顶,堤坡撒播草籽。干流0+060处有一处水塘,与干流相通,本次设计采用格宾护脚,植生袋压顶,内堤铺设预制六棱形生态砖。支流Z0+160处改建跨河桥一座,尺寸为4.0 m×6.0 m,底部有浆砌石结构,上部为钢筋混凝土桥面板。干流及支流两侧均栽种绿篱灌木保护带,以达到保护河道的目的。在村桥处分别设置1个展示牌和4个警示牌。

（4）大民屯镇大民屯村大民屯村河：河道治理长度 1 390 m,设计比降 1/1 418,平均清淤深度 0.5 m,其中桩号 0 +200 ~0 +960 段 760 m,两侧岸坡采用自嵌式挡土墙护岸形式;0 +000 ~0 +200 和 0 +960 ~1 +390 段共计 630 m,岸坡均采用植草护坡,堤顶两侧栽种 0.5 m 宽灌木带,如实际地形不足 0.5 m 或超出 0.5 m,按照实际情况栽种,以达到最佳景观效果,堤顶种植绿篱墙 2 780 m。在村桥处分别设置 1 个展示牌和 2 个警示牌。

（5）大民屯镇小民屯村小民屯村河：河道治理长度 490 m,设计比降 1/613,平均清淤深度 0.3 m,其中桩号 0 +000 ~0 +380 两侧岸坡采用植草护坡形式;桩号 0 +380 ~0 +490 两侧岸坡采用预制六棱形生态砖与格宾块石笼挡土墙组合护砌,堤脚采用格宾块石笼挡土墙宽 0.5 m ×高 1.0 m 形式,应用植生袋压顶;堤顶两侧栽种 0.5 m 宽灌木带,如实际地形不足 0.5 m 或超出 0.5 m,按照实际情况栽种,以达到最佳景观效果,堤顶种植绿篱墙 800 m。桩号 0 +300 ~0 +380 右岸结合原有坑洼地形利用清淤土方回填 400 m² 场地,铺设 30 cm 厚砂石路面,为村民出行休闲提供良好去处。在村桥处分别设置 1 个展示牌和 2 个警示牌。

（6）前当堡镇章京堡子村河：河道治理长度 770 m,设计比降 1/700,平均清淤深度 0.4 m,其中桩号 0 +000 ~0 +400 堤脚采用浆砌石挡土墙宽 0.5 m ×高 2.0 m 形式,应用植生袋压顶;堤顶两侧全线各栽种一排绿篱墙 1 540 m,在坡面适当播撒草籽;治理范围内桥上下游适当栽种迎春花,共 20 株;桩号 0 +000 和 0 +100 两侧布置景观石。在村桥处分别设置 1 个展示牌和 2 个警示牌。

（7）法哈牛镇后沙河子屯后沙河子河：河道治理长度 440 m,设计比降 1/630,平均清淤深度 0.5 m,全线堤脚采用浆砌石挡土墙宽 0.5 m ×高 2.0 m 形式,应用植生袋压顶,堤坡采用植草护坡至坡顶;堤顶两侧均栽种绿篱灌木保护带,以达到保护河道的目的,植绿篱墙 945 株。在村桥处分别设置 1 个展示牌和 2 个警示牌。

（8）新城街道后长沿村后长沿村河：河道治理长度 730 m,设计比降 1/2 000,平均清淤深度 0.3 m,其中桩号 0 +100 ~0 +830 堤脚采用浆砌石挡土墙形式,应用植生袋压顶,堤顶两侧全线各栽种一排绿篱墙 1 660 m,在坡面适当播撒草籽;桩号 0 +300 改建 1 座过水桥涵,涵管直径为 800 mm,3 孔,底部为浆砌石基础。在村桥处分别设置 1 个展示牌和 2 个警示牌。

（9）大喇嘛镇大喇嘛村大喇嘛村河：河道治理长度 920 m,设计比降 1/830,平均清淤深度 0.4 m,全线堤脚采用格宾块石笼挡土墙宽 0.5 m ×高 1.0 m 形式,应用植生袋压顶,堤坡采用植草护坡至坡顶,其中桩号 0 +000 ~0 +120 两侧岸坡采用预制六棱形生态砖与格宾块石笼挡土墙组合护砌;堤顶两侧均栽种绿篱灌木保护带,以达到保护河道的目的,植绿篱墙 3 710 株。在村桥处分别设置 1 个展示牌和 2 个警示牌。

（10）公主屯镇石庙子村石庙子村河：河道治理长度 1 120 m,设计比降 1/1 162,平均清淤深度 0.5 m,两侧堤脚采用浆砌石挡土墙宽 0.5 m ×高 2.0 m 形式,应用植生袋压顶;岸坡采用植草护坡形式;堤顶两侧栽种 0.5 m 宽灌木带,如实际地形不足 0.5 m 或超出 0.5 m,按照实际情况栽种,以达到最佳景观效果,堤顶两侧种植绿篱墙 1 120 m。在村桥处分别设置 1 个展示牌和 2 个警示牌。

相关纵断面图见图 7-22 ~图 7-30。

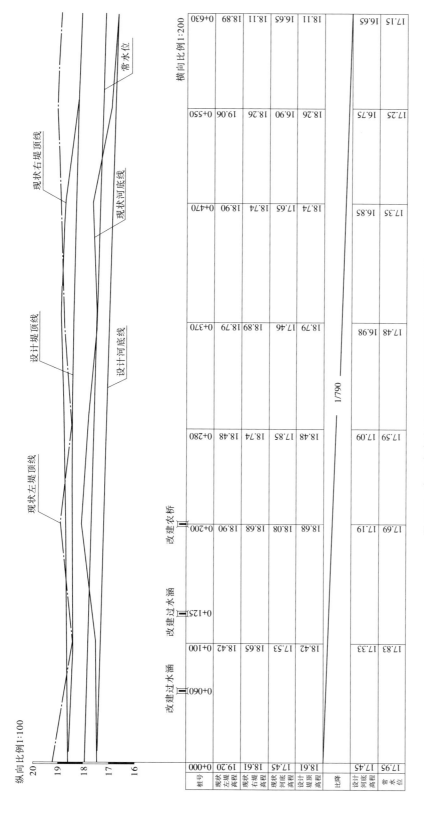

纵向比例1:100

横向比例1:200

桩号	0+000	0+060 改建过水涵	0+100	0+125 改建过水涵	0+200 改建农桥	0+280	0+370	0+470	0+550	0+630
现状左堤高程	19.20		18.42		18.90	18.48	18.79	18.90	19.06	18.89
现状右堤高程	18.61		18.65		18.68	18.74	18.89	18.74	18.26	18.11
现状河底高程	17.45		17.53		18.08	17.85	17.46	17.65	16.90	16.65
设计堤顶高程	18.61		18.42		18.68	18.48	18.79	18.74	18.26	18.11
比降				1/790						
设计河底高程	17.45		17.33		17.19	17.09	16.98	16.85	16.75	16.65
常水位	17.95		17.83		17.69	17.59	17.48	17.35	17.25	17.15

图7-22 新民市中古城子村河道标准化治理纵断面图

现状左堤顶线

设计堤顶线

现状右堤顶线

现状河底线

设计河底线

常水位

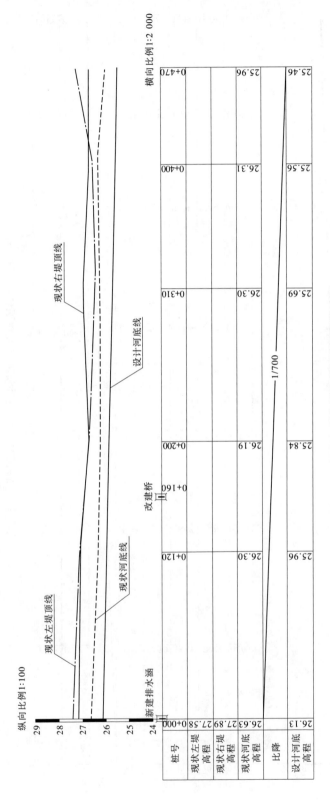

图 7-23 新民市民屯村河道纵断面图（支流）

纵向比例 1:100

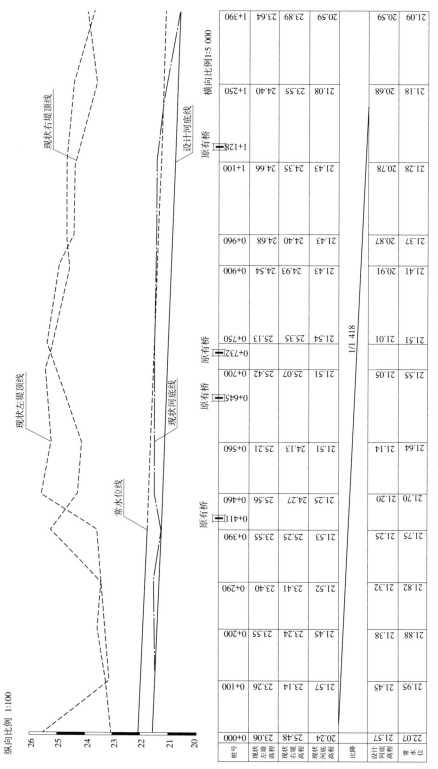

桩号	0+000	0+100	0+200	0+290	0+390	0+411 原有桥	0+460	0+560	0+643 原有桥	0+700	0+732 原有桥	0+750	0+900	0+960	1+100	1+128 原有桥	1+250	1+390
现状左堤高程	25.48	23.26	23.55	23.40	23.55	25.56	25.21		25.42		25.13		24.54	24.68	24.66		24.40	23.64
现状右堤高程	20.24	23.14	23.24	23.41	25.53	24.27	24.13		25.07		25.35		24.93	24.40	24.35		23.55	23.89
现状河底高程		21.57	21.45	21.52	21.53	21.25	21.51		21.54		21.54		21.43	21.43	21.43		21.08	20.59
比降								1/1 418										
设计河底高程	21.57	21.45	21.38	21.32	21.25	21.20	21.14		21.05		21.01		20.91	20.87	20.78		20.68	20.59
常水位	22.07	21.95	21.88	21.82	21.75	21.70	21.64		21.55		21.51		21.41	21.37	21.28		21.18	21.09

横向比例1:5 000

现状左堤顶线

现状右堤顶线

常水位线

现状河底线

设计河底线

图 7-24 新民市大民屯村河道标准化治理纵断面图

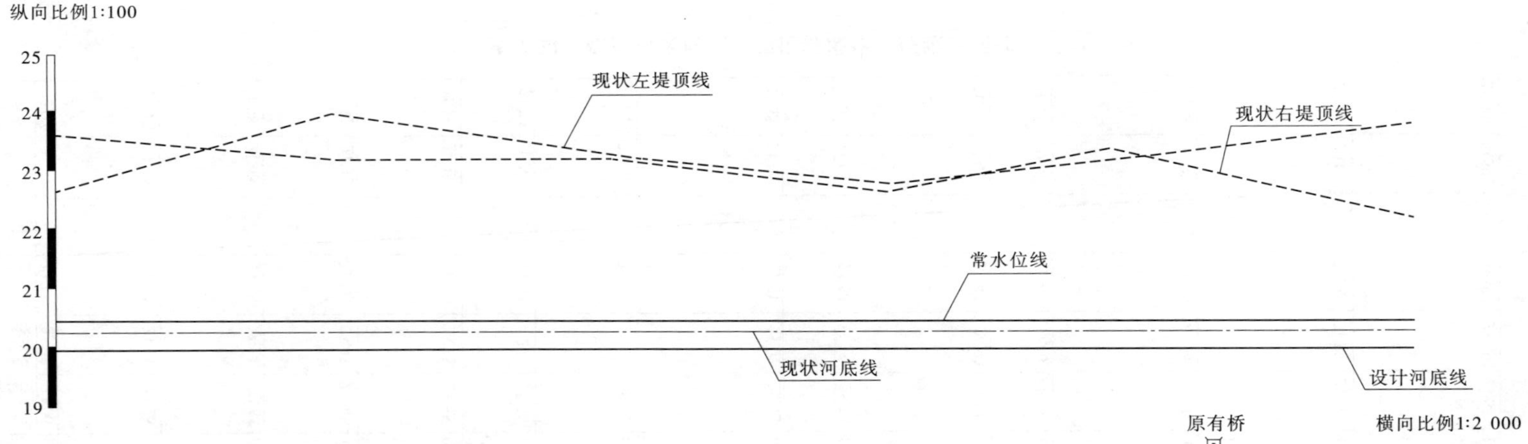

纵向比例1:100

现状左堤顶线

现状右堤顶线

常水位线

现状河底线

设计河底线

横向比例1:2 000

桩号	0+000	0+100	0+220	0+300	0+380	原有桥 0+417	0+490
现状 左堤 高程	22.64	23.93	23.22	22.75	23.32		23.74
现状 右堤 高程	23.58	23.17	23.17	22.62	23.24		22.13
现状 河底 高程	20.24	20.25	20.25	20.19	20.24		20.26
比降				1/613			
设计 河底 高程	19.94	19.91	19.91	19.89	19.88		19.86
常 水 位	20.44	20.42	20.41	20.39	20.38		20.36

图 7-25 新民市小民屯村河道标准化治理纵断面图

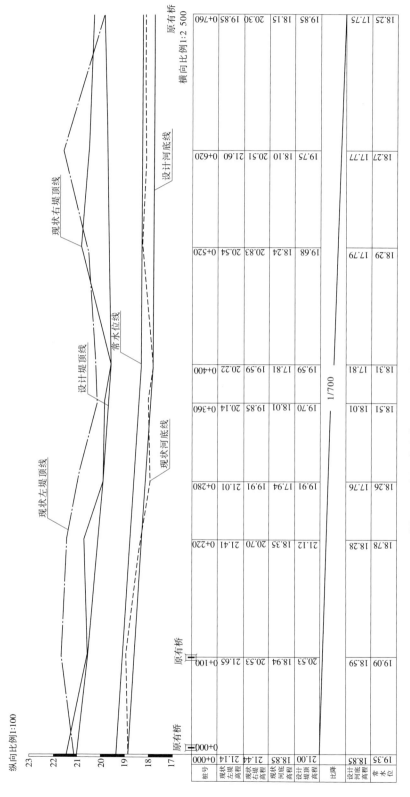

图 7-26 新民市章京堡子村河道标准化治理纵断面图

纵向比例 1:100
横向比例 1:2 500

现状右堤顶线　现状左堤顶线　设计堤顶线　常水位线　设计河底线　现状河底线　原有桥

桩号	0+000	0+100	0+220	0+280	0+360	0+400	0+520	0+620	0+760
现状左堤高程	21.14	21.65	21.41	21.01	20.14	20.22	20.54	21.60	19.85
现状右堤高程	21.00	20.53	20.70	19.91	19.85	19.59	20.83	20.51	20.30
现状河底高程	18.85	18.94	18.35	17.94	18.01	17.81	18.24	18.10	18.15
设计堤顶高程	21.00	20.53	21.12	19.91	18.70	19.59	19.68	19.75	19.85
比降						1/700			
设计河底高程	18.85	18.59	18.78	18.26	18.51	18.31	18.29	18.27	18.25
常水位	19.35	19.09	18.28	17.76	18.01	17.81	17.79	17.77	17.75

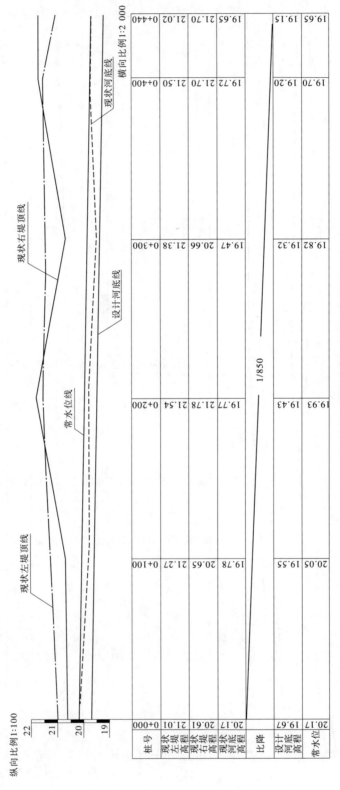

縦向比例 1:100

桩号	0+000	0+100	0+200	0+300	0+400	0+440	横向比例1:2 000
现状左堤高程	21.01	21.27	21.54	21.38	21.50	21.02	
现状右堤高程	20.61	20.65	21.78	20.66	21.70	21.70	
现状河底高程	20.17	19.78	19.77	19.47	19.72	19.65	
比降				1/850			
设计河底高程	19.67	19.55	19.43	19.32	19.20	19.15	
常水位	20.17	20.05	19.93	19.82	19.70	19.65	

图 7-27　新民市后沙河子屯河道标准化治理纵断面图

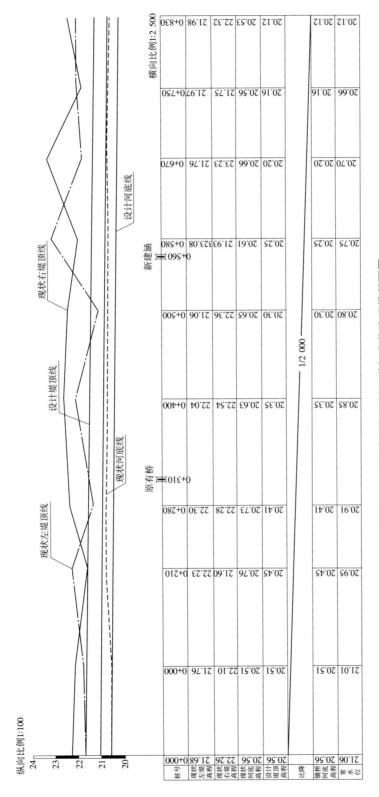

图 7-28 新民市后长沿村沿河道标准化治理纵断面图

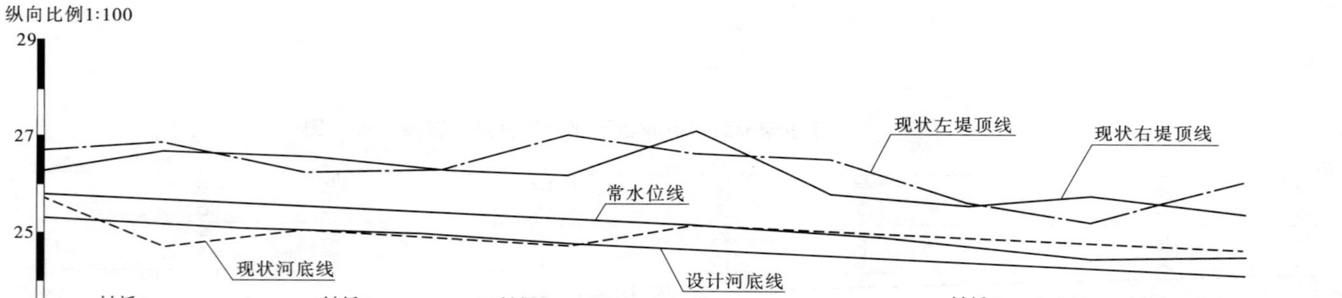

图 7-29 新民市大喇嘛村河道标准化治理纵断面图

桩号	现状左堤高程	现状右堤高程	现状河底高程	比降	设计河底高程	常水位
0+000.0	26.72	26.28	25.69		25.29	25.79
0+060 村桥1 0+090.0	26.87	26.66	24.72		25.18	25.68
0+200.0 现状河底线	26.24	26.56	25.06		25.05	25.55
0+220 村桥2 0+300.0	26.27	26.29	24.99	1/830	24.93	25.43
0+360 村桥3 0+400.0	27.06	26.19	24.78		24.81	25.31
0+440 村桥4 0+500.0	26.69	27.17	25.20		24.69	25.19
0+600.0 设计河底线	26.58	25.84	25.04		24.57	25.07
0+700.0 村桥5 0+710	25.68	25.59	24.86		24.45	24.95
改建桥 0+770 0+800.0	25.28	25.80	24.52		24.33	24.83
村桥6 0+770 横向比例1:4 000 0+920.0	26.13	25.44	24.59		24.18	24.68

纵向比例1:100

现状右堤顶线
现状左堤顶线
现状左堤顶线
设计河底线
常水位线

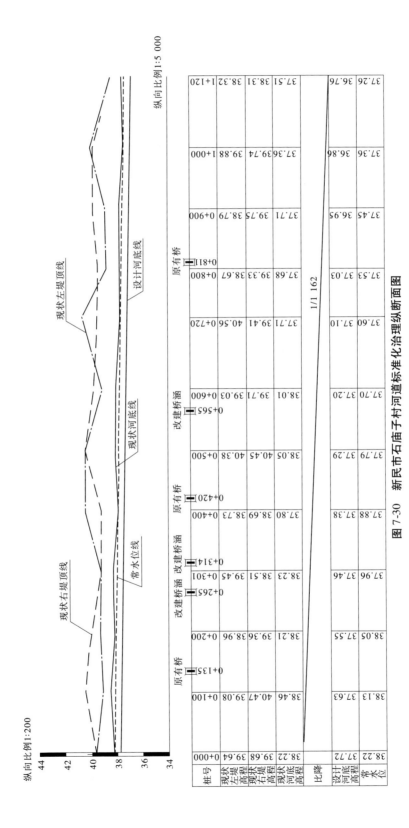

纵向比例1:200

纵向比例1:5 000

现状右堤顶线　现状左堤顶线　设计河底线　现状河底线　常水位线

桩号	0+000	0+100	0+135	0+200	0+265	0+301	0+314	0+400	0+420	0+500	0+565	0+600	0+720	0+800	0+811	0+900	1+000	1+120
			原有桥		改建桥涵		改建桥涵		原有桥		改建桥涵				原有桥			
现状左堤高程	38.22	38.46		38.21		38.23		37.80		38.05		38.01	37.71	37.68		37.71	37.36	37.51
现状右堤高程	39.68	40.47		39.36		39.51		38.69		40.45		39.71	39.41	39.33		39.75	39.74	38.31
现状河底高程	36.64	39.08		38.96		39.45		38.73		40.38		39.03	40.56	38.67		38.79	39.88	38.32
比降	1/1 162																	
设计河底高程	37.72	37.63		37.55		37.46		37.38		37.29		37.20	37.10	37.03		36.95	36.86	36.76
常水位	38.22	38.13		38.05		37.96		37.88		37.79		37.70	37.60	37.53		37.45	37.36	37.26

图 7-30　新民市石庙子村河道标准化治理纵断面图

7.5.2　过水桥涵工程

本次工程将对阻水严重的跨河桥、涵等建筑物进行改造,并根据各村实际情况新建部分桥涵,解决排涝及百姓出行问题,改善居住环境条件。相关统计表详见表7-2、表7-3。

表7-2　新民市俫屯村等十个村屯河道标准化治理工程新(改)建过水桥涵统计表

序号	村名	桩号	新(改)建规格 (管径(mm)× 孔数)	洞长(m)	备注
1	俫屯村	0+600	800×2	6	新建
		0+482	800×2	2	改建
		0+377	800×2	5	改建
		0+550	800×2	2	改建
2	中古城子村	0+125	600×1	5	改建
		0+060	600×2	4	改建
3	民屯村	0+480(干流)	600×3	3	新建
		0+000(支流)	600×1	3	新建排水
4	大喇嘛村	0+235	600×2	6	改建
		0+300	1 000×2	6	改建
5	后长沿村	0+300	800×3	3	改建
6	石庙子村	0+564	600×3	2	改建
		0+125	600×2	3	改建
		0+060	600×2	2	改建

表7-3　新民市俫屯村等十个村屯河道标准化治理工程新(改)建农桥统计表

序号	村名	桩号	原规格(长(m)× 宽(m))	孔数	备注
1	俫屯村	0+800	6×4	1	改建
2	中古城子村	0+200	6×4	1	改建
3	民屯村	0+160(支流)	6×4	1	改建

相关平面图见图7-31～图7-36。

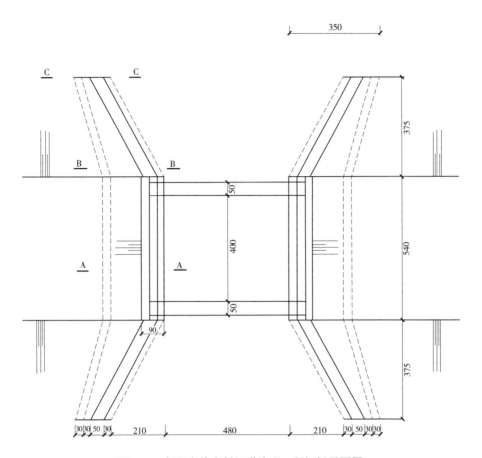

图 7-31　新民市侉屯村河道治理工程河桥平面图

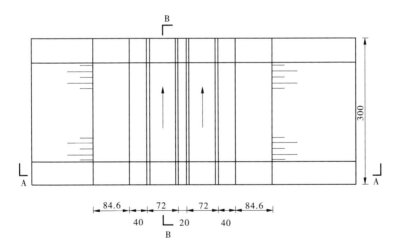

图 7-32　新民市中古城子村河道治理工程过水桥涵平面图

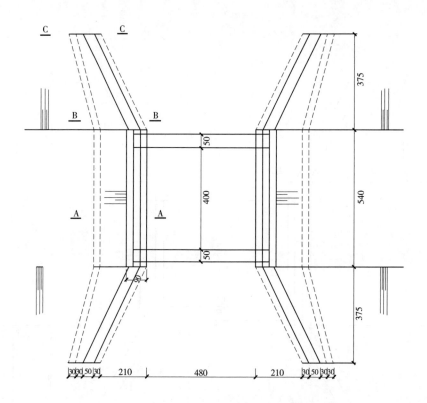

图 7-33　新民市民屯村河道治理工程跨河桥平面图

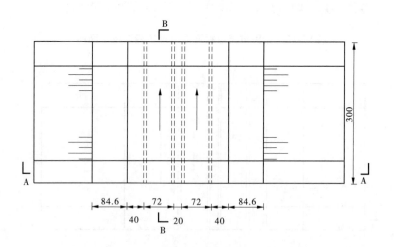

图 7-34　新民市后沙河子屯河道治理工程过水桥涵平面图

7.6　河道工程施工

主要工程内容为河道清淤、坡面整形、填筑。

土方开挖:采用1 m³挖掘机挖土,74 kW推土机推土集料,将开挖出的土料堆放在一起,以备填筑时利用。剩余土料采用1 m³挖掘机开挖8 t自卸汽车运输至大堤背水坡平整洼地。

土方回填:回填料来源于河道清淤土料,采用1 m³挖掘机装8 t自卸汽车运输至工作面,74 kW推土机摊平,74 kW拖拉机压实,边角地段采用2.8 kW蛙式打夯机补夯。

相关断面图见图7-35～图7-36。

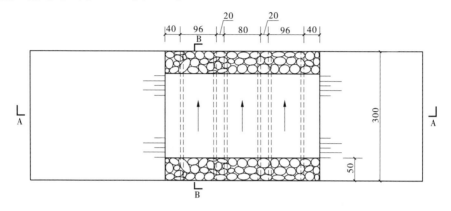

图7-35　新民市后长沿村河道治理工程过水桥涵平面图

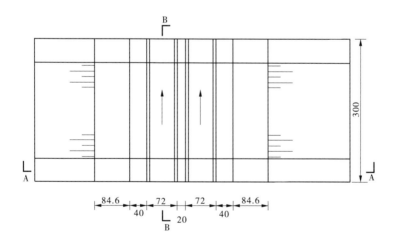

图7-36　新民市石庙子村河道治理工程过水桥涵平面图

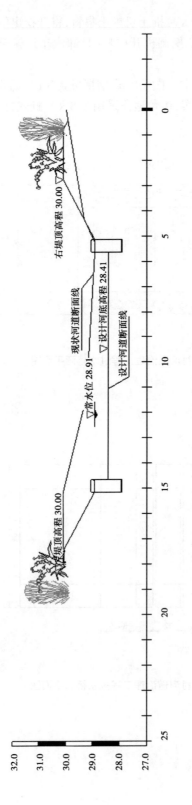

注:纵轴表示高程(m),横轴表示距离(m),下同。

图 7-37　新民市侉屯村河道治理工程标准横断面图(桩号 0+000)

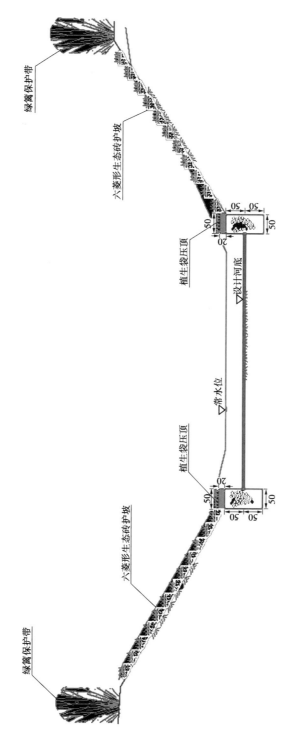

图 7-38　新民市中古城子村河道治理工程标准横断面图（桩号 0 + 470）

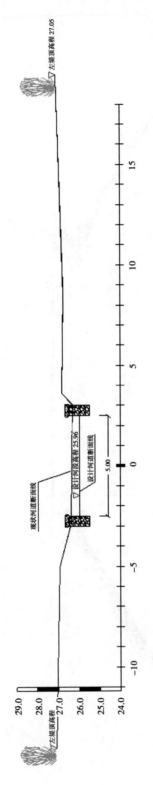

图 7-39　新民市民屯村河道治理工程标准横断面图（桩号 0 + 120）

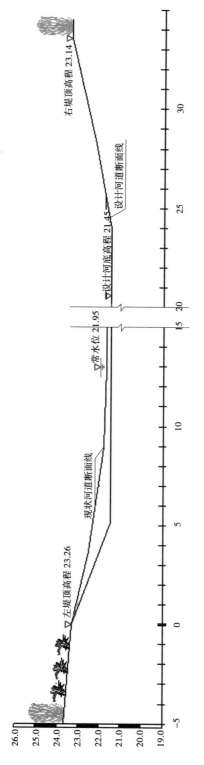

图 7-40 新民市大民屯村河道治理工程标准横断面图（桩号 0 + 100）

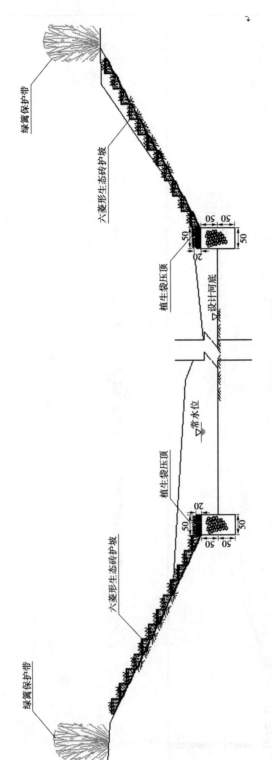

图 7-41 新民市小民屯村河道治理工程标准横断面图（桩号 0 + 380）

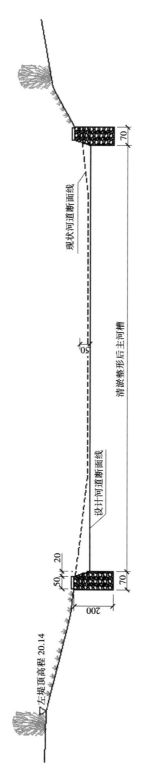

图 7-42 新民市章京堡子村河道治理工程标准横断面图（桩号 0+200）

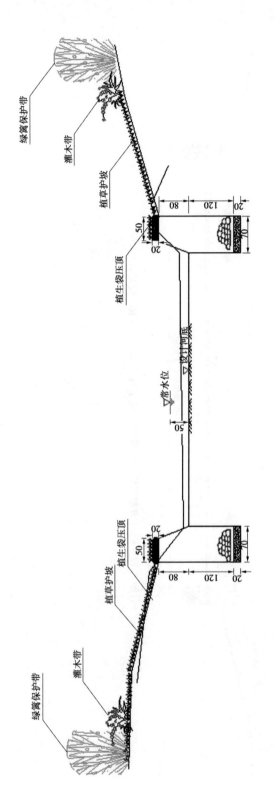

图 7-43　新民市后沙河子屯河道治理工程标准横断面图（桩号 0 + 000）

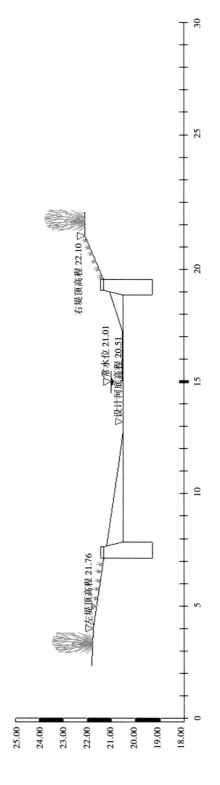

图 7-44 新民市后长沿村河道治理工程标准横断面图（桩号 0 + 200）

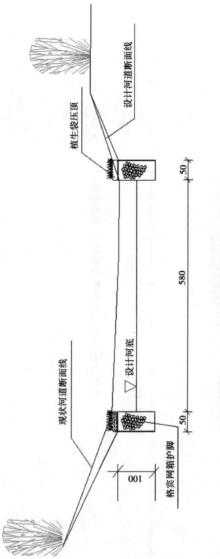

图 7-45 新民市大喇嘛村河道治理工程标准横断面图（桩号 0+600）

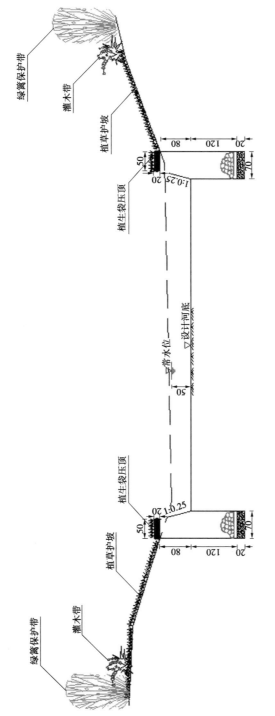

图 7-46 新民市石庙子村河道治理工程标准横断面图（桩号 0+000）

绿篱保护带

灌木带

植草护坡

植生袋压顶

常水位

设计河底

植生袋压顶

植草护坡

灌木带

绿篱保护带

7.7 护砌工程

7.7.1 浆砌石挡墙

主要工程内容为基础开挖、浆砌石直立挡墙砌筑、基础回填。

基础开挖:采用1 m³挖掘机开挖,放置渠道中用于围堰填筑、基础回填及堤坡恢复填筑,多余土方采用8 t自卸汽车运输至堤防填筑段,运距1 km。

浆砌石直立挡墙砌筑:采用自卸汽车运输所需材料至料场,采用1 t翻斗车运输至工作面附近,人工倒运至工作面,人工采用铺浆法砌筑块石。

基础回填:回填料来源于河道清淤土料,采用1 m³挖掘机装8 t自卸汽车运输至工作面,74 kW推土机摊平,74 kW拖拉机压实,边角地段采用2.8 kW蛙式打夯机补夯。

7.7.7.1 浆砌石砌筑方法

(1)使用的石料必须保持清洁,受污染或水锈较重的石块应冲洗干净。在铺砌前,将石料洒水湿润,使其表面充分吸收,但不得残留积水。砌筑时选取砌筑面良好的块石。

(2)砌筑墙体的第一皮石块应坐浆,且将大面朝下。砌体第一皮及转角处、交接处和洞口处应选用较大的石料砌筑。

(3)砌石采用铺浆法砌筑,铺浆厚度控制在30～50 mm,砂浆标号M10,当气温变化时,应适当调整,砌筑砂浆用砂浆搅拌制,随拌随用。

(4)砌石必须采用铺浆法砌筑,砌筑时,石块宜分层卧砌,内外搭砌,上下错缝,拉砌石、顶砌石交错设置,不得采用外面侧立石块、中间填心的砌筑方法。砌筑时砌石达到边缘顺直、砌筑密实、平整,搭压牢靠整齐,确保砌体外露面平整美观。已砌好的砌体,在抗压强度未达到2.5 MPa时不得进行上层砌石的准备工作。浆砌石墙前齿回填土高程至设计渠底高程。

(5)石块间较大的空隙应先填塞砂浆,后用碎块石或片石嵌实。不得采用先摆碎块石后填砂浆或干填碎块石的方法施工,确保石块间不相互接触。

(6)石墙必须设置拉结石。拉结石必须均匀分布、相互错开,一般每0.7 m²墙面至少应设置一块,且同皮内的中距不应大于2 m。拉结石的长度,若墙厚等于或小于40 cm,应等于墙厚;墙厚大于40 cm,可用两块拉结石内外搭接,搭接长度不应小于150 mm,且其中一块长度不应小于墙厚的2/3。

(7)砌筑时砌缝用砂浆充填饱满,砌缝内砂浆用扁铁插捣密实,砌体外露面预留深度不大于4 cm、水平缝宽不大于4 cm的空隙,采用M10的水泥砂浆勾缝。砌筑完进行洒水养护。

(8)雨天施工不得使用过湿的石块,以免砂浆流淌,影响砌体的质量,并做好表面的保护工作。如没有做好防雨棚,降雨量大于5 mm时,应停止砌筑作业。如需冬季施工,在不采取防冻措施情况下,施工温度不得低于0 ℃。

(9)每隔15 m设置一道伸缩缝。严格按照设计要求的位置进行砌体伸缩缝埋设,沥青木板安装牢固,灌封密实,外观整齐美观。

（10）排水孔预埋内径 ϕ100 mmPVC 管,管长为预埋处墙体厚度增加 10 cm,每 2 m 设置一处排水孔。排水孔墙后端头包裹土工滤布,并埋筑反滤料。为保证排水孔出口排水通畅,施工时将排水孔出口进行封堵,完工后清除。

7.7.1.2 成品保护及养护

砌筑完成的构筑物要注意成品保护,避免碰撞,砌体外露面宜在砌筑后及时养护。

砌体外露面养护:砌体在砌筑后 12～18 h 应及时养护,经常保持外露面的湿润。水泥砂浆砌体养护时间不少于 14 d。当勾缝完成和砂浆初凝后,砌体表面应刷洗干净。在养护期间应经常洒水,使砌体保持湿润,避免碰撞和振动。

7.7.2 自嵌式挡墙

主要工程内容为基础开挖、自嵌式挡墙砌筑、基础回填。

基础开挖:采用 1 m³ 挖掘机开挖,放置渠道中用于围堰填筑、基础回填及堤坡恢复填筑,多余土方采用 8 t 自卸汽车运输至堤防填筑段,运距 1 km。

自嵌式挡墙砌筑:采用 1 t 翻斗车由料场运输至工作面附近,人工倒运至工作面,人工砌筑自嵌式挡土块。

基础回填:回填料来源于河道清淤土料,采用 1 m³ 挖掘机装 8 t 自卸汽车运输至工作面,74 kW 推土机摊平,74 kW 拖拉机压实,边角地段采用 2.8 kW 蛙式打夯机补夯。

自嵌式挡墙砌筑方法:

（1）人工按照铺设土工布—填料—压实—铺设土工格栅—铺设土工布—填料—压实—安装上一层面板—铺设土工格栅的工序砌筑自嵌式挡土块。

（2）基础与干垒砖连接,基础前方突出,防止干垒砖水平移动。

（3）干垒砖与碎石连接,碎石与土工格栅连接,锚固棒与上下干垒砖及土工格栅相连接,墙体倾角 12°。

7.7.3 格宾石笼挡墙

主要工程内容为基础开挖、格宾石笼挡墙砌筑、基础回填。

基础开挖:采用 1 m³ 挖掘机开挖,放置渠道中用于围堰填筑、基础回填及堤坡恢复填筑,多余土方采用 8 t 自卸汽车运输至堤防填筑段,运距 1 km。

格宾石笼挡墙砌筑:采用自卸汽车运输所需材料至料场,采用 1 t 翻斗车运输至工作面附近,人工倒运至工作面,人工铺设格宾石笼网箱、砌筑块石。

基础回填:回填料来源于河道清淤土料,采用 1 m³ 挖掘机装 8 t 自卸汽车运输至工作面,74 kW 推土机摊平,74 kW 拖拉机压实,边角地段采用 2.8 kW 蛙式打夯机补夯。

格宾石笼挡墙砌筑方法:

（1）格宾石笼护底笼体顺水流方向长 3 m,宽 0.5 m,高 1 m。

（2）格宾石笼每个单体均在现场按图制作,用与网线同材质的钢丝绑扎连接成整体。

（3）笼体内充填石料时严禁抛投作业,填充石料时宜对称填料,且应大小料配合,充填饱满。

（4）石笼充填满槽后，表层用较小石料（粒径大于 10 cm）找平，使之平整美观。

注意：格宾网箱供货单位需提供由中国国家认证认可监督管理委员会认证的检测单位出具的检测报告。

7.7.4　六棱形生态砖挡墙

主要工程内容为坡面整形、六棱形生态砖挡墙砌筑、土料回填。

坡面整形：采用 1 m³ 挖掘机开挖平整，填筑土料采用 8 t 自卸汽车运输至需填筑段，运距 1 km。

六棱形生态砖挡墙砌筑：采用自卸汽车运输所需材料至料场，采用 1 t 翻斗车运输至工作面附近，人工倒运至工作面，人工铺设六棱形生态砖。

土方回填：回填料来源于围堰拆除土料，采用 1 t 翻斗车运输至工作面附近，人工倒运至工作面，人工回填土料。

六棱形生态砖挡墙砌筑方法：

（1）先完成趾墙砌筑，再开始铺装护坡砌块。铺装时应从下部趾墙开始，本着"自下而上，从一端向另一端"或按"自下而上、从中部向两端"的顺序铺装，千万不可从两端向中部铺装，否则会在中部产生一个无法结合的分缝；块与块尽可能挤紧，做到横、竖和斜线对齐。

（2）趾墙位置的土方应密实，以防局部沉降。

（3）锥坡或弯道施工应当随坡就势，砌块要铺砌紧密，并注意对转角后产生的下部不规则空当进行加固，以免产生滑塌和局部沉降。

（4）在可能产生冲淘的部位（如道路排水管口或过水部分）应在砌块下铺土工布反滤。

（5）砌块铺装完成后进行种植土的回填，种植结束后砌块内土壤表面距砌块上沿 2 cm，以确保植物栽植后砖内有足够的空间拦蓄上游来水和土壤，切不可将土填满砌块甚至高于砌块上沿。

推荐护坡植物：苜蓿草。

后期管护要点：浇水养护时，可采用雾状喷灌，喷水速度不要太快，不可用大水流直冲砌块内土壤。

每次浇水以砌块上部 2 cm 空间内水满（湿润土表 10～15 cm）为宜。

7.8　生态建设工程

主要工程内容为坡面播撒草籽、栽植灌木工程。

栽树：采用 8 t 自卸汽车运输所需苗木至工作面附近，人工倒运至工作面，人工种植。

7.9 环境保护设计

7.9.1 设计依据

通过采取相应的措施,使施工期环境污染降到最低程度,符合有关规定的要求。

相关规定主要有:

(1)《中华人民共和国环境影响评价法》;

(2)《中华人民共和国大气污染防治法》;

(3)《中华人民共和国环境噪声污染防治法》;

(4)《中华人民共和国固体废物污染环境防治法》;

(5)《中华人民共和国水污染防治法》;

(6)《环境影响评价技术导则　水利水电工程》(HJ/T 88—2003);

(7)《环境影响评价技术导则　非污染生态影响》(HJ/T 19—1997);

(8)《环境影响评价技术导则　声环境》(HJ 2.4—2009);

(9)《地表水环境质量标准》(GB 3838—2002);

(10)《环境空气质量标准》(GB 3095—2012);

(11)《辽宁省污水综合排放标准》(DB21/1627—2008);

(12)《建筑施工场界环境噪声排放标准》(GB 12523—2011)。

7.9.2 对环境的有利影响

本工程对现有的自然环境中的气候、水文等都不会产生不利影响,河道清淤和岸坡砌筑,将大大改善水流边界条件,加快河道流速,减少水土流失、污水回流和泥沙淤积,从而有利于水质改善。同时,还可清理河道两侧的生活垃圾。以上工程措施,对于优化区域生活环境,建设优质人居环境具有重要意义。

7.9.3 对环境的不利影响

施工期间,机械车辆跑、冒、滴、漏的油料及冲洗废水,若任意倾倒,会污染附近土壤环境。因此,应采取适当措施减免这种污染。

挖掘机、汽车等机械使用时将产生噪声,应合理安排施工时间,避免夜间施工。

施工及运输产生的粉尘、飘尘,发电机、挖掘机、汽车等燃油机械使用时排放的废气,会增加空气中的悬浮颗粒、二氧化硫、氮氧化物和一氧化碳。但由于地形开阔,空气扩散能力较强,因此影响不大。

在施工高峰期,工程临时占地、材料堆放占地及料场开挖等都会对项目区周边环境产生一定程度的不利影响。

在施工期对环境的影响主要是生活区生活垃圾和临时占地。为避免对环境的不利影响,在生活区修建临时厕所及垃圾堆放点,待施工结束后集中进行清理。

7.9.4 不利影响的防治措施

（1）施工期间，对进场运料车辆要进行有效覆盖；拌和、筛分注意远离当地村民、住户，施工现场人员要进行有效防护；现场施工道路要经常洒水，减少粉尘对施工人员的危害。

（2）项目施工期间要注意加强环境保护。做好宣传教育工作，增强施工人员的环保观念，制定环保措施，按设计施工，不得任意扩大渠道断面和建筑物开挖基坑。保护耕地，弃土、弃石、弃渣不要随意堆放，要废物利用，堆放有序。竣工后要认真清理现场，恢复原有地形地貌。

7.9.5 环境影响评价结论

7.9.5.1 有利影响

工程的环境保护效益较大。河道整治及生态建设工程的实施，为该区域人民提供更为安全的生产和生活环境，并且河道整治及生态建设的逐步完善，将促进该区域经济发展和生态环境建设。工程建设的环境保护意义较大。

7.9.5.2 不利影响

在施工期对环境有所影响，通过采取相应措施可以减缓或避免影响。施工过程中产生的废水、废气、废油、扬尘、弃渣、噪声、生活垃圾及污水等会对当地环境、人群健康产生一些影响，雨季施工还可能造成一定的水土流失。以上这些影响，程度是比较轻微的，多为局部性和暂时性的，可以通过加强施工管理得到减免，并会随工程施工的结束而消失。

7.9.5.3 结论

综上所述，该工程的建设将有利于水质及两岸生态环境的改善，优化该区域人民群众生产生活环境，社会效益显著。该工程对环境的影响利大于弊，不利影响主要是施工期的临时影响，只要做好施工期的环境保护工作，加强施工管理，就可将不利影响降至最低程度。因此，从环境影响方面分析，工程项目对环境的影响以有利影响为主导，工程的兴建是可行的，不存在制约工程实施的环境因素。

7.10 水土保持设计

7.10.1 水土流失防治情况

根据《辽宁省人民政府关于确定水土流失重点防治区的公告》，项目区为水土流失重点监督区。

造成水土流失的主要因素为自然因素和人为因素。自然因素多为气候干旱、雨量集中、植被稀疏、风沙区林网密度低等。由于人口的增长，人为扰动水土资源频繁，人为造成水土流失严重。

7.10.2 水土流失防治责任范围

全线布设10处施工临时场地。施工临时占地1.761 hm²（包括临时仓库750 m²、施工管理及生活区 410 m²、施工临时道路 16 450 m²)。

根据"谁开发、谁保护,谁造成水土流失、谁负责治理"的原则和《开发建设项目水土保持方案技术规范》的要求,凡在生产建设过程中造成水土流失的,都必须采取措施对水土流失进行治理。本工程河道蓄水区(占地面积 0.22 hm²)不存在水土流失问题,水土流失防治责任范围为 17.7 hm²,其中工程建设区 15.0 hm²,直接影响区 2.7 hm²。

本工程土石方主要包括堤防开挖、填筑工程。本着对开挖料和弃料能利用的部分尽可能利用的原则,进行土石方平衡。

基础开挖土方用于主要建筑物回填及堤坡填筑,剩余土方用于堤坡加高培厚。因工程开挖土方满足填筑需要,无需另寻取土场;其中河道清淤产生的废土需要外运,运距 3~8 km,由业主指定堆放场地。

7.10.3 水土流失因素分析

根据工程建设和生产特点,其新增侵蚀影响因素主要表现为对地貌、土壤、水文等的影响。

(1)建设期产生水土流失的区域主要是地表的开挖。水土流失的表现形式主要有:
①改变微地形,增大降雨侵蚀;
②破坏植被,造成植被覆盖度下降;
③破坏土壤结构,造成土体抗冲抗蚀能力下降。

(2)项目竣工验收后,实施绿化工程管理,对项目进行绿化恢复,绿化树种将趋于多样化,场区绿化质量有所提高;挡土设施的修筑、路面的铺设,不会造成新的侵蚀来源。除在营运期前一两年水土保持植物措施还未完全发挥作用外,基本不会出现水土流失加剧的现象。

7.10.4 水土流失特点分析

根据工程建设内容、施工工序等技术资料的分析,本工程侵蚀有以下特点:

(1)工程建设区的新增侵蚀范围小、强度低、时间短,侵蚀危害不具备积累性,易于控制,危害有限。

(2)时空分布一致、侵蚀强度变化不同。施工期新增水土流失主要集中在建筑占地区、场内道路区、附属区等区域,呈点、线、片状分布,新增侵蚀少。施工结束后,侵蚀活动随之消失,呈先强后弱的特点。随时间的延长,林木郁闭度增加,水土保持措施逐渐发挥作用,侵蚀活动逐渐减弱。

新增侵蚀的特点主要体现在以下两个方面:
①施工扰动地表造成地表植被破坏,形成新的土壤侵蚀;
②临时排弃的土、石等堆积物引起新的水土流失。

7.10.5 水土流失估测

工程建设期间占用土地、扰动地表、破坏植被,可能导致项目区水土流失加剧,土壤结构破坏,土壤有机质流失、水土保持能力下降,可利用土地资源减少,从而影响当地的生态平衡。

由于该工程建设期间扰动地表范围小、施工中不产生弃土弃渣、工程施工期短,不会造成原生地貌破坏及新增水土流失。

该工程含有生态建设措施,工程竣工验收后,不仅能满足水土保持工程要求,而且将进一步改善工程所在区域生态环境。

7.10.6 结论

由于工程在建设过程中已经结合了大部分水土保持的工程措施和植物措施,特别是植物措施部分能满足对水土流失的防治要求,故不再单独考虑水土保持措施。

7.11 工程管理设计

7.11.1 工程类别与管理单位性质

本次新民市村屯河道标准化治理工程涉及 7 个乡镇及街道 10 个行政村,包括 10 条河道,由新民市水利局河道管理中心统一管理,所在乡(镇)水利站配合相关工作,日常维护由河道所在村屯负责,实行河长制。

7.11.2 工程建设管理

工程建设期将成立项目指挥部,由新民市水利局河务部门与相关部门协调运行。

初步设计阶段工程投资估算 859.45 万元,工程计划在 2014 年年底前完成。

建设工程费用主要由市财政投资。

7.11.3 工程运行管理

7.11.3.1 运行期工程管理内容
(1)生产与技术管理;
(2)水质与检验管理;
(3)物资与设备管理;
(4)工程管理与维修;
(5)财务与成本管理;
(6)安全教育与检查管理。

此外,要增强村镇居民安全意识,在河道沿线设置警示牌,禁止靠近深水处。

7.11.3.2 运行管理单位职责与权力
运行管理单位为河道所在村屯,管理的职责与权力包括建筑物维护、河道沿线环境管理等。

7.11.4 管理范围和保护范围

新民市村屯河道标准治理工程管理范围为河道穿越村屯段,日常运行管理主要由河道所在村屯负责。

7.11.4.1 工程管理范围

村屯河道工程的管理范围,包括以下工程和设施的建筑场地和管理用地:

(1)河道、滩地、堤顶及河道保护范围。

(2)穿堤、跨河交叉建筑物,包括跨河桥、涵、排水涵。

7.11.4.2 工程保护范围

在现状河道两岸应划定一定的区域,作为工程保护范围。

工程保护范围的横向宽度根据工程规模确定。本次设计村屯河道规模较小,工程保护范围确定为 5 m。

7.11.5 工程管理设施与设备

新民市村屯河道由所在村屯负责管理,本次设计不另设管理设施及设备。

7.11.6 工程管理运用

(1)跨河桥、涵必须确保安全完好。任何单位或个人不得擅自改动、毁坏、拆除。

(2)加强河道沿线的巡视,对堤防破坏、淘刷脱坡等应立即上报区主管河务部门及乡镇街道水利站,并及时处理。

7.12 设计概算

7.12.1 投资主要指标

工程预算投资 859.45 万元,其中建筑工程费 727.86 万元,临时工程费 56.02 万元,独立费用 75.57 万元。

7.12.2 编制原则

辽发改发〔2005〕1114 号文件《关于发布〈辽宁省水利工程设计概(估)算编制规定(试行)〉的通知》。

辽发改农经〔2007〕71 号文件《关于发布〈辽宁省水利水电建筑工程预算定额〉和〈辽宁省水利水电工程施工机械台班费定额〉的通知》。

沈阳市人民政府办公厅 2005 年市长办公会议纪要第 356 号《关于水利建设基金等有关问题的会议纪要》。

7.12.3 编制依据

7.12.3.1 人工工日预算单价

依据辽发改发〔2005〕1114 号文件计算,其中技术工为 35.02 元/工日,普工为 19.93元/工日。

7.12.3.2 主要材料预算单价

以辽宁省造价信息网公布的材料价格为原价,不计运杂费,加收2%的采购保管费,主要材料限价进入工程单价,其中水泥为 300 元/t,钢筋为 3 000 元/t,木材为 1 100 元/m³,砂子为 35 元/m³,石子为 55 元/m³,块石为 50 元/m³,柴油为 3 500 元/t,汽油为 3 700元/t,高于限价部分按材料价差计算。

7.12.3.3 施工机械台班费

一类费用按定额计算,二类费用按人工工日预算单价和材料预算价格限价计算,高于限价部分按材料价差计算。

7.12.3.4 其他直接费

建筑工程按直接费的5.3%计算,其中冬雨季施工增加费为3%,夜间施工增加费为0.5%,小型临时设施摊销费为0.8%,其他为1%。

7.12.3.5 间接费

按直接工程费百分比计算,其中土方工程为5%,混凝土工程为6%,模板工程为8%,其他工程为7%。

7.12.3.6 企业利润

按直接工程费与间接费之和的7%计算。

7.12.3.7 材料限价价差

材料限价价差 =(材料预算价格 – 材料限价)× 定额材料用量

7.12.3.8 税金

按直接工程费、间接费、企业利润之和的3.22%计算。

7.12.4 工程投资预算表

工程投资预算表见表 7-4 ~ 表 7-47。

表 7-4 预算总表

序号	乡镇名称	村屯名称	河道名称	长度 (m)	建筑工程费 (万元)	施工临时工程费 (万元)	独立费用 (万元)	预算 (万元)
1	卢屯镇	俦屯村	俦屯村河	920	116.90	8.52	12.02	137.44
2	前当堡镇	中古城子村	中网河	630	55.69	3.98	5.76	65.42
3	卢屯镇	民屯村	民屯村河	950	68.08	7.33	7.28	82.70
4	大民屯镇	大民屯村	大民屯村河	1 390	97.70	8.72	10.27	116.69
5	大民屯镇	小民屯村	小民屯村河	490	53.95	4.40	5.63	63.98
6	前当堡镇	章京堡子村	章京堡子村河	770	34.82	3.54	3.70	42.06
7	法哈牛镇	后沙河子屯	后沙河子河	440	41.12	4.03	4.36	49.51
8	新城街道	后长沿村	后长沿村河	830	72.41	4.38	7.41	84.20
9	大喇嘛镇	大喇嘛村	大喇嘛村河	920	79.57	6.25	8.28	94.10
10	公主屯镇	石庙子村	石庙子村河	1 140	107.62	4.88	10.86	123.36
合计				8 480	727.86	56.02	75.57	859.45

表 7-5　侉屯村河总预算表　　　　　　　　　　　　　　　　　（单位：万元）

序号	工程或费用名称	建安工程费	设备购置费	独立费用	合计
Ⅰ	工程部分投资				137.44
一	第一部分　建筑工程	116.90			116.90
二	第二部分　金属结构设备及安装工程				
三	第三部分　机电设备及安装工程				
四	第四部分　临时工程	8.52			8.52
五	第五部分　独立费用			12.02	12.02
	一至五部分合计	125.42	0.00	12.02	137.44
六	工程部分总投资				137.44
Ⅱ	总投资				137.44

表 7-6　侉屯村河建筑工程预算表

序号	工程或费用名称	单位	工程量	单价（元）	合计（万元）
	第一部分　建筑工程				116.90
一	河道工程				110.69
	清淤	m³	6 937.04	1.80	1.25
	人工土方开挖	m³	682.00	4.86	0.33
	土方回填	m³	1 435.80	2.93	0.42
	土料压实	m³	1 435.80	5.27	0.76
	干砌块石	m³	1 800.00	127.32	22.92
	格宾网箱	m²	5 400.00	25.28	13.65
	植生袋	个	2 000.00	5.00	1.00
	六棱砖护坡	m²	1 280.00	130.00	16.64
	灌木栽种	株	3 198.00	46.98	15.02
	绿篱保护带	株	7 438.00	7.38	5.49
	撒播草籽	m²	4 963.50	0.28	0.14
	荷兰砖	m²	400.00	51.14	2.05
	砂垫层	m³	80.00	108.38	0.87
	浆砌石基础	m³	20.58	213.71	0.44
	自嵌式挡墙	m²	252.00	255.00	6.43

序号	工程或费用名称	单位	工程量	单价（元）	合计（万元）
	土工布	m²	864.00	11.27	0.97
	土工格栅	m²	595.20	20.61	1.23
	反滤料	m³	36.00	112.40	0.40
	砂垫层	m³	48.00	108.38	0.52
	混凝土 C20	m³	36.00	494.90	1.78
	混凝土路面	m²	51.40	27.06	0.14
	模板	m²	21.00	95.26	0.20
	承插式混凝土管（$\phi800 \times 80 \times 3\,000$）	m	18.00	260.00	0.47
	承插式混凝土管（$\phi800 \times 80 \times 3\,000$）铺设	m	18.00	76.80	0.14
	承插式混凝土管（$\phi800 \times 80 \times 2\,000$）	m	12.00	255.00	0.31
	承插式混凝土管（$\phi800 \times 80 \times 2\,000$）铺设	m	12.00	76.27	0.09
	桥栏杆更换（仿石）	m	80.00	500.00	4.00
	弃土运输	m³	6 937.04	18.14	12.59
	不锈钢展示牌	个	1.00	3 000.00	0.30
	警示牌	个	2.00	800.00	0.16
二	跨河农桥				6.21
	土方开挖	m³	101.01	1.93	0.02
	土方回填	m³	95.72	2.93	0.03
	土方压实	m³	95.72	5.27	0.05
	混凝土护轮台 C25	m³	4.00	535.01	0.21
	浆砌石桥墩	m³	41.20	225.46	0.93
	浆砌石挡土墙	m³	47.60	221.51	1.05
	砂垫层	m³	11.80	108.38	0.13
	模板	m²	20.00	94.31	0.19
	油毡伸缩缝	m²	5.60	170.31	0.10
	钢筋	t	1.40	5 039.06	0.71
	混凝土铺装层	m²	24.00	49.65	0.12
	预制混凝土桥面板	块	4.00	6 000.00	2.40
	混凝土桥面板吊装	块	4.00	700.00	0.28

表 7-7　侉屯村河临时工程预算表

序号	工程或费用名称	单位	工程量	单价（元）	合计（万元）
	第四部分　临时工程				8.52
一	施工导流工程				3.49
	围堰土方填筑	m³	1 325	2.93	0.39
	土料压实	m³	1 325	5.27	0.70
	围堰拆除	m³	1 325	18.14	2.40
二	施工排水工程				2.16
	施工排水	台班	100	72.77	0.73
	柴油发电机组	台班	30	477.00	1.43
三	临时交通工程				0.37
	施工临时道路土方填筑	m³	450.00	2.93	0.13
	土料压实	m³	450.00	5.27	0.24
四	施工房屋建筑工程				2.50
	施工仓库	m²	100	150.00	1.50
	办公、生活及文化福利建筑	m²	50	200.00	1.00

表 7-8　侉屯村河独立费用计算表

序号	工程或费用名称	计算及依据	合计（万元）
	第五部分　独立费用		12.02
一	建设管理费		3.76
（一）	项目建设管理费	按沈阳市人民政府办公厅 2005 年市长办公会议纪要第 356 号《关于水利建设基金等有关问题的会议纪要》计取	1.88
（二）	工程建设监理费	按沈阳市人民政府办公厅 2005 年市长办公会议纪要第 356 号《关于水利建设基金等有关问题的会议纪要》计取	1.88
二	科研勘测设计费	按沈阳市人民政府办公厅 2005 年市长办公会议纪要第 356 号《关于水利建设基金等有关问题的会议纪要》计取	6.90
三	其他		1.35
	招标业务费	按建安工作量累进计算	1.35

表 7-9　中古城子村中网河总预算表　　　　　　　　　　（单位:万元）

序号	工程或费用名称	建安工程费	设备购置费	独立费用	合计
Ⅰ	工程部分投资				65.42
一	第一部分　建筑工程	55.69			55.69
二	第二部分　金属结构设备及安装工程				
三	第三部分　机电设备及安装工程				
四	第四部分　临时工程	3.97			3.97
五	第五部分　独立费用			5.76	5.76
	一至五部分合计	59.66	0.00	5.76	65.42
六	工程部分总投资				65.42
Ⅱ	总投资				65.42

表 7-10　中古城子村中网河建筑工程预算表

序号	工程或费用名称	单位	工程量	单价(元)	合计(万元)
	第一部分　建筑工程				55.69
一	河道工程				49.48
	机械清淤	m^3	2 314.20	1.80	0.42
	人工清淤	m^3	235.20	4.22	0.10
	土方开挖	m^3	718.20	1.93	0.14
	土方回填	m^3	201.60	2.93	0.06
	土料压实	m^3	201.60	5.27	0.11
	沥青木板	m^2	10.82	126.45	0.14
	干砌块石	m^3	715.00	127.32	9.10
	格宾网箱	m^2	6 174.00	25.28	15.61
	植生袋	个	1 575.00	5.00	0.79
	六棱砖护坡	m^2	1 164.00	130.00	15.13
	灌木栽种	株	50.00	46.98	0.23
	绿篱隔离带	株	2 200.00	7.38	1.62
	撒播草籽	m^2	2 997.10	0.28	0.08

序号	工程或费用名称	单位	工程量	单价(元)	合计(万元)
	浆砌石	m³	6.08	221.51	0.13
	砂垫层	m³	21.12	108.38	0.23
	混凝土 C20	m³	13.15	494.90	0.65
	模板	m²	9.00	97.37	0.09
	混凝土路面 C20	m²	91.00	27.73	0.25
	承插式混凝土管(φ600×60×3 000)	m	3.00	160.00	0.05
	承插式混凝土管(φ600×60×3 000)铺设	m	3.00	55.92	0.02
	承插式混凝土管(φ600×60×2 000)	m	10.00	255.00	0.26
	承插式混凝土管(φ600×60×2 000)铺设	m	10.00	55.42	0.06
	弃土运输	m³	2 549.40	14.70	3.75
	不锈钢展示牌	个	1.00	3 000.00	0.30
	警示牌	个	2.00	800.00	0.16
二	跨河农桥				6.21
	土方开挖	m³	101.01	1.93	0.02
	土方回填	m³	95.72	2.93	0.03
	土方压实	m³	95.72	5.27	0.05
	混凝土护轮台 C25	m³	4.00	535.01	0.21
	浆砌石桥墩	m³	41.20	225.46	0.93
	浆砌石挡土墙	m³	47.60	221.51	1.05
	砂垫层	m³	11.80	108.38	0.13
	模板	m²	20.00	94.31	0.19
	油毡伸缩缝	m²	5.60	170.31	0.10
	钢筋	t	1.40	5 039.06	0.71
	混凝土铺装层	m²	24.00	49.65	0.12
	预制混凝土桥面板	块	4.00	6 000.00	2.40
	混凝土桥面板吊装	块	4.00	700.00	0.28

表 7-11　中古城子村中网河临时工程预算表

序号	工程或费用名称	单位	工程量	单价（元）	合计（万元）
	第四部分　临时工程				3.97
一	施工导流工程				2.08
	围堰土方填筑	m³	907	2.93	0.27
	土料压实	m³	907	5.27	0.48
	围堰拆除	m³	907	14.70	1.33
二	施工排水工程				0.55
	施工排水	台班	75	72.77	0.55
三	施工房屋建筑工程				1.35
	施工仓库	m²	50	150.00	0.75
	办公、生活及文化福利建筑	m²	30	200.00	0.60

表 7-12　中古城子村中网河独立费用计算表

序号	工程或费用名称	计算及依据	合计（万元）
	第五部分　独立费用		5.76
一	建设管理费		1.79
（一）	项目建设管理费	按沈阳市人民政府办公厅 2005 年市长办公会议纪要第 356 号《关于水利建设基金等有关问题的会议纪要》计取	0.89
（二）	工程建设监理费	按沈阳市人民政府办公厅 2005 年市长办公会议纪要第 356 号《关于水利建设基金等有关问题的会议纪要》计取	0.89
二	科研勘测设计费	按沈阳市人民政府办公厅 2005 年市长办公会议纪要第 356 号《关于水利建设基金等有关问题的会议纪要》计取	3.28
三	其他		0.69
	招标业务费	按建安工作量累进计算	0.69

表 7-13　民屯村河总预算表　　　　　　　　　　　　　　　（单位:万元）

序号	工程或费用名称	建安工程费	设备购置费	独立费用	合计
Ⅰ	工程部分投资				82.70
一	第一部分　建筑工程	68.09			68.09
二	第二部分　金属结构设备及安装工程				
三	第三部分　机电设备及安装工程				
四	第四部分　临时工程	7.33			7.33
五	第五部分　独立费用			7.28	7.28
	一至五部分合计	75.42	0.00	7.28	82.70
六	工程部分总投资				82.70
Ⅱ	总投资				82.70

表 7-14　民屯村河建筑工程预算表

序号	工程或费用名称	单位	工程量	单价(元)	合计(万元)
	第一部分　建筑工程				68.09
一	河道工程				61.81
	土方开挖	m³	6 120.00	1.93	1.18
	人工土方开挖	m³	3 060.00	6.03	1.84
	土方回填	m³	7 680.00	2.93	2.25
	土料压实	m³	7 680.00	5.27	4.05
	干砌块石	m³	998.00	127.32	12.71
	格宾网箱	m²	6 986.00	25.28	17.66
	植生袋	个	3 992.00	5.00	2.00
	六棱砖护坡	m²	192.00	130.00	2.50
	绿篱保护带	株	9 980.00	7.38	7.36
	撒播草籽	m²	1 996.00	0.28	0.06
	栽种灌木	株	1 140.00	46.98	5.36
	垫步石	块	50.00	50.00	0.25
	承插式混凝土管($\phi 600 \times 60 \times 3\,000$)	m	12.00	160.00	0.19
	承插式混凝土管($\phi 600 \times 60 \times 3\,000$)铺设	m	12.00	55.92	0.07
	混凝土基础 C20	m³	16.80	494.90	0.83
	模板	m²	16.80	94.31	0.16

续表 7-14

编号	工程或费用名称	单位	工程量	单价(元)	合计(万元)
	砂垫层	m³	1.32	108.38	0.01
	弃土运输	m³	1 500.00	18.14	2.72
	不锈钢展示牌	个	1.00	3 000.00	0.30
	警示牌	个	4.00	800.00	0.32
二	跨河农桥				6.28
	土方开挖	m³	200.00	1.93	0.04
	土方回填	m³	150.00	2.93	0.04
	土方压实	m³	150.00	5.27	0.08
	混凝土护轮台 C25	m³	4.00	535.01	0.21
	浆砌石桥墩	m³	41.20	225.46	0.93
	浆砌石挡土墙	m³	47.60	221.51	1.05
	砂垫层	m³	11.80	108.38	0.13
	模板	m²	20.00	94.31	0.19
	油毡伸缩缝	m²	5.60	170.31	0.10
	钢筋	t	1.40	5 039.06	0.71
	混凝土铺装层	m²	24.00	49.65	0.12
	预制混凝土桥面板	块	4	6 000.00	2.40
	混凝土桥面板吊装	块	4	700.00	0.28

表 7-15　民屯村河临时工程预算表

序号	工程或费用名称	单位	工程量	单价(元)	合计(万元)
	第四部分　临时工程				7.33
一	施工排水工程				2.69
	施工排水	台班	80	72.77	0.58
	柴油发电机组 30 kW	台班	30	701.44	2.10
二	临时交通工程				1.95
	施工临时道路土方填筑	m³	2 375.00	2.93	0.69
	土料压实	m³	2 375.00	5.27	1.25
三	施工房屋建筑工程				2.70
	施工仓库	m²	100	150.00	1.50
	办公、生活及文化福利建筑	m²	60	200.00	1.20

表 7-16 民屯村河独立费用计算表

序号	工程或费用名称	计算及依据	合计(万元)
	第五部分 独立费用		7.28
一	建设管理费		2.26
(一)	项目建设管理费	按沈阳市人民政府办公厅 2005 年市长办公会议纪要第 356 号《关于水利建设基金等有关问题的会议纪要》计取	1.13
(二)	工程建设监理费	按沈阳市人民政府办公厅 2005 年市长办公会议纪要第 356 号《关于水利建设基金等有关问题的会议纪要》计取	1.13
二	科研勘测设计费	按沈阳市人民政府办公厅 2005 年市长办公会议纪要第 356 号《关于水利建设基金等有关问题的会议纪要》计取	4.15
三	其他		0.87
	招标业务费	按建安工作量累进计算	0.87

表 7-17 大民屯村河总预算表 　　　　　　　　　　　　　　(单位:万元)

序号	工程或费用名称	建安工程费	设备购置费	独立费用	合计
I	工程部分投资				116.69
一	第一部分 建筑工程	97.70			97.70
二	第二部分 金属结构设备及安装工程				
三	第三部分 机电设备及安装工程				
四	第四部分 临时工程	8.72			8.72
五	第五部分 独立费用			10.27	10.27
	一至五部分合计	106.42			116.69
六	工程部分总投资				116.69
II	总投资				116.69

表 7-18 大民屯村河建筑工程预算表

序号	工程或费用名称	单位	工程量	单价(元)	合计(万元)
	第一部分 建筑工程				97.70
一	河道工程				97.70
	清淤	m³	16 415.94	1.80	2.96
	土方开挖	m³	1 263.24	1.93	0.24
	土方回填	m³	348.48	2.93	0.10
	土料压实	m³	348.48	5.27	0.18
	自嵌式挡土墙	m³	1 400.00	255.00	35.70
	C20 混凝土基础	m³	210.00	494.90	10.39
	砂垫层	m³	280.00	108.38	3.03
	碎石反滤层	m³	210.00	112.40	2.36
	土工布	m²	5 040.00	11.27	5.68
	土工格栅	m²	3 472.00	20.61	7.16
	绿篱保护带	株	14 800.00	7.38	10.92
	撒播草籽	m²	26 130.50	0.28	0.73
	弃土运输	m³	16 415.94	12.64	20.75
	不锈钢展示牌	个	1.00	3 000.00	0.30
	警示牌	个	2.00	800.00	0.16

表 7-19 大民屯村河临时工程预算表

序号	工程或费用名称	单位	工程量	单价(元)	合计(万元)
	第四部分 临时工程				8.72
一	施工导流工程				2.75
	围堰土方填筑	m³	1 043	2.93	0.31
	土料压实	m³	1 043	5.27	0.55
	围堰拆除	m³	1 043	18.14	1.89
一	施工排水工程				3.48
	施工排水	台班	150	72.77	1.09
	柴油发电机组	台班	50	477.00	2.39
三	施工房屋建筑工程				2.50
	施工仓库	m²	100	150.00	1.50
	办公、生活及文化福利建筑	m²	50	200.00	1.00

表 7-20　大民屯村河独立费用计算表

序号	工程或费用名称	计算及依据	合计(万元)
	第五部分　独立费用		10.27
一	建设管理费		3.19
(一)	项目建设管理费	按沈阳市人民政府办公厅 2005 年市长办公会议纪要第 356 号《关于水利建设基金等有关问题的会议纪要》计取	1.60
(二)	工程建设监理费	按沈阳市人民政府办公厅 2005 年市长办公会议纪要第 356 号《关于水利建设基金等有关问题的会议纪要》计取	1.60
二	科研勘测设计费	按沈阳市人民政府办公厅 2005 年市长办公会议纪要第 356 号《关于水利建设基金等有关问题的会议纪要》计取	5.85
三	其他		1.22
	招标业务费	按建安工作量累进计算	1.22

表 7-21　小民屯村河总预算表　　　　　　　　　　　　　　（单位:万元）

序号	工程或费用名称	建安工程费	设备购置费	独立费用	合计
I	工程部分投资				63.98
一	第一部分　建筑工程	53.95			53.95
二	第二部分　金属结构设备及安装工程				
三	第三部分　机电设备及安装工程				
四	第四部分　临时工程	4.40			4.40
五	第五部分　独立费用			5.63	5.63
	一至五部分合计	58.35	0.00	5.63	63.98
六	工程部分总投资				63.98
II	总投资				63.98

表 7-22   小民屯村河建筑工程预算表

序号	工程或费用名称	单位	工程量	单价(元)	合计(万元)
	第一部分　建筑工程				53.95
一	河道工程				53.95
	清淤	m³	6 410.29	1.80	1.16
	土方开挖	m³	263.34	4.86	0.13
	土方回填	m³	458.12	2.93	0.13
	土料压实	m³	458.12	5.27	0.24
	干砌块石	m³	570.00	127.32	7.26
	格宾网箱	m²	1 280.00	25.28	3.24
	植生袋	个	475.00	5.00	0.24
	六棱砖护坡	m²	1 698.60	130.00	22.08
	灌木栽种	株	800.00	46.98	3.76
	绿篱保护带	株	4 000.00	7.38	2.95
	撒播草籽	m²	6 378.60	0.28	0.18
	砂石路面	m²	400.00	41.37	1.65
	弃土运输	m³	6 410.29	18.14	11.63
	不锈钢展示牌	个	1.00	3 000.00	0.30
	警示牌	个	2.00	800.00	0.16

表 7-23   小民屯村河临时工程预算表

序号	工程或费用名称	单位	工程量	单价(元)	合计(万元)
	第四部分　临时工程				4.40
一	施工导流工程				0.89
	围堰土方填筑	m³	375	0.24	0.01
	土料压实	m³	375	5.27	0.20
	围堰拆除	m³	375	18.14	0.68
一	施工排水工程				2.16
	施工排水	台班	100	72.77	0.73
	柴油发电机组	台班	30	477.00	1.43
三	施工房屋建筑工程				1.35
	施工仓库	m²	50	150.00	0.75
	办公、生活及文化福利建筑	m²	30	200.00	0.60

表 7-24　小民屯村河独立费用计算表

序号	工程或费用名称	计算及依据	合计（万元）
	第五部分　独立费用		5.63
一	建设管理费		1.75
（一）	项目建设管理费	按沈阳市人民政府办公厅 2005 年市长办公会议纪要第 356 号《关于水利建设基金等有关问题的会议纪要》计取	0.88
（二）	工程建设监理费	按沈阳市人民政府办公厅 2005 年市长办公会议纪要第 356 号《关于水利建设基金等有关问题的会议纪要》计取	0.88
二	科研勘测设计费	按沈阳市人民政府办公厅 2005 年市长办公会议纪要第 356 号《关于水利建设基金等有关问题的会议纪要》计取	3.21
三	其他		0.67
	招标业务费	按建安工作量累进计算	0.67

表 7-25　章京堡子村河总预算表　　　　　　　（单位:万元）

序号	工程或费用名称	建安工程费	设备购置费	独立费用	合计
Ⅰ	工程部分投资				42.06
一	第一部分　建筑工程	34.82			34.82
二	第二部分　金属结构设备及安装工程				
三	第三部分　机电设备及安装工程				
四	第四部分　临时工程	3.54			3.54
五	第五部分　独立费用			3.70	3.70
	一至五部分合计	38.36	0.00	3.70	42.06
六	工程部分总投资				42.06
Ⅱ	总投资				42.06

表 7-26　章京堡子村河建筑工程预算表

序号	工程或费用名称	单位	工程量	单价(元)	合计(万元)
	第一部分　建筑工程				34.82
一	河道工程				34.82
	河底清淤	m^3	5 738.25	1.80	1.03
	土方开挖	m^3	5 179.00	1.93	1.00
	土方回填	m^3	3 932.05	2.93	1.15
	土料压实	m^3	3 932.05	5.27	2.07
	浆砌石墙	m^3	792.00	221.51	17.54
	砂垫层	m^3	42.00	108.38	0.46
	沥青木板	m^2	105.60	126.45	1.34
	撒播草籽	m^2	1 600.00	0.28	0.04
	绿篱隔离带	株	3 800.00	7.38	2.80
	灌木(迎春)栽种	株	20.00	46.98	0.09
	植生袋	个	750.00	5.00	0.38
	天然石	m^3	10.00	378.00	0.38
	弃土运输	m^3	5 788.25	10.50	6.08
	不锈钢展示牌	个	1.00	3 000.00	0.30
	警示牌	个	2.00	800.00	0.16

表 7-27　章京堡子村河临时工程预算表

序号	工程或费用名称	单位	工程量	单价(元)	合计(万元)
	第四部分　临时工程				3.54
一	施工临时道路				1.85
	土方填筑	m^3	2 250	2.93	0.66
	土料压实	m^3	2 250	5.27	1.19
一	施工排水工程				0.35
	施工排水	台班	15	72.77	0.11
	柴油发电机组 30 kW	台班	5	477.00	0.24
三	施工房屋建筑工程				1.35
	施工仓库	m^2	50	150.00	0.75
	办公、生活及文化福利建筑	m^2	30	200.00	0.60

表 7-28　章京堡子村河独立费用计算表

序号	工程或费用名称	计算及依据	合计(万元)
	第五部分　独立费用		3.70
一	建设管理费		1.15
(一)	项目建设管理费	按沈阳市人民政府办公厅 2005 年市长办公会议纪要第 356 号《关于水利建设基金等有关问题的会议纪要》计取	0.58
(二)	工程建设监理费	按沈阳市人民政府办公厅 2005 年市长办公会议纪要第 356 号《关于水利建设基金等有关问题的会议纪要》计取	0.58
二	科研勘测设计费	按沈阳市人民政府办公厅 2005 年市长办公会议纪要第 356 号《关于水利建设基金等有关问题的会议纪要》计取	2.11
三	其他		0.44
	招标业务费	按建安工作量累进计算	0.44

表 7-29　后沙河子河总预算表　　　　　　　　　　　　(单位:万元)

序号	工程或费用名称	建安工程费	设备购置费	独立费用	合计
Ⅰ	工程部分投资				49.51
一	第一部分　建筑工程	41.12			41.12
二	第二部分　金属结构设备及安装工程				
三	第三部分　机电设备及安装工程				
四	第四部分　临时工程	4.03			4.03
五	第五部分　独立费用			4.36	4.36
	一至五部分合计	45.15	0.00	4.36	49.51
六	工程部分总投资				49.50
Ⅱ	总投资				49.50

表 7-30　后沙河子河建筑工程预算表

序号	工程或费用名称	单位	工程量	单价(元)	合计(万元)
	第一部分　建筑工程				41.12
一	河道工程				41.12
	土方开挖	m³	5 595.50	1.93	1.08
	土方回填	m³	2 628.20	2.93	0.77
	土料压实	m³	2 628.20	5.27	1.39
	浆砌石墙	m³	1 247.40	221.51	27.63
	砂垫层	m³	151.00	108.38	1.64
	植生袋	个	1 181.00	5.00	0.59
	栽种花灌木(金山绣线菊)	株		10.02	0.00
	绿篱保护带	株	2 362.50	7.38	1.74
	撒播草籽	m²	4 200.00	0.28	0.12
	浆砌石	m³	46.06	213.71	0.98
	砂垫层	m³	5.56	108.38	0.06
	承插式混凝土管($\phi600 \times 60 \times 3\ 000$)	m	12.00	160.00	0.19
	承插式混凝土管($\phi600 \times 60 \times 3\ 000$)铺设	m	12.00	55.92	0.07
	承插式混凝土管($\phi1\ 000 \times 100 \times 3\ 000$)	m	24.00	400.00	0.96
	承插式混凝土管($\phi1\ 000 \times 100 \times 3\ 000$)铺设	m	24.00	110.33	0.26
	弃土运输	m³	3 025.00	10.50	3.17
	不锈钢展示牌	个	1.00	3 000.00	0.30
	警示牌	个	2.00	800.00	0.16

表 7-31　后沙河子河临时工程预算表

序号	工程或费用名称	单位	工程量	单价(元)	合计(万元)
	第四部分　临时工程				4.03
一	施工导流工程				0.59
	围堰土方填筑	m³	225	2.93	0.07
	土料压实	m³	225	5.27	0.12
	围堰拆除	m³	225	18.14	0.41
二	施工排水工程				1.98
	施工排水	台班	75	72.77	0.55
	柴油发电机组	台班	30	477.00	1.43
三	施工临时道路				0.11
	临时道路土方填筑	m³	135	2.93	0.04
	土料压实	m³	135	5.27	0.07
四	施工房屋建筑工程				1.35
	施工仓库	m²	50	150.00	0.75
	办公、生活及文化福利建筑	m²	30	200.00	0.60

表 7-32　后沙河子河独立费用计算表

序号	工程或费用名称	计算及依据	合计(万元)
	第五部分　独立费用		4.36
一	建设管理费		1.35
(一)	项目建设管理费	按沈阳市人民政府办公厅 2005 年市长办公会议纪要第 356 号《关于水利建设基金等有关问题的会议纪要》计取	0.68
(二)	工程建设监理费	按沈阳市人民政府办公厅 2005 年市长办公会议纪要第 356 号《关于水利建设基金等有关问题的会议纪要》计取	0.68
二	科研勘测设计费	按沈阳市人民政府办公厅 2005 年市长办公会议纪要第 356 号《关于水利建设基金等有关问题的会议纪要》计取	2.48
三	其他		0.52
	招标业务费	按建安工作量累进计算	0.52

表 7-33　后长沿村河总预算表　　　　　　　　　　　　　　　（单位:万元）

序号	工程或费用名称	建安工程费	设备购置费	独立费用	合计
Ⅰ	工程部分投资				84.20
一	第一部分　建筑工程	72.41			72.41
二	第二部分　金属结构设备及安装工程				
三	第三部分　机电设备及安装工程				
四	第四部分　临时工程	4.38			4.38
五	第五部分　独立费用			7.41	7.41
	一至五部分合计	76.79	0.00	7.41	84.20
六	工程部分总投资				84.20
Ⅱ	总投资				84.20

表 7-34　后长沿村河建筑工程预算表

序号	工程或费用名称	单位	工程量	单价(元)	合计(万元)
	第一部分　建筑工程				72.41
一	河道工程				72.41
	清淤	m³	4 917.60	1.80	0.89
	土方开挖	m³	8 935.20	1.93	1.73
	土方回填	m³	7 216.50	2.93	2.11
	土料压实	m³	7 216.50	5.27	3.81
	浆砌石墙	m³	1 927.20	221.51	42.69
	沥青木板	m²	192.72	126.45	2.44
	植生袋	个	2 920.00	5.00	1.46
	灌木栽种(迎春)	株	60.00	46.98	0.28
	杨树栽种	株		61.95	0.00
	绿篱保护带	株	7 600.00	7.38	5.61
	撒播草籽	m²	2 000.00	0.28	0.06
	弃土运输	m³	7 656.20	12.64	9.68
	承插式混凝土管(ϕ600×60×3 000)	m	9.00	160.00	0.14
	承插式混凝土管(ϕ600×60×3 000)铺设	m	9.00	55.92	0.05
	浆砌石基础	m³	9.30	213.71	0.20
	砂垫层	m³	102.50	108.38	1.11
	桥栏杆更换	m	12.00	500.00	0.60
	不锈钢展示牌	个	1.00	3 000.00	0.30
	警示牌	个	2.00	800.00	0.16

表 7-35　后长沿村河临时工程预算表

序号	工程或费用名称	单位	工程量	单价(元)	合计(万元)
	第四部分　临时工程				4.38
一	施工临时道路				1.18
	土方填筑	m^3	1 440	2.93	0.42
	土料压实	m^3	1 440	5.27	0.76
一	施工排水工程				0.70
	施工排水	台班	30	72.77	0.22
	柴油发电机组	台班	10	477.00	0.48
三	施工房屋建筑工程				2.50
	施工仓库	m^2	100	150.00	1.50
	办公、生活及文化福利建筑	m^2	50	200.00	1.00

表 7-36　后长沿村河独立费用计算表

序号	工程或费用名称	计算及依据	合计(万元)
	第五部分　独立费用		7.41
一	建设管理费		2.30
(一)	项目建设管理费	按沈阳市人民政府办公厅 2005 年市长办公会议纪要第 356 号《关于水利建设基金等有关问题的会议纪要》计取	1.15
(二)	工程建设监理费	按沈阳市人民政府办公厅 2005 年市长办公会议纪要第 356 号《关于水利建设基金等有关问题的会议纪要》计取	1.15
二	科研勘测设计费	按沈阳市人民政府办公厅 2005 年市长办公会议纪要第 356 号《关于水利建设基金等有关问题的会议纪要》计取	4.22
三	其他		0.88
	招标业务费	按建安工作量累进计算	0.88

表 7-37　大喇嘛村河总预算表　　　　　　　　　　　　（单位:万元）

序号	工程或费用名称	建安工程费	设备购置费	独立费用	合计
I	工程部分投资				94.10
一	第一部分　建筑工程	79.57			79.57
二	第二部分　金属结构设备及安装工程				
三	第三部分　机电设备及安装工程				
四	第四部分　临时工程	6.25			6.25
五	第五部分　独立费用			8.28	8.28
	一至五部分合计	85.82		8.28	94.10
六	工程部分总投资				94.10
II	总投资				94.10

表 7-38　大喇嘛村河建筑工程预算表

序号	工程或费用名称	单位	工程量	单价(元)	合计(万元)
	第一部分　建筑工程				79.57
一	河道工程				79.57
	土方开挖	m³	4 819.50	1.93	0.93
	土方回填	m³	2 305.80	2.93	0.67
	土料压实	m³	2 305.80	5.27	1.22
	卵石	m³	928.00	378.00	35.08
	格宾网箱	m²	6 493.00	25.28	16.41
	植生袋	个	4 638.00	5.00	2.32
	六棱形生态砖	m²	840.00	130.00	10.92
	绿篱保护带	株	9 275.00	7.38	6.84
	撒播草籽	m²	5 565.00	0.28	0.15
	弃土运输	m³	2 513.70	18.14	4.56
	不锈钢展示牌	个	1.00	3 000.00	0.30
	警示牌	个	2.00	800.00	0.16

表 7-39　大喇嘛村河临时工程预算表

序号	工程或费用名称	单位	工程量	单价（元）	合计（万元）
	第四部分　临时工程				6.25
一	施工导流工程				1.32
	围堰土方填筑	m³	500	2.93	0.15
	土料压实	m³	500	5.27	0.26
	围堰拆除	m³	500	18.14	0.91
二	施工排水工程				3.48
	施工排水	台班	150	72.77	1.09
	柴油发电机组 30 kW	台班	50	477.00	2.39
三	施工临时道路				0.11
	临时道路土方填筑	m³	135	2.93	0.04
	土料压实	m³	135	5.27	0.07
三	施工房屋建筑工程				1.35
	施工仓库	m²	50	150.00	0.75
	办公、生活及文化福利建筑	m²	30	200.00	0.60

表 7-40　大喇嘛村河独立费用计算表

序号	工程或费用名称	计算及依据	合计（万元）
	第五部分　独立费用		8.28
一	建设管理费		2.57
（一）	项目建设管理费	按沈阳市人民政府办公厅 2005 年市长办公会议纪要第 356 号《关于水利建设基金等有关问题的会议纪要》计取	1.29
（二）	工程建设监理费	按沈阳市人民政府办公厅 2005 年市长办公会议纪要第 356 号《关于水利建设基金等有关问题的会议纪要》计取	1.29
二	科研勘测设计费	按沈阳市人民政府办公厅 2005 年市长办公会议纪要第 356 号《关于水利建设基金等有关问题的会议纪要》计取	4.72
三	其他		0.99
	招标业务费	按建安工作量累进计算	0.99

表 7-41　石庙子村河总预算表　　　　　　　　　　　（单位:万元）

序号	工程或费用名称	建安工程费	设备购置费	独立费用	合计
I	工程部分投资				123.36
一	第一部分　建筑工程	107.62			107.62
二	第二部分　金属结构设备及安装工程				
三	第三部分　机电设备及安装工程				
四	第四部分　临时工程	4.88			4.88
五	第五部分　独立费用			10.86	10.86
	一至五部分合计	112.50	0.00	10.86	123.36
六	工程部分总投资				123.36
II	总投资				123.36

表 7-42　石庙子村河建筑工程预算表

序号	工程或费用名称	单位	工程量	单价(元)	合计(万元)
	第一部分　建筑工程				107.62
一	河道工程				107.62
	清淤	m^3	12 882.70	1.80	2.32
	土方开挖	m^3	4 233.60	1.93	0.82
	土方回填	m^3	2 822.40	2.93	0.83
	土料压实	m^3	2 822.40	5.27	1.49
	浆砌石挡墙	m^3	2 956.80	221.51	65.50
	砂垫层	m^3	313.60	108.38	3.40
	沥青木板	m^2	313.24	126.45	3.96
	植生袋	个	1 000.00	5.00	0.50
	灌木栽种	株	1 493.00	46.98	7.01
	绿篱保护带	株	11 200.00	7.38	8.26
	撒播草籽	m^2	24 807.00	0.28	0.69
	混凝土 C20	m^3	12.80	494.90	0.63
	混凝土路面	m^2	15.75	27.06	0.04
	浆砌石基础	m^3	4.66	213.71	0.10
	模板	m^2	8.00	95.26	0.08
	承插式混凝土管($\phi 600 \times 60 \times 3\,000$)	m	6.00	160.00	0.10
	承插式混凝土管($\phi 600 \times 60 \times 3\,000$)铺设	m	6.00	55.92	0.03
	承插式混凝土管($\phi 600 \times 60 \times 2\,000$)	m	10.00	155.00	0.16
	承插式混凝土管($\phi 600 \times 60 \times 2\,000$)铺设	m	10.00	55.42	0.06
	弃土运输	m^3	12 882.70	10.50	13.52
	不锈钢展示牌	个	1.00	3 000.00	0.30
	警示牌	个	2.00	800.00	0.16

表 7-43　石庙子村河临时工程预算表

序号	工程或费用名称	单位	工程量	单价(元)	合计(万元)
	第四部分　临时工程				4.88
一	施工导流工程				1.19
	围堰土方填筑	m³	450	2.93	0.13
	土料压实	m³	450	5.27	0.24
	围堰拆除	m³	450	18.14	0.82
一	施工排水工程				2.34
	施工排水	台班	125	72.77	0.91
	柴油发电机组	台班	30	477.00	1.43
三	施工房屋建筑工程				1.35
	施工仓库	m²	50	150.00	0.75
	办公、生活及文化福利建筑	m²	30	200.00	0.60

表 7-44　石庙子村河独立费用计算表

序号	工程或费用名称	计算及依据	合计(万元)
	第五部分　独立费用		10.86
一	建设管理费		3.38
(一)	项目建设管理费	按沈阳市人民政府办公厅 2005 年市长办公会议纪要第 356 号《关于水利建设基金等有关问题的会议纪要》计取	1.69
(二)	工程建设监理费	按沈阳市人民政府办公厅 2005 年市长办公会议纪要第 356 号《关于水利建设基金等有关问题的会议纪要》计取	1.69
二	科研勘测设计费	按沈阳市人民政府办公厅 2005 年市长办公会议纪要第 356 号《关于水利建设基金等有关问题的会议纪要》计取	6.19
三	其他		1.29
	招标业务费	按建安工作量累进计算	1.29

表 7-45 主要材料价格预算表

序号	名称及规格	单位	预算价格（元）	单价(元)	
				原价	采购保管费
1	板枋材	m³	1 836.00	1 800	36.00
2	0#柴油	kg	8.65	8.65	
3	93#汽油	kg	10.22	10.22	
4	粗砂	m³	85.68	84	1.68
5	钢筋	t	3 570.00	3 500	70.00
6	沥青	t	4 488.00	4 400	88.00
7	碎石	m³	84.66	83	1.66
8	块石	m³	80.58	79	1.58
9	水泥 425		438.60	430	8.60
10	风	m³/min	0.18		
11	水	t	4.00		
12	电	kW·h	1.06		
13	C20 商砼	m³	354.00		
14	C25 商砼	m³	371.00		
15	C10 商砼		311.00		

表 7-46　施工机械台班费汇总表

序号	定额编号	名称及规格	台班费（元/台班）	其中		汽油用量（kg）	柴油用量（kg）	限价价差（元）
				一类费用（元/台班）	二类费用（元/台班）			
1	1002	挖掘机　液压 1 m³	705.30	374.51	330.79	74.50		350.15
2	1011	推土机　55 kW	329.62	121.33	208.29	39.50		185.65
3	1013	推土机　74 kW	508.88	253.34	255.54	53.00		249.10
4	1014	推土机　88 kW	626.79	336.25	290.54	63.00		296.10
5	1025	拖拉机　55 kW	253.84	54.30	199.54	37.00		173.90
6	1027	拖拉机　74 kW	379.84	136.55	243.29	49.50		232.65
7	1030	铲运机　2.75 m³	63.18	63.18				
8	1038	内燃压路机　12~15 t	353.08	169.29	183.79	32.50		152.75
9	1039	刨毛机	267.82	68.28	199.54	37.00		173.90
10	1040	蛙式打夯机　2.8 kW	88.28	7.12	81.16			
11	2002	混凝土搅拌机　0.4 m³	136.47	55.91	80.56			
12	2022	砼泵　30 m³/h	518.98	307.54	211.44			
13	2026	振动器　1.1 kW	12.16	9.62	2.54			
14	2028	振动器　2.2 kW	20.01	14.61	5.40			
15	2045	风(砂)水枪　6.0 m³/min	216.10	4.70	211.40			
16	3003	载重汽车　5 t	265.49	110.59	154.90		32.40	196.99
17	3010	自卸汽车　8 t	410.13	214.46	195.67	45.90		215.73
18	3022	胶轮车	5.40	5.40				
19	3025	机动翻斗车　1 t	72.86	14.04	58.82	6.80		31.96
20	4037	汽车起重机　5 t	287.80	121.56	166.24		26	158.08
21	4007	塔式起重机　10 t	619.02	354.63	264.39			
22	8015	污水泵　4 kW	72.77	17.10	55.67			
23	8016	污水泵　7.5 kW	97.89	23.15	74.74			
24	8028	电焊机　25 kVA	66.08	4.65	61.43			
25	8031	对焊机　150 型	407.25	32.88	374.37			
26	8033	钢筋弯曲机　40 kW	79.49	12.70	66.79			
27	8036	切筋机　20 kW	144.50	18.39	126.11			
28	8037	钢筋调直机　14 kW	100.42	27.27	73.15			
29	8051	土工膜热焊机	59.13	20.40	38.73			
30	8052	土工布缝边机	36.09	0.54	35.55			

表7-47　建筑工程单价汇总表

序号	名称	单位	单价(元)	其中								备注
				人工费(元)	材料费(元)	机械使用费(元)	其他直接费(元)	间接费(元)	企业利润(元)	材料限价(元)	税金(元)	
一	土方工程											
1	1m³挖掘机挖土	100 m³	193.29	8.77	5.38	98.74	5.98	5.94	8.74	53.71	6.03	Ⅲ类土
2	渠道土方开挖	100 m³	602.81	425.27	9.68	58.70	26.16	25.99	38.21	0.00	18.80	Ⅲ类土
3	土方回填	100 m³	292.58	171.57	8.58	0.00	9.55	9.48	13.94	0.00	6.86	Ⅲ类土,松实方转换系数1.33
4	土料压实	100 m³	527.42	48.63	28.38	235.21	16.55	16.44	24.16	141.60	16.45	
5	土料运输	100 m³	1 814.41	14.15	39.17	965.13	53.98	53.62	78.82	552.93	56.60	运距5 km
6	土料运输	100 m³	1 049.55	14.15	22.77	555.00	31.37	31.16	45.81	316.55	32.74	运距1 km
7	土料运输	100 m³	1 263.71	14.15	27.36	669.83	37.70	37.45	55.05	382.74	39.42	运距2 km
8	土料运输	100 m³	1 470.22	14.15	31.79	780.57	43.80	43.52	63.97	446.56	45.86	运距3 km
9	边坡整形	100 m²	125.36	101.64	1.02	0.00	5.44	5.41	7.95		3.91	
10	机械清淤	100 m³	180.62	8.77	5.02	91.69	5.59	5.55	8.16	49.88	5.96	
11	人工清淤	100 m³	422.45	288.79	6.78	50.38	18.34	18.21	26.78	0.00	13.18	
二	砌石工程											
1	人工铺筑砂垫层	100 m³	10 837.80	899.92	3 605.70		238.80	237.22	348.71	5 169.36	338.09	
2	人工铺筑反滤料	100 m³	11 240.21	1 056.99	5 228.01		333.10	330.91	486.43	3 454.13	350.64	
3	干砌块石	100 m³	12 731.86	1 499.15	5 858.00	70.63	393.67	391.07	574.88	3 547.28	397.18	

| 序号 | 名称 | 单位 | 单价(元) | 其中 | | | | | | | | 备注 |
				人工费(元)	材料费(元)	机械使用费(元)	其他直接费(元)	间接费(元)	企业利润(元)	材料限价(元)	税金(元)	
4	浆砌石墙	100 m³	22 151.23	2 270.03	9 946.25	281.67	662.39	658.02	967.29	6 674.56	691.02	
5	浆砌石桥墩	100 m³	22 546.33	2 504.19	9 998.80	285.37	677.78	673.31	989.76	6 713.77	703.34	
6	浆砌石基础	100 m³	21 371.24	1 807.09	9 893.70	279.44	634.95	630.76	927.22	3 302.64	562.72	
三	混凝土工程										0.00	
1	小体积混凝土 C25	100 m³	53 500.86	3 417.02	38 977.26	1 004.64	2 300.14	2 741.94	3 390.87	0.00	1 668.99	
2	混凝土基础 C20	100 m³	49 490.21	1 182.00	37 191.24	1 772.32	2 127.71	2 536.40	3 136.68	0.00	1 543.87	
3	钢筋制安	t	5 039.06	359.90	3 154.55	130.85	193.20	172.73	280.79	589.85	157.20	
4	沥青木板	100 m²	12 645.09	833.71	8 064.97	3.02	471.79	562.41	695.51	1 619.20	394.47	
5	沥青油毡伸缩缝	100 m²	17 030.70	858.65	12 953.21	3.13	732.19	872.83	1 079.40	0.00	531.28	
四	模板工程										0.00	
1	普通平面木模板制作	100 m²	5 639.52	230.31	2 614.95	242.98	163.68	260.15	245.85	1 705.68	175.93	
2	普通平面木模板安装、拆除	100 m²	3 791.92	556.27	1 639.79	562.80	146.22	232.41	219.62	316.52	118.29	
五	堤防防护工程										0.00	
1	土工膜铺设	100 m²	1 429.64	39.33	1 102.40	7.13	60.89	84.68	90.61		44.60	
2	土工布铺设	100 m²	1 126.74	32.33	873.12	0.00	47.99	66.74	71.41		35.15	
3	格宾网箱	100 m²	2 527.68	49.89	1 981.35	0.00	107.66	149.72	160.20		78.85	

续表 7-47

序号	名称	单位	单价(元)	其中								备注
				人工费(元)	材料费(元)	机械使用费(元)	其他直接费(元)	间接费(元)	企业利润(元)	材料限价(元)	税金(元)	
4	土工格栅	100 m²	2 061.21	49.89	1 606.50	0.00	87.79	122.09	130.64		64.30	
六	绿化工程											
1	绿篱栽种	100 株	737.54	53.97	538.72	0.00	31.41	43.69	46.75		23.01	
2	灌木栽种	100 株	4 697.72	53.97	3 721.12	0.00	200.08	278.26	297.74		146.55	
3	撒播草籽	1 hm²	2 774.65	129.71	2 100.00		118.17	164.35	175.86		86.56	
七	其他工程											
1	混凝土管铺设	1 km	76 797.66	17 799.33	32 217.44	8 958.56	3 125.69	4 347.07	4 651.37	3 302.47	2 395.74	φ800×80×3 000
2	混凝土管铺设	1 km	76 272.85	17 799.33	31 795.70	8 958.56	3 103.34	4 315.98	4 618.10	3 302.47	2 379.37	φ800×80×2 000
3	混凝土管铺设	1 km	55 915.08	12 183.31	24 136.51	6 621.34	2 275.88	3 165.19	3 386.76	2 401.80	1 744.30	φ600×60×3 000
4	混凝土管铺设	1 km	55 417.32	12 183.31	23 736.51	6 621.34	2 254.68	3 135.71	3 355.21	2 401.80	1 728.77	φ600×60×2 000
5	混凝土管铺设	1 km	110 331.97	23 975.42	43 473.72	16 190.05	4 432.88	6 165.04	6 596.60	6 056.40	3 441.86	φ1 000×100×3 000
6	混凝土路面	1 000 m²	49 650.92	3 219.87	34 758.47	1 340.58	2 083.90	2 898.20	3 101.07	125.12	1 530.38	厚 9 cm
7	混凝土路面	1 000 m²	27 726.28	2 405.35	18 467.81	1 063.63	1 162.65	1 616.96	1 730.15	414.80	864.94	厚 5 cm
8	砂石路面	1 000 m²	41 372.65	2 569.97	29 823.69	588.73	1 748.07	2 431.13	2 601.31	319.12	1 290.64	厚 30 cm

7.13 经济评价

7.13.1 采用的价格水平、主要参数及评价准则

国民经济评价的依据是《水利建设项目经济评价规范》(SL 72—2013)及《建设项目经济评价方法与参数》(第三版),在有、无该工程项目情况下,从社会整体的角度考虑工程效益增量和增加的费用。用影子价格、社会折现率计算分析工程给国民经济带来的净效益,评价工程国民经济的合理性。

工程效益和费用计算:工程效益主要为水土保持效益和改善水环境的效益,费用为水利部门的投资、增加的年运行费和流动资金。

7.13.2 费用估算

7.13.2.1 投资

(1)扣除国民经济内部转移的税金和计划利润后共计781万元。

(2)其他费用不做调整。

(3)国民经济评价投资总计为781万元。

7.13.2.2 年运行费及流动资金

本项目不投入年运行费和流动资金。

7.13.3 效益估算

7.13.3.1 经济效益

本项目属公益性项目,水土保持效益及改善水环境效益可作为经济评价的经济效益,工程实施后,每年可减少损失100万元。

7.13.3.2 社会效益

工程的实施不仅具有一定的经济效益,而且具有广泛的社会效益。工程实施后,可有效改善村屯的人居环境,促进新型城镇化和美丽乡村建设。

不计社会效益和生态环境效益,共增加效益为100万元。

7.13.4 经济效益指标计算

国民经济现金流量表的经济计算期取21年,其中建设期1年。依据《水利建设项目经济评价规范》(SL 72—2013)及《建设项目经济评价方法与参数》(第三版),基准年选择建设期第一年年初,费用和效益按照年末结算,社会折现率取8%。经计算可知,如果不计节水转换效益,经济净现值为185.94万元,经济内部收益率为11.30%,大于8%。因此,项目国民经济评价是可行的。

第8章　沈阳康平县上沙金台村河道治理工程实例

8.1　工程区概况

沙金乡全称为沙金台蒙古族满族乡,位于康平县西部46 km处,全乡由12个行政村组成,乡政府所在地为西扎哈气村。截至2014年年底,乡总户数6 293户,总人数18 463人。

本次工程所在地为康平县沙金乡上沙金台蒙古族满族村,位于乡西北端,与内蒙古科尔沁左翼后旗接壤。沙金村由4个自然屯组成,村委会所在地距乡政府约5 km,村最远处距沈阳市中心区180 km。截至2014年年底,全村户籍总数497户,总人口1 430人,其中男719人,女711人。全村蒙古族、满族等少数民族人口约占80%。在总户籍中农业户321户,农业人口1 251人。沙金村总面积16 927亩,其中村集体所有农业用地面积5 769亩,林地面积3 744亩,其他用地面积7 414亩。现有耕地面积6 828(1 095亩机动地)亩,人均耕地面积为5.5亩,以种植玉米为主。目前畜禽养殖项目主要是牛、羊、猪、鸡。其中,养牛户约100户,2014年养牛397头,户均养殖1.2头;养羊户约40户,2014年养羊2 246只,人均养羊1.6只;养鸡户9户,户均存栏8 000只。除鸡为集中规模养殖外,其他养殖都以家庭散养为主。2014年人均纯收入约5 000元。2014年建档立卡贫困户(国标)129户400人。上沙金台河穿村而过,本次治理村屯段河道长度为1 420 m。

8.2　河道现状及存在问题

8.2.1　工程范围

本次村屯河道治理工程范围(见表8-1)是以上沙金台河的现状为基础,结合新农村建设的实际情况,以穿越村屯型河道为治理对象,因地制宜确定的。通过本次工程解决现状农村村屯段河道的脏、乱、差等问题,改善当地群众生活环境,方便百姓出行。

表8-1　上沙金台河河道治理工程范围

乡镇	村屯名	河道名	治理长度(m)
沙金乡	上沙金台村	上沙金台河	1 420

图8-1为上沙金台村卫星图片。

8.2.2　河道现状

上沙金台河的主要任务是承接两侧村庄及农田的排水,村屯段总河长1 420 m。上沙

图 8-1　上沙金台村卫星图片

金台村地处山区丘陵区,现状河道总体比降1/100,由于从未治理,局部河道多年淤阻,岸坡局部冲刷、脱坡,河岸坡开荒现象严重,河道内杂草丛生。河道宽度在2~6 m,主要河段两侧分布有耕地及部分住房,沿河垃圾多年未曾清理,淤积阻塞河道。河道堤坡及堤顶有电杆等建筑,个别树木也栽植在河道内。河道现状及存在问题如下。

上游河道底宽较窄,河道杂草茂密,岸坡冲刷严重,河深0.5~1.0 m,缺乏防护(见图8-2)。

图 8-2　上游河道现状

中游河道内依然存在岸坡冲刷严重等问题,部分河段出现垃圾倾倒等污染情况,影响河道行洪,河型较不规则(见图8-3)。

图8-3　中游河道现状

下游河道垃圾阻塞,局部河段冲刷严重,岸坡缺乏防护,水土流失严重,因垃圾长期堆积,水质日趋恶化(见图8-4)。

图8-4　下游河道现状

在河道中上游,桩号0+440～0+630段,现状湖区面积约9 000 m²,雨季蓄水,用于村内农作物旱季浇灌,由于多年淤积,未曾清理,蓄水量逐年下降(见图8-5)。同时,随着村内文化旅游产业的发展,湖区紧邻公路,裸露的岸坡、淘刷的堤岸如果进行治理,必将成为村内的主要景观节点。

在河道中下游,桩号0+730位置,为村内另一处水面,也因没有合理规划整治,造成垃圾大量倾倒,水质恶化(见图8-6)。

图 8-5　中上游湖区现状

图 8-6　中下游水面现状

8.2.3　涉河建筑物现状

桩号 0 + 180 处,缺少跨河桥涵,往年汛期,洪水溢流,影响过往村民的正常出行(见图 8-7)。

桩号 0 + 230 处,原有跌水已经破坏失效(见图 8-8)。

桩号 0 + 280 ~ 0 + 440 段,河道入湖区前,河底比降较陡,原有拦砂坎冲毁(见图 8-9)。

桩号 0 + 655 ~ 0 + 725 段,河道较陡,河水通过原有公路涵下泄时,该河段冲刷现象十分严重(见图 8-10)。

对河道存在的问题进行汇总,涉河建筑物现状统计表见表 8-2。

图 8-7　缺少跨河桥涵位置现状

图 8-8　破损跌水现状

图 8-9　冲毁拦砂坎现状

图 8-10 缺少防冲建筑河段现状

表 8-2 涉河建筑物现状统计表

序号	桩号	建筑物名称	存在问题
1	0 + 180	跨河桥涵	缺少跨河桥涵
2	0 + 230	跌水	河底高差大,缺少跌水
3	0 + 280 ~ 0 + 440	拦砂坎	冲刷加剧,缺少拦砂坎
4	0 + 655 ~ 0 + 725	拦水坎	比降大,缺少拦水坎

8.3 工程建设目标及建设标准

8.3.1 工程建设目标

根据村屯河道运用功能、地形地势及实际施工条件,对冲刷段进行护砌,对淤积段进行清淤,对村屯段河道进行集中治理,在满足村屯河道过流需要的同时,增加湖区蓄水能力,应对地区干旱少雨的气候条件,同时进行美丽乡村建设,打造宜居乡村典范。此外,拆除阻水建筑物,新建跌水、拦砂坎等,降低河道比降;新建过路涵,方便百姓通行;栽植适宜乔、灌木树种,坡面补播草籽,应对当地干旱多沙的恶劣天气,增加水土保持面积,防风固沙。村屯段河道整体清淤、清障,河道两侧清理垃圾。

针对上沙金台村河道存在的问题,通过对河道的清理疏浚、堤岸的修复及衬砌,恢复完善源头小河道的基本功能,与新农村建设相协调,为村民提供良好的生活环境。本次河道治理工程的设计目标如下:

(1)充分体现以人为本的设计理念,工程开展过程中要确保地区人民群众的正常生活,通过 2016 年对上沙金台村村屯河道的治理,促进基础设施建设,促进区域经济健康、持续的发展。

(2)绿化、亮化相结合,以提高居住环境质量为目标。本次设计针对上沙金台村村屯河道存在的主要问题,以上沙金台村河道天然现状为基础,考虑河道流势的合理性,坚持因势利导原则,兼顾上下游及左右岸统筹布置,尽量尊重原有河道的自然形态。治理方案即在清淤、清障、防护的基础上,改善河道阻塞、冲刷的现状,疏浚、护砌河道,提高过流能力。

8.3.2 设计依据及技术标准

(1)《水利水电工程初步设计报告编制规程》(SL 619—2013);
(2)《堤防工程设计规范》(GB 50286—2013);
(3)《河道整治设计规范》(GB 50707—2011);
(4)《水利水电工程边坡设计规范》(SL 386—2007);
(5)《水工建筑物抗冰冻设计规范》(GB/T 50662—2011);
(6)《水工混凝土结构设计规范》(SL/T 191—2008);
(7)《水利水电工程施工组织设计规范》(SL 303—2004);
(8)《水利水电工程施工导流设计规范》(SL 623—2013);
(9)《水利水电工程围堰设计规范》(SL 645—2013);
(10)《堤防工程管理设计规范》(SL 171—96);
(11)《水利水电工程环境保护设计规范》(SL 492—2011);
(12)《水土保持工程初步设计报告编制规程》(SL 449—2009);
(13)《水利建设工程经济评价规范》(SL 72—2013)。

8.3.3 工程规划标准

工程建设尽量采用适宜河道的技术、方法以及材料,设计方案力求解决实际问题,材料就地选取,保证质量,加强管理,做到因地制宜、经济合理、技术先进、运行可靠。

工程建设主要依据《沈阳市宜居乡村建设实施方案》(沈政发〔2014〕46 号文件)。

8.4 工程总体布置

8.4.1 工程布置总原则

河道轴线布置尽量结合现状,因地制宜,合理规划。以上沙金台村村屯河道天然现状为基础,考虑河道流势的合理性,尽量尊重原有的自然形态,对个别淤积严重地段进行清淤整形,对坡面淘刷、坡面破坏段进行护砌,对涉河建筑物过流能力严重不足、普遍阻水、破损等情况进行扩建及新建,满足河道正常运行。河道轴线严格按照原有河道走势,不与民争利,不占地,主体工程全部布置在河道管护范围之内。

8.4.2 工程等级与标准

上沙金台村村屯河道治理工程措施主要包括清滩、清障、边坡防护、阻水建筑物扩建等。2016 年开展河道清淤、土方开挖和浆砌石基础、湖区联锁式水工砖挡墙护岸,以及栽植乔、灌木等水土保持措施一系列治理工作,治理总长度 1 420 m。

本次河道治理工程受征地条件限制,无法按照防洪标准进行大规模治理,工程设计过流按河道清淤后能够排泄的正常流量及水位确定,根据工程等别的有关规定,确定上沙金台村村屯河道治理工程河道及涉河建筑物级别均为 5 级。

8.4.3 河道工程

本次上沙金台村河道现状存在问题较普遍,是目前困扰村屯河道的共性问题。本次设计以河道天然现状为基础,利用河道多年运行常水位,确定适宜的护砌形式及高度,因势利导。

结合设计河底比降,河道两侧采用护坡工程,护坡形式因河段而异,形式包括浆砌石护坡、联锁式水工砖护岸、干砌石护坡、格宾石笼等形式。堤坡整形后,护砌以上坡面播撒草籽恢复原有植被,栽植护堤乔、灌木,起到水土保持、固岸护坡的作用。

8.4.4 涉河建筑物工程

本次工程将对破损失效的建筑物进行改造,满足村内河道正常运行以及排水等实际需要。

8.5 河道及涉河建筑物工程设计

本次村屯河道治理工程中河道工程主要包括河道清淤疏浚,岸坡整形,坡面、坡脚护砌,跨河路涵新建,以及水土保持等生态措施。

8.5.1 纵断面设计

河道长 1 420 m,现状河道比降 1/100 左右,由于从未治理,冲刷严重,局部河道出现淤阻。

纵断面设计结合原有比降,为使河道正常运行,河道应满足不冲、不淤的要求。平顺河底高程,使水流通畅,避免填、挖过大,增加土方量。治理长度 1 420 m,设计比降:湖区上游河段 1/100,湖区下游河段 1/110。河流宽度的确定控制在河道管护范围内,满足河道过流要求,且在不涉及征占地情况下适当拓宽。根据实地水痕测量以及管理人员介绍,河道正常运行水深 0.2~0.5 m。

河道纵断面设计特性值详见纵断面图(见图 8-11)。

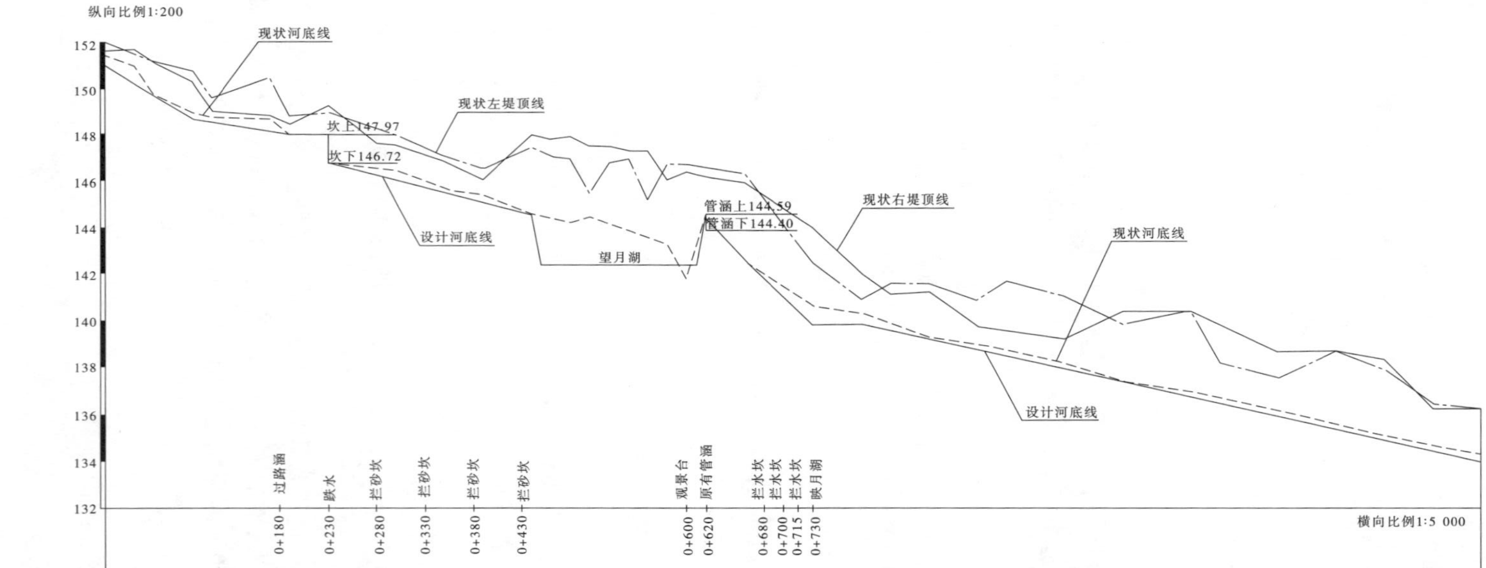

图 8-11 上沙金合村河道治理工程纵断面图

纵向比例1:200　　横向比例1:5 000

现状河底线　设计河底线　现状右堤顶线　现状左堤顶线　望月湖

管涵上144.59　管涵下144.40

状上147.97　状下146.72

桩号	现状左堤高程	现状右堤高程	现状河底高程	比降	设计河底高程
0+000	151.44	151.62	151.98		151.00
0+030	150.99	151.70	151.52		150.22
0+050	149.77	151.14	151.12		149.70
0+090	148.93	150.31	150.79		148.67
0+110	148.72	151.00	149.59		148.52
0+170	148.66	148.82	150.49		148.09
0+190	147.95	148.43	148.77		147.95
0+230	147.97	149.25	148.96		147.95
0+280	146.45	147.85	148.28		146.16
0+300	146.41	147.50	147.93		145.96
0+350	145.64	146.80	147.01		145.46
0+390	145.37	146.01	146.46		145.06
0+440	144.56	147.95	147.42		144.56
0+460	144.35	147.77	147.02		142.35
0+480	144.19	146.92	147.88		142.35
0+500	144.43	145.40	147.46		142.35
0+520	144.10	146.74	147.45		142.35
0+540	143.85	146.92	147.27		142.35
0+560	143.52	145.14	147.25		142.35
0+580	143.28	144.69	145.99		142.35
0+600	141.77	146.34	146.66		142.35
0+620	144.40	146.13	146.50		144.40
0+660	142.56	145.87	145.27		142.56
0+730	140.61	144.00	142.46		139.80
0+780	140.30	140.89	142.03		139.82
0+810	139.82	141.12	141.57		139.55
0+850	139.30	141.22	141.55		139.18
0+900	139.99	139.75	140.82		138.73
0+930	138.72	139.53	141.68		138.45
0+990	138.16	139.22	141.03		137.91
1+050	137.53	139.82	140.37		137.36
1+120	136.95	140.37	140.41		136.73
1+150	136.70	138.19	139.70		136.45
1+210	136.17	137.51	138.51		135.91
1+270	135.55	138.73	138.70		135.36
1+320	135.10	137.90	138.34		134.91
1+370	134.68	136.47	136.21		134.45
1+420	134.34	136.25	136.24		134.00

比降：1/100

8.5.2 河道设计

河道治理总长度 1 420 m。

（1）桩号 0 +000 ~ 0 +140 段,河道清淤整形,底宽 1 ~ 2 m,边坡 1 : 1. 5。

（2）桩号 0 +140 ~ 0 +170 段,河道清淤整形,右岸采用浆砌石护坡,护坡高 0. 7 m,底宽 2 m,边坡 1 : 1. 5。

（3）桩号 0 +170 ~ 0 +440 段,采用浆砌石护坡,护坡高 1. 3 m,底宽 2 m,边坡 1 : 1. 5。

（4）桩号 0 +180 处,新建过路涵。原河道缺少跨河建筑物,河水经常漫过村路。本次修建过路涵,满足上游村民正常通行的要求,同时满足河道正常过流的需要。具体尺寸:跨度 3. 0 m,净空 1. 0 m,净宽 3. 0 m。桩号 0 + 230 处,新建跌水;桩号 0 + 280 ~ 0 +440 段,每 50 m 设置一道拦砂坎,共 4 道。

（5）桩号 0 +440 ~ 0 +630 段,利用现状蓄水池,清淤整形,修建望月湖。望月湖湖区清淤、护砌:望月湖湖区枯水位 144. 4 m,正常水位 145. 4 m,水面面积 9 200 m²,正常蓄水量 2. 3 万 m³。湖区护砌长度 522 m,高程 145. 0 m 以下采用干砌石护坡护砌,高程 145. 0 ~ 145. 8 m 采用联锁式水工砖形式护砌,湖区内堤肩栽种树木,株距 1. 0 m,旱柳与迎春穿插栽种。护砌采用联锁式水工砖及干砌石相结合的护坡形式。干砌石护坡边坡分别为 1 : 5 与 1 : 15,联锁式水工砖护坡边坡为 1 : 3。

望月湖现状如图 8-12 所示,望月湖治理预期效果如图 8-13 所示。

图 8-12　望月湖现状

（6）桩号 0 +585 ~ 0 +625 段,采用浆砌石护坡、护底,护坡高 1. 3 m,底宽 5 m,边坡 1 : 1. 5。其中桩号 0 + 600 处望月湖左岸堤顶面积 340 m²,本次进行堤顶改造,修建观景台。现状堤顶垃圾堆积、雨水侵蚀、水土流失较为严重。本次工程改造为观景台后,汛期巡堤及养护时,作为防汛平台,日常可作为村民休憩的观景台,推进宜居乡村建设。基础铺设山皮石找平,路面铺设砂石路面及路边石。河道桩号 0 +600 处附近人工清除垃圾。桩号 0 +620 处为原有管涵,本次仅对涵管内淤积进行清理,疏浚河道。

（7）桩号 0 +655 ~ 0 +725 段,采用浆砌石挡土墙护砌,墙高 1. 0 m,护砌长 130 m。该

图 8-13　望月湖治理预期效果

段河道较陡,修建 3 处拦水坎。桩号 0 + 655 ~ 0 + 665 段,采用格宾石笼反滤护底。

(8)桩号 0 + 725 ~ 1 + 420 段,河道清淤整形 700 m,底宽 2 m,边坡 1:1.5。

(9)映月湖湖区清淤、绿化:桩号 0 + 730 处,湖区水面拓宽最大宽度 13 m,清除淤积,补植适宜的乔、灌木树种,提高植被覆盖率。

映月湖现状如图 8-14 所示,映月湖治理预期效果如图 8-15 所示。

图 8-14　映月湖现状

(10)工程末端河道清淤清障、堤坡整形后,与下游河道平顺衔接。

上沙金台村河道治理横断面如图 8-16 所示,望月湖标准断面如图 8-17、图 8-18 所示。

8.5.3　河道设计主要材料要求

(1)土料:原土回填,剩余土方优先在邻近回填,水土保持部分外购种植土;剩余土料外运至业主指定的 1#、2# 弃土场,平均运距 2 km 和 1 km。

(2)石料:质地坚硬,硬度高,抗风化性强,不易破碎及不易溶蚀,石料新鲜,无脱落层和裂纹,强度等级要求 Mu30。主体块石粒径不小于 25 cm,用量不低于石料总量的 90%,厚度 20 ~ 30 cm,形状大致方正,宽度为厚度的 1 ~ 1.5 倍;填缝石料粒径不小于 15 cm,用

图 8-15 映月湖治理预期效果

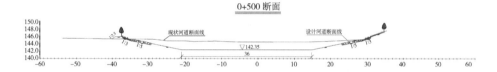

图 8-16 上沙金台村河道治理横断面图

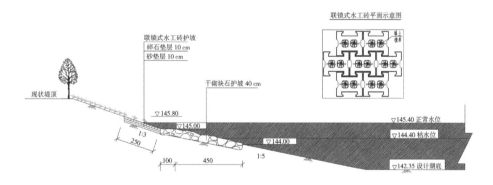

图 8-17 望月湖标准断面图(一)

量不高于石料总量的 10% 。物理力学指标均满足监理、质检等规范要求。

(3)砂:采用中粗砂。砂砾:满足级配要求。碎石:级配碎石。物理力学指标均满足监理、质检等规范要求。

(4)水泥:普通硅酸盐水泥,强度等级 42.5。水泥存放期超过 3 个月时,应注意折减标号。

(5)水泥砂浆:砌石强度等级采用 M10。

(6)沥青木板:采用 2 cm 厚的松木板,等级不低于 2 级,四面刨光,油浸处理。

(7)混凝土:搅拌机现场拌制,胶轮车倒运,混凝土强度等级 C25,抗渗等级 W4,抗冻

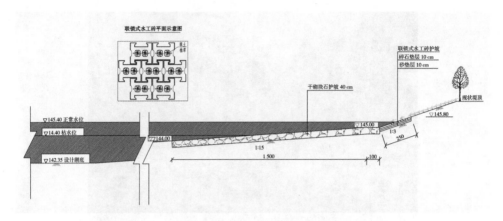

图 8-18 望月湖标准断面图(二)

标号 F200,水泥为普通硅酸盐水泥。素混凝土垫层标号为 C15,素混凝土垫层厚 10 cm。桥面板采用预制钢筋混凝土构件。

(8)钢筋:直径小于 8 mm 为 Ⅰ 级钢,用 φ 表示,f_y 不小于 235 N/mm^2;直径大于 8 mm 为 Ⅱ 级钢,用 ⊕ 表示,f_y 不小于 335 N/mm^2。

(9)格宾网:孔尺寸 60 mm×80 mm,网面钢丝直径 ≥2.7 mm,高镀锌量钢丝焊接(热镀锌),镀锌质量 >215 g/m^2,满足高抗拉性、高抗蚀性、优良变形性及不易散开等要求。分体板由人工捆绑,捆绑材料为镀锌 20$^\#$ 铁丝。

(10)绿篱墙(小叶黄杨、女贞):H(株高)≥0.4,W(冠幅)≥0.4,N(分枝数)7~8,株距 0.05 m。

(11)灌木:紫丁香、迎春 H≥1.2,W≥1.0,N12~15;水蜡球 H≥0.8,W≥0.6,N12~15;金焰绣线菊 H≥0.4,W≥0.4,N7~8。

(12)乔木:旱柳 D(胸径)8~10 cm。

(13)联锁式水工砖尺寸规格为双孔,长×宽×高为 430 mm×400 mm×120 mm,单块质量不小于 26 kg,抗压强度 30 MPa。

8.5.4 河道附属工程设计

取土、弃土:弃土及河道内垃圾均清理并外运至指定弃土场和垃圾填埋场。

警示牌、展示牌:公路桥附近设置工程展示牌 2 处,介绍工程重要性及治理前后河道变化,并在河道上、中、下游分别设置不锈钢警示牌 6 处,提醒水深,注意安全。

8.6 河道工程施工

主要工程内容为河道清淤、坡面整形、填筑。

采用 1 m^3 挖掘机挖土,74 kW 推土机推土集料,将挖出利用的土料堆放在一起,以备填筑时利用。剩余土料采用 1 m^3 挖掘机开挖、8 t 自卸汽车运输至弃土场集中堆放。

回填料来源于河道清淤土料,采用 1 m^3 挖掘机装、8 t 自卸汽车运输至工作面,74 kW 推土机摊平,74 kW 拖拉机压实,边角地段采用 2.8 kW 蛙式打夯机补夯。

8.7 浆砌石护坡与护脚、跌水、拦砂坎工程

主要工程内容为土方开挖、浆砌石砌筑、土方回填。

土方开挖:采用 1 m³ 挖掘机开挖,放置渠道中用于基础回填及堤坡恢复填筑,多余土方采用 8 t 自卸汽车运输至弃土场,运距 2 km。

浆砌石砌筑:采用自卸汽车运输所需材料至料场,采用 1 t 翻斗车运输至工作面附近,人工倒运至工作面,人工采用铺浆法砌筑块石。

土方回填:回填料来源于河道清淤土料,采用 1 m³ 挖掘机装、8 t 自卸汽车运输至工作面,74 kW 推土机摊平,74 kW 拖拉机压实,边角地段采用 2.8 kW 蛙式打夯机补夯。

8.7.1 砌筑方法

(1)使用石料必须保持清洁,受污染或水锈较重的石块应冲洗干净。在铺砌前,将石料洒水湿润,使其表面充分吸收,但不得残留积水。砌筑时选取砌筑面良好的块石。

(2)砌筑墙体的第一皮石块应坐浆,且将大面朝下。砌体第一皮及转角处、交接处和洞口处应选用较大的石料砌筑。

(3)砌石采用铺浆法砌筑,铺浆厚度控制在 30~50 mm,砂浆标号 M10,当气温变化时,应适当调整,砌筑砂浆用砂浆搅拌机拌制,随拌随用。

(4)砌石必须采用铺浆法砌筑,砌筑时,石块宜分层卧砌,内外搭砌,上下错缝,拉砌石、顶砌石交错设置,不得采用外面侧立石块、中间填心的砌筑方法。砌筑时,砌石达到边缘顺直、砌筑密实、平整、搭压牢靠整齐,确保砌体外露面平整美观。已砌好的砌体,在抗压强度达到 2.5 MPa 前不得进行上层砌石的准备工作。浆砌石墙前齿回填土高程至设计渠底高程。

(5)石块间较大的空隙应先填塞砂浆,后用碎块石或片石嵌实。不得采用先摆碎块石后填砂浆或干填碎块石的方法施工,确保石块间不相互接触。

(6)石墙必须设置拉结石。拉结石必须均匀分布、相互错开,一般每 0.7 m² 墙面至少应设置一块,且同皮内的中距不应大于 2 m。拉结石的长度,若墙厚等于或小于 40 cm,应等于墙厚;墙厚大于 40 cm 时,可用两块拉结石内外搭接,搭接长度不应小于 150 mm,且其中一块长度不应小于墙厚的 2/3。

(7)砌筑时砌缝用砂浆充填饱满,砌缝内砂浆用扁铁插捣密实,砌体外露面预留深度不大于 4 cm、水平缝宽不大于 4 cm 的空隙,采用 M10 的水泥砂浆勾缝。砌筑完进行洒水养护。

(8)雨天施工不得使用过湿的石块,以免砂浆流淌,影响砌体的质量,并做好表面的保护工作。如没有做好防雨棚,降雨量大于 5 mm 时,应停止砌筑作业。如需冬季施工,在不采取防冻措施的情况下,施工温度不得低于 0 ℃。

(9)每隔 10 m 设置一道伸缩缝。严格按照设计要求的位置进行砌体伸缩缝埋设,沥青木板安装牢固,灌封密实,外观整齐美观。

8.7.2　成品保护及养护

砌筑完成的构筑物要注意成品保护,避免碰撞,砌体外露面宜在砌筑后及时养护。

砌体外露面养护:砌体在砌筑后 12 ～ 18 h 应及时养护,经常保持外露面的湿润。水泥砂浆砌体养护时间不少于 14 d。当勾缝完成和砂浆初凝后,砌体表面应刷洗干净。在养护期间应经常洒水,使砌体保持湿润,避免碰撞和振动。

8.8　格宾石笼工程

主要工程内容为土方开挖、格宾石笼挡墙砌筑、土方回填。

土方开挖:采用 1 m³ 挖掘机开挖,放置渠道中用于围堰填筑、基础回填及堤坡恢复填筑,多余土方采用 8 t 自卸汽车运输至堤防填筑段,运距 1 km。

格宾石笼挡墙砌筑:采用自卸汽车运输所需材料至料场,采用 1 t 翻斗车运输至工作面附近,人工倒运至工作面,人工铺设格宾石笼网箱、砌筑块石。

土方回填:回填料来源于河道清淤土料,采用 1 m³ 挖掘机装、8 t 自卸汽车运输至工作面,74 kW 推土机摊平,74 kW 拖拉机压实,边角地段采用 2.8 kW 蛙式打夯机补夯。

8.9　干砌块石工程

主要工程内容为土方开挖、干砌石砌筑、选石、修石、砌筑、填缝、找平、局部土方回填。

土方开挖:采用 1 m³ 挖掘机开挖,放置渠道中用于基础回填及堤坡恢复填筑,多余土方采用 8 t 自卸汽车运输至弃土场,运距 2 km。

干砌石砌筑:采用自卸汽车运输所需材料至料场,采用 1 t 翻斗车运输至工作面附近,人工倒运至工作面,人工砌筑块石。

砌筑时,石块宜分层卧砌,内外搭砌,上下错缝,拉砌石、顶砌石交错设置,不得采用外面侧立石块、中间填心的砌筑方法。砌筑时,砌石达到边缘顺直、砌筑密实、搭压牢靠整齐,确保砌体外露面美观、密实。

8.10　联锁式水工砖工程

施工铺设时,首先要将防护坡面按照设计坡面进行整形,基础坡面夯实后无沉陷。铺设砂垫层、碎石垫层,分层压实,无沉陷,基层稳定后,铺设水工砖。砖孔内填充种植土(内含草籽),并进行必要的养护。铺设结束后,对砖面统一打扫清理,去除残土。铺设好的水工砖间缝隙小于 0.5 cm。

具体要求如下:

(1)按照设计边坡坡度要求,进行边坡地基处理,清除杂草、树根、突出物,用适当的材料填充空洞并振实,使边坡表面平整、密实,并符合设计边坡要求。

（2）在已完成的基础面上铺设垫层。

（3）挖掘边沿基坑,坑底填以适当的材料并振实,砌筑下沿趾墙（干砌石护坡）,用混凝土或毛石混凝土将剩余部分的趾墙连同锚固入趾墙的联锁砖一起砌筑,使趾墙符合设计要求的尺寸。

（4）固定好第一行后,从下边沿开始联锁铺设联锁式护坡砖,砖的长度方向沿着水流反向铺设,下沿第一行砖有一半砌入趾墙中,与毛石或混凝土趾墙相锚固,下沿的第二行联锁砖的下边沿与趾墙墙面相交。

（5）从左（或右）下角铺设其他护坡砖,铺设方向与趾墙平行,不得垂直趾墙方向铺设,以防产生累计误差,影响铺设质量。

（6）用少量干砂、碎石及种植土填充砖孔和接缝。

（7）为形成转角或直边,可用无齿锯切割护坡砖以得到相应的规格和角度。

（8）检查坡面平整度,对不符合的局部地区进行二次处理,直至达到设计标准。

8.11 过路涵工程

土方开挖、回填:采用 1 m³ 挖掘机开挖,就近堆料备用,当建筑物主体完工,混凝土达到回填压实强度要求后,采用 74 kW 推土机回填,人工分层夯实。

浆砌石砌筑:采用自卸汽车运输所需材料至料场,采用 1 t 翻斗车运输至工作面附近,人工倒运至工作面,人工采用铺浆法砌筑块石。

模板工程:采用普通标准钢模板,模板内侧涂脱模剂,人工拆除。

钢筋制安:钢筋在加工厂加工成型,机动翻斗车运输,人工转运入仓。钢筋严格按设计布设,架立筋固定,绑扎及焊接严格按照规范执行。进入现场的钢筋不允许直接放在地面上,不允许露天存放,要有遮盖物。钢筋安装时,应横平竖直,应严格控制保护层厚度,使用时应进行防腐除锈处理。

现浇混凝土构件:混凝土现场拌制,混凝土场内运输采用机动翻斗车,混凝土入仓后采用 1.1 kW 插入式振动器平仓、振捣。

素混凝土垫层、粗砂垫层:采用 8 t 自卸汽车运输至工作面,机动翻斗车二次倒运至作业面,人工摊铺、洒水、压实。

8.12 生态、植被恢复工程

主要工程内容为坡面播撒草籽,栽植乔、灌木工程。

采用 8 t 自卸汽车运输所需苗木至工作面附近,人工倒运至工作面,人工种植。

选择的苗木品种纯正,生长健壮,规格、质量符合设计规范要求。严禁选用带有危害性病虫的苗木。按照苗木养护规范进行合理养护、保活。

8.13 环境保护设计

8.13.1 设计依据

采取相应的措施,使施工期环境污染降到最低标准,符合有关规定的要求。

相关规定主要有:

(1)《中华人民共和国环境影响评价法》;

(2)《中华人民共和国大气污染防治法》;

(3)《中华人民共和国环境噪声污染防治法》;

(4)《中华人民共和国固体废物污染环境防治法》;

(5)《中华人民共和国水污染防治法》;

(6)《环境影响评价技术导则 水利水电工程》(HJ/T 88—2003);

(7)《环境影响评价技术导则 非污染生态影响》(HJ/T 19—1997);

(8)《环境影响评价技术导则 声环境》(HJ 2.4—2009);

(9)《地表水环境质量标准》(GB 3838—2002);

(10)《环境空气质量标准》(GB 3095—2012);

(11)《辽宁省污水综合排放标准》(DB 21/1627—2008);

(12)《建筑施工场界环境噪声排放标准》(GB 12523—2011)。

8.13.2 对环境的有利影响

本工程对现有的自然环境中的气候、水文等都不会产生不利影响,河道清淤和岸坡砌筑,将大大改善水流边界条件,加快河道流速,减少水土流失、污水回流和泥沙淤积,从而有利于水质改善。同时,还可清理河道两侧的生活垃圾。以上工程措施,对于优化区域生活环境、建设优质人居环境具有重要意义。

8.13.3 对环境的不利影响

施工期间,机械车辆跑、冒、滴、漏的油料及冲洗废水若任意倾倒,会污染附近土壤环境。因此,应采取适当措施减免这种污染。

挖掘机、汽车等机械使用时将产生噪声,应合理安排施工时间,避免夜间施工。

施工及运输产生的粉尘、飘尘,发电机、挖掘机、汽车等燃油机械使用时排放的废气,会增加空气中的悬浮颗粒、二氧化硫、氮氧化物和一氧化碳。但由于地形开阔,空气扩散能力较强,因此影响不大。

在施工高峰期,工程临建占地、材料堆放占地及料场开挖等都将会对项目区周边环境产生一定程度的不利影响。

在施工期对环境的影响主要是生活区生活垃圾和临时占地。为了减少对环境的不利影响,在生活区修建临时厕所及垃圾堆放点,待施工结束后集中进行清理。

8.13.4　不利影响的防治措施

（1）施工期间，对进场运料车辆要进行有效覆盖；拌和、筛分注意远离当地村民、住户，施工现场人员要进行有效防护；现场施工道路要经常洒水，减少粉尘对施工人员的危害。

（2）项目施工期间要注意加强环境保护。做好宣传教育工作，增强施工人员的环保观念，制定环保措施，按设计施工，不得任意扩大渠道断面和建筑物开挖基坑。保护耕地，弃土、弃石、弃渣不要随意堆放，要废物利用，堆放有序。竣工后要认真清理现场，恢复原有地形地貌。

8.13.5　环境影响评价结论

8.13.5.1　有利影响

工程建设的环境保护效益较大。河道整治及生态建设工程的实施，为该区域人民提供更为安全的生产和生活环境，并且河道整治及生态建设的逐步完善，将促进该区域的经济发展和生态环境建设。

8.13.5.2　不利影响

在施工期对环境有所影响，通过采取相应措施可以减缓或避免其影响。施工过程中产生的废水、废气、废油、扬尘、弃渣、噪声、生活垃圾及污水等会对当地环境、人群健康产生一些影响，雨季施工还可能造成一定的水土流失。以上这些影响，程度是比较轻微的，多为局部性和暂时性的影响，可以通过加强施工管理得到减免，并会随工程施工的结束而消失。

8.13.5.3　结论

综上所述，该工程的建设将有利于水质及两岸生态环境的改善，优化该区域人民群众生产生活环境，社会效益显著。该工程对环境的影响利大于弊，不利影响主要是施工期的临时影响，只要做好施工期的环境保护工作，加强施工管理，就可将不利影响降至最低程度。因此，从环境影响方面分析，工程项目对于环境的影响是以有利影响为主导的，工程的兴建是可行的，不存在制约工程实施的环境因素。

8.14　水土保持设计

8.14.1　水土流失防治情况

根据《辽宁省人民政府关于确定水土流失重点防治区的公告》，项目区为水土流失重点监督区。

造成水土流失的主要因素为自然因素和人为因素。自然因素多为气候干旱、雨量集中、植被稀疏、风沙区林网密度低等。由于人口的增长，人为扰动水土资源频繁，人为造成水土流失严重。

8.14.2　水土流失防治责任范围

全线布设 1 处施工临时场地,施工临时占地 2 280 m²(包括临时仓库 250 m²、施工管理及生活区 150 m²、施工临时道路 1 880 m²)。

根据"谁开发、谁保护,谁造成水土流失、谁负责治理"的原则和《开发建设项目水土保持方案技术规范》的要求,凡在生产建设过程中造成水土流失的,都必须采取措施对水土流失进行治理。本工程河道蓄水区(占地面积 1.06 hm²)不存在水土流失问题,水土流失防治责任范围为 2.1 hm²。

本工程土石方主要包括河道清淤整形、建筑物土方回填。本着对开挖料和弃料能利用的部分尽可能利用的原则,进行土石方平衡。

基础开挖土方用于主要建筑物回填。因工程开挖土方满足填筑需要,无需另寻取土场;其中河道清淤产生的废土需要外运,运距 2 km,由业主指定堆放场地。

8.14.3　水土流失因素分析

根据工程建设和生产特点,其新增侵蚀影响因素主要表现为对地貌、土壤、水文等的影响。

(1)建设期,产生水土流失的区域主要是地表开挖区。水土流失的表现形式主要有:

①改变微地形,增大降雨侵蚀;

②破坏植被,造成植被覆盖度下降;

③破坏土壤结构,造成土体抗冲抗蚀能力下降。

(2)项目竣工验收后,实施绿化工程管理,对项目进行绿化恢复,绿化树种趋于多样化,场区绿化质量有所提高;挡土设施的修筑、路面的铺设,不会造成新的侵蚀来源。除在营运期前一两年水土保持植物措施还未完全发挥作用外,基本不会出现水土流失加剧的现象。

8.14.4　水土流失特点分析

根据工程建设内容、施工工序等技术资料的分析,本工程侵蚀有以下特点:

(1)工程建设区的新增侵蚀范围小、强度低、时间短,侵蚀危害不具备积累性,易于控制,危害有限。

(2)时空分布一致、侵蚀强度变化不同。施工期新增水土流失主要集中在建筑占地区、场内道路区、附属区等区域,呈点、线、片状分布,新增侵蚀少。施工结束后,侵蚀活动随之消失,呈先强后弱的特点。随时间的延长,林木郁闭度增加,水土保持措施逐渐发挥作用,侵蚀活动逐渐减弱。

新增侵蚀的特点主要体现在以下两个方面:

(1)施工扰动地表,造成地表植被破坏,形成新的土壤侵蚀;

(2)临时排弃的土、石等堆积物引起新的水土流失。

8.14.5　水土流失估测

工程建设期间占用土地、扰动地表、破坏植被,可能导致项目区水土流失加剧,土壤结构破坏,土壤有机质流失,水土保持能力下降,可利用土地资源减少,从而影响当地的生态平衡。

由于该工程建设期间扰动地表范围小、施工中不产生弃土弃渣、工程施工期短,不会造成原生地貌破坏及新增水土流失。

该工程含有生态建设措施,工程竣工验收后,不仅能满足水土保持工程要求,而且将进一步改善工程所在区域生态环境。

8.14.6　结论

由于工程在建设过程中已经结合了大部分水土保持的工程措施和植物措施,特别是植物措施部分能满足对水土流失的防治要求,故不再单独考虑水土保持措施。

8.15　工程管理设计

8.15.1　工程类别与管理单位性质

本次河道治理工程,由康平县水利局河道管理中心统一管理,沙金乡水利站配合相关工作,上沙金台村委会负责日常维护与管理,实行河长制,进行监督管护。

8.15.2　工程建设管理

工程建设期将成立项目指挥部,由康平县水利局河务部门与相关部门协调运行。

初步设计阶段工程投资概算 144.78 万元,工程计划在 2016 年年底前完成。

建设工程费用主要由市财政投资。

8.15.3　工程运行管理

8.15.3.1　运行期工程管理内容
(1)生产与技术管理;
(2)水质与检验管理;
(3)物资与设备管理;
(4)工程管理与维修;
(5)财务与成本管理;
(6)安全教育与检查管理。

此外,要增强村镇居民安全意识,在河道沿线设置警示牌,禁止靠近深水处。

8.15.3.2　运行管理单位职责与权力
运行管理单位为河道所在村屯的村委会,管理的职责与权力包括建筑物维护、河道沿线环境管理等。

8.15.4 管理范围和保护范围

康平县村屯河道治理工程管理范围为河道穿越村屯段,日常运行管理主要由河道所在村屯负责。

8.15.4.1 工程管理范围

村屯河道工程的管理范围,包括以下工程和设施的建筑场地和管理用地:

(1)河道、滩地、堤顶及河道保护范围;

(2)穿堤、跨河交叉建筑物,包括跨河桥、涵、排水涵。

8.15.4.2 工程保护范围

在现状河道两岸应划定一定的区域,作为工程保护范围。

工程保护范围的横向宽度根据工程规模确定。本次设计村屯河道规模为小型水利河道治理工程,工程保护范围确定为 5 m。

8.15.5 工程管理设施与设备

康平县村屯段河道由所在村屯负责管理,本次设计不另设管理设施及设备。

8.15.6 工程管理运用

(1)跨河桥、涵必须确保安全完好。任何单位或个人不得擅自改动、毁坏、拆除。

(2)加强河道沿线的巡视,对堤防破坏、淘刷脱坡等应立即上报区主管河务部门及乡水利站,并及时处理。

8.16 设计概算

8.16.1 投资主要指标

工程概算总投资为 144.78 万元,其中建筑工程 123.81 万元,施工临时工程 9.26 万元,独立费用 11.71 万元。

8.16.2 编制原则

辽发改发〔2005〕1114 号文件《关于发布〈辽宁省水利工程设计概(估)算编制规定(试行)〉的通知》。

辽发改农经〔2007〕71 号文件《关于发布〈辽宁省水利水电建筑工程预算定额〉和〈辽宁省水利水电工程施工机械台班费定额〉的通知》。

沈阳市人民政府办公厅 2005 年市长办公会议纪要第 356 号《关于水利建设基金等有关问题的会议纪要》。

8.16.3 编制依据

8.16.3.1 人工工日概算单价

依据辽发改发〔2005〕1114 号文件计算,其中技术工为 35.02 元/工日,普工为 19.93

元/工日。

8.16.3.2 主要材料概算单价

以辽宁省造价信息网公布的材料价格为原价,不计运杂费及采购保管费,主要材料限价进入工程单价,其中,水泥为 300 元/t,钢筋为 3 000 元/t,木材为 1 100 元/m³,砂子为 35 元/m³,石子为 55 元/m³,块石为 50 元/m³,柴油为 3 500 元/t,汽油为 3 700 元/t,高于限价部分按材料价差计算。

8.16.3.3 施工机械台班费

一类费用按定额计算,二类费用按人工工日概算单价和材料概算价格限价计算,高于限价部分按材料价差计算。

8.16.3.4 其他直接费

建筑工程按直接费的 5.3% 计算,其中冬雨季施工增加费为 3% ,夜间施工增加费为 0.5% ,小型临时设施摊销费为 0.8% ,其他为 1% 。

8.16.3.5 间接费

按直接工程费百分比计算,其中土方工程为 5% ,混凝土工程为 6% ,模板工程为 8% ,其他工程为 7% 。

8.16.3.6 企业利润

按直接工程费与间接费之和的 7% 计算。

8.16.3.7 材料限价价差

$$材料限价价差 = (材料概算价格 - 材料限价) \times 定额材料用量$$

8.16.3.8 税金

按直接工程费、间接费、企业利润之和的 3.28% 计算。

8.16.4 工程投资概算表

工程投资概算表见表 8-3 ~ 表 8-9。

表 8-3 总概算表 （单位:万元）

序号	工程或费用名称		建安工程费	设备购置费	独立费用	合计
Ⅰ	工程部分投资					144.78
一	第一部分	建筑工程	123.81			123.81
二	第二部分	金属结构设备及安装工程				
三	第三部分	机电设备及安装工程				
四	第四部分	临时工程	9.26			9.26
五	第五部分	独立费用			11.71	11.71
	一至五部分合计		133.07	0.00	11.71	144.78
六	工程部分总投资					144.78
Ⅱ	总投资					144.78

表 8-4　建筑工程概算表

序号	工程或费用名称	单位	工程量	单价(元)	合计(万元)
	第一部分　建筑工程				123.81
一	河道工程				120.27
1	0+000~0+440 段				29.02
	机械土方开挖	m³	2 777.40	2.94	0.82
	土方回填	m³	958.30	7.87	0.75
	浆砌石护坡	m³	971.00	202.61	19.67
	砂垫层	m³	338.20	107.72	3.64
	沥青木板	m²	324.00	108.90	3.53
	砂浆抹面	m²	250.00	18.94	0.47
	浆砌石拆除	m³	55.90	9.48	0.05
	弃渣外运	m³	55.90	13.00	0.07
2	望月湖段(0+440~0+660 段)				70.64
	湖区土方开挖	m³	20 740.00	1.69	3.50
	土方回填	m³	500.00	7.87	0.39
	干砌石护坡	m³	1 316.40	121.91	16.05
	联锁式水工砖	m²	1 320.66	81.74	10.80
	碎石垫层	m³	132.07	107.75	1.42
	砂垫层	m³	132.07	107.72	1.42
	绿篱带	m	522.00	33.03	1.72
	撒播草籽	m²	2 000.00	0.28	0.06
	旱柳栽种	株	261.00	274.30	7.16
	迎春栽种	株	522.00	40.40	2.11
	人工换土	m³	783.00	21.83	1.71
	弃土及垃圾外运 运距≤1 km	m³	3 000.00	6.30	1.89
	弃土及垃圾外运 运距>1 km	m³	17 240.00	13.00	22.41
3	0+585~1+420 段				13.27
	机械土方开挖	m³	3 158.45	2.94	0.93
	人工土方开挖	m³	717.20	5.27	0.38
	土方回填	m³	983.19	7.87	0.77
	浆砌石护坡	m³	346.20	202.61	7.01

序号	工程或费用名称	单位	工程量	单价(元)	合计(万元)
	砂垫层	m³	107.65	107.72	1.16
	沥青木板	m²	67.34	108.90	0.73
	砂浆抹面	m²	151.00	18.94	0.29
	格宾石笼	m²	187.74	25.29	0.47
	干砌块石	m²	29.44	121.91	0.36
	砂砾垫层	m³	11.77	107.75	0.13
	砂垫层	m³	8.83	107.72	0.10
	砂砾石路及平台	m³	87.60	107.75	0.94
4	观景台(0+600)				5.83
	人工挖垃圾胶轮车运输	m³	30.00	5.27	0.02
	绿篱带	m	66.00	33.03	0.22
	景观石桌凳	套	1.00	1 000.00	0.10
	长椅	个	10.00	600.00	0.60
	砂石路面	m²	340.00	46.06	1.57
	山皮石路基	m²	340.00	8.76	0.30
	路边石	m	100.00	35.18	0.35
	紫丁香栽种	株	46.00	40.40	0.19
	水蜡球栽种	株	26.00	93.23	0.24
	旱柳栽种	株	10.00	274.30	0.27
	金焰绣线菊	株	300.00	7.38	0.22
	人工换土	m³	382.00	21.83	0.83
	景观石(1 m³ 以上)	块	6.00	1 000.00	0.60
	工程展示牌	块	2.00	800.00	0.16
	警示牌	块	6.00	200.00	0.12
	垃圾清运	m³	30.00	13.00	0.04
5	映月湖(0+730)				1.51
	绿篱带	m	110.00	33.03	0.36
	紫丁香栽种	株	35.00	40.40	0.14
	水蜡球栽种	株	38.00	93.23	0.35
	三叶草	m²	290.00	0.28	0.01
	金焰绣线菊	株	30.00	7.38	0.02

序号	工程或费用名称	单位	工程量	单价(元)	合计(万元)
	人工换土	m³	103.00	21.83	0.22
	景观石(0.5 m³)	块	8.00	500.00	0.40
二	建筑物				3.54
1	新建过路涵(0+180)				1.54
	土方开挖	m³	52.3	1.69	0.01
	土方回填	m³	41.6	7.87	0.03
	C15 混凝土垫层	m³	2.58	298.91	0.08
	C25 混凝土台帽	m³	2.12	350.38	0.07
	浆砌石边墩及进出口挡墙	m³	28.88	199.55	0.58
	浆砌石护底	m³	3.5	198.88	0.07
	C25 混凝土块压顶	m³	0.58	335.92	0.02
	沥青混凝土铺装层(长6 cm)	m²	11.1	126.20	0.14
	防水层		11.1	50.00	0.06
	钢筋(除桥面板外)	t	0.14	3 720.20	0.05
	沥青木板	m²	9.55	108.90	0.10
	模板	m²	13.68	39.77	0.05
	C25 预制混凝土盖板(宽1 m×长2.5 m×厚0.3 m)	m³	2.25	499.75	0.11
	混凝土盖板吊装	m³	2.25	713.14	0.16
2	新建跌水(0+230)				1.46
	土方开挖	m³	122.88	2.94	0.04
	土方回填	m³	103.62	7.87	0.08
	浆砌石跌水	m³	58.23	193.02	1.12
	砂垫层	m³	8.00	107.72	0.09
	沥青木板	m²	9.56	108.90	0.10
	砂浆抹面	m²	14.00	18.94	0.03
3	新建拦砂坎(4处)				0.09
	浆砌石拦砂坎	m³	2.00	199.55	0.04
	砂垫层	m³	0.30	107.72	0.003
	沥青木板	m²	4.00	108.90	0.04
4	新建拦水坎(3处)				0.45
	浆砌石拦水坎	m³	20.40	199.55	0.41
	砂垫层	m³	2.16	107.72	0.02
	沥青木板	m²	1.08	108.90	0.01
	砂浆抹面	m²	6.00	18.94	0.01

表 8-5 临时工程概算表

序号	工程或费用名称	单位	工程量	单价(元)	合计(万元)
	第四部分 临时工程				9.26
一	施工排水	台班	120.00	61.37	0.74
二	施工临时道路(砂石路厚20 cm)	m²	1 880.00	22.59	4.25
三	导流涵管(φ800×65×2 000)	m	18.00	255.00	0.46
四	导流涵管(φ800×65×2 000)铺设	m	18.00	74.31	0.13
五	浆砌石基础	m³	8.16	193.02	0.16
六	砂垫层	m³	2.04	107.72	0.02
七	办公、生活及文化福利建筑	m²	150.00	100.00	1.50
八	施工仓库	m²	250.00	80.00	2.00

表 8-6 独立费用计算表

序号	工程或费用名称	计算及依据	合计(万元)
	第五部分 独立费用		11.71
一	建设管理费		3.99
(一)	项目建设管理费	按建安工作量1.5%计	2.00
(二)	工程建设监理费	按建安工作量1.5%计	2.00
二	科研勘测设计费	按建安工作量5.5%计	7.32
三	其他		0.40
	招标业务费	按建安工作量0.3%计	0.40

表 8-7 主要材料预算价格表

序号	名称及规格	单位	预算价格(元)	备注
1	-10# 柴油	kg	7.50	
2	93# 汽油	kg	8.95	
3	板枋材	m³	1 800.00	
4	块石	m³	76.00	
5	中粗砂	m³	85.00	
6	碎石	m³	80.00	
7	砂砾石	m³	73.00	
8	山皮石	m³	50.00	
9	水泥 42.5	t	341.00	

序号	名称及规格	单位	预算价格（元）	备注
10	沥青	t	3 400.00	
11	风	m^3/min	0.18	
12	水	t	3.85	
13	电	kW·h	0.89	
14	钢筋	t	2 450.00	
15	联锁式水工砖	m^2	66.00	厚 12 cm
16	迎春、紫丁香	株	30.00	$H \geqslant 1.2, W \geqslant 1.0, N12 \sim 15$
17	旱柳	株	210.00	$D8 \sim 10$ cm
18	水蜡球	株	70.00	$H \geqslant 0.8, W \geqslant 0.6, N12 \sim 15$
19	金焰绣线菊	株	5.00	$H \geqslant 0.4, W \geqslant 0.4, N7 \sim 8$
20	绿篱	m	25.00	$H \geqslant 0.4, W \geqslant 0.4,$ $N7 \sim 8$,株距 0.1 m
21	承插式钢筋混凝土排水管	m	255.00	$\phi 800 \times 65 \times 2\,000$
22	格宾网箱	m^2	18.5	

表 8-8　施工机械台班费汇总表

定额编号	名称及规格	台班费（元/台班）	其中		柴油用量（kg）	汽油用量（kg）	价差（元）
			一类费用（元/台班）	二类费用（元/台班）			
1002	挖掘机　液压 1 m^3	705.30	374.51	330.79	74.50		298.00
1013	推土机　74 kW	508.88	253.34	255.54	53.00		212.00
1014	推土机　88 kW	626.79	336.25	290.54	63.00		252.00
1027	拖拉机　74 kW	379.84	136.55	243.29	49.50		198.00
1038	内燃压路机　12 ~ 15 t	353.08	169.29	183.79	32.50		130.00
1039	刨毛机	267.82	68.28	199.54	37.00		148.00
1040	蛙式打夯机　2.8 kW	86.51	7.12	79.39			
2002	混凝土搅拌机　0.4 m^3	129.20	55.91	73.29			

定额编号	名称及规格	台班费（元/台班）	其中		柴油用量（kg）	汽油用量（kg）	价差（元）
			一类费用（元/台班）	二类费用（元/台班）			
2005	混凝土搅拌机　强制式 0.35 m³	195.43	67.85	127.58			
2026	振动器　插入式 1.1 kW	11.76	9.62	2.14			
2028	振动器　插入式 2.2 kW	19.15	14.61	4.54			
2045	风水枪	150.50	4.70	145.80			
3003	载重汽车　5 t	265.49	110.59	154.90		32.4	170.1
3010	自卸汽车　8 t	410.13	214.46	195.67	45.90		183.60
3022	胶轮车	5.40	5.40				
3023	机动翻斗车	72.86	14.04	58.82	6.80		27.20
4007	塔式起重机　10 t	587.99	354.63	233.36			
4009	塔式起重机　25 t	979.06	558.80	420.26			
4037	汽车起重机　5 t	288.17	121.56	166.61		26.1	137.03
4038	汽车起重机　8 t	362.03	170.54	191.49	34.70		138.80
4084	卷扬机　双筒慢速 5 t	126.07	50.55	75.52			
8017	试压泵　2.5 MPa	48.18	6.48	41.70			
8028	电焊机交流　25 kVA	56.27	4.65	51.62			
8031	对焊机　150 型	353.06	32.88	320.18			
8033	钢筋弯曲机　φ6~40	74.42	12.70	61.72			
8036	钢筋切断机　20 kW	129.95	18.39	111.56			
8037	钢筋调直机　14 kW	94.33	27.27	67.06			
8014	潜水泵　2.2 kW	61.37	17.89	43.48			

表8-9　建筑工程单价汇总表

序号	名称	单位	单价(元)	其中							税金(元)	备注
				人工费(元)	材料费(元)	机械使用费(元)	其他直接费(元)	间接费(元)	企业利润(元)	材料限价(元)		
一	土方工程											
1	1 m³挖掘机挖土	100 m³	168.89	8.77	5.02	91.69	5.59	5.55	8.16	38.74	5.36	机械开挖
2	渠道土方开挖	100 m³	294.18	82.11	9.43	106.41	10.49	10.42	15.32	50.66	9.34	
3	人工挖渠道渠道土方胶轮车运输	100 m³	526.63	368.51	8.45	54.05	22.84	22.69	33.36		16.72	Ⅲ类土,松实方转换系数1.33
4	土方回填	100 m³	292.75	171.57	8.58	0.00	9.55	9.48	13.94	0.00	6.99	
5	土料压实	100 m³	494.66	48.63	28.35	234.90	16.53	16.42	24.14	109.98	15.71	
二	砌石工程											
1	人工铺筑砂垫层	100 m³	10 772.46	899.92	3 605.70		238.80	237.22	348.71	5 100.00	342.12	
2	人工铺筑碎石垫层	100 m³	10 775.05	997.09	5 666.10		353.15	350.82	515.70	2 550.00	342.20	
3	干砌石护坡	100 m³	12 190.55	1 499.15	5 858.00	70.63	393.67	391.07	574.88	3 016.00	387.15	
4	浆砌石挡墙	100 m³	19 955.44	2 270.03	9 502.45	274.18	638.47	634.26	932.36	5 069.95	633.75	
5	浆砌石护底	100 m³	19 888.21	2 052.48	9 609.08	280.05	632.91	628.73	924.23	5 129.13	631.62	
6	浆砌石护坡	100 m³	20 261.30	2 357.83	9 609.08	280.05	649.09	644.80	947.86	5 129.13	643.47	
7	联锁式水工砖	100 m²	8 174.21	1 028.04	4 722.25	0.00	2 954.77	2 935.25	4 314.82		2 163.33	厚12 cm
8	浆砌石基础	100 m³	19 302.11	1 807.09	9 455.06	272.02	611.31	607.27	892.69	5 043.65	613.00	

序号	名称	单位	单价(元)	其中						材料限价(元)	税金(元)	备注
				人工费(元)	材料费(元)	机械使用费(元)	其他直接费(元)	间接费(元)	企业利润(元)			
9	砂浆抹面	100 m²	1 894.32	548.37	674.76	32.66	66.56	66.12	97.19	348.50	60.16	厚 5 cm
10	浆砌石拆除	100 m³	1 308.61	289.43	25.40	557.19	46.22	45.91	67.49	235.42	41.56	
三	混凝土工程											
1	混凝土拌制	100 m³	1 286.87	797.91	25.23	463.74						
2	混凝土运输	100 m³	556.02	206.35	26.48	323.19						
3	素混凝土垫层 C15	100 m³	29 890.67	1 918.54	14 600.10	2 586.85	1 012.59	1 207.08	1 492.76	6 123.47	949.28	
4	小体积混凝土 C25	100 m³	35 037.53	3 417.02	17 500.76	2 188.04	1 224.61	1 459.82	1 805.32	6 329.24	1 112.73	
5	预制混凝土桥面板 C25	100 m³	49 975.48	9 429.60	20 479.91	4 087.22	1 801.83	2 147.91	2 656.25	7 785.61	1 587.14	
6	预制混凝土桥面板安装	100 m³	71 314.24	733.82	54 417.07	2 183.68	3 038.73	3 622.40	4 479.70	574.02	2 264.82	
7	混凝土压顶 C25	100 m³	33 592.13	1 670.21	17 894.40	2 369.40	1 162.50	1 385.79	1 713.76	6 329.24	1 066.83	
8	钢筋制安	t	3 720.20	359.90	2 584.31	109.31	161.84	144.69	235.20	6.80	118.15	
9	沥青木板	100 m²	10 889.88	833.71	6 702.36	3.02	399.57	476.32	589.05	1 540.00	345.84	
四	模板工程											
1	普通平面钢模板	100 m²	3 976.91	728.18	1 747.94	507.62	158.14	251.35	237.53	219.85	126.30	

续表 8-9

序号	名称	单位	单价(元)	其中								备注
				人工费(元)	材料费(元)	机械使用费(元)	其他直接费(元)	间接费(元)	企业利润(元)	材料限价(元)	税金(元)	
五	绿化工程											
1	撒播草籽	1 hm²	2 776.27	129.71	2 100.00		118.17	164.35	175.86		88.17	
2	旱柳栽种	100 株	27 429.84	157.87	21 871.96		1 167.58	1 623.82	1 737.49		871.13	
3	迎春,紫丁香栽种	100 株	4 700.06	53.97	3 720.81		200.06	278.24	297.72		149.27	
4	水蜡球栽种	100 株	9 322.95	53.97	7 433.61		396.84	551.91	590.54		296.08	
5	金焰绣线菊栽种	100 株	737.58	53.97	538.41		31.40	43.66	46.72		23.42	
6	绿篱栽种	100 m	3 302.97	95.03	2 557.70		140.59	195.53	209.22		104.90	
7	人工换土	100 株	2 183.15	160.86	1 592.50		92.93	129.24	138.29		69.33	
六	其他工程											
1	沥青混凝土铺装层	1 000 m²	126 201.77	1 805.49	97 892.01	1 207.64	5 347.97	7 437.72	7 958.36	544.62	4 007.96	厚 6 cm
2	砂石路面	1 000 m²	22 591.36	1 426.38	13 107.11	4.94	770.54	1 071.63	1 146.64	4 346.66	717.46	厚 20 cm
3	砂石路面	1 000 m²	46 063.07	3 713.55	26 215.92	4.94	1 586.52	2 206.47	2 360.92	8 511.86	1 462.89	厚 40 cm
4	山皮石路基	1 000 m²	8 760.04	1 080.63	5 813.42	4.48	365.62	508.49	544.09	165.10	278.20	厚 10 cm
5	路边石	100 m	3 517.55	153.31	2 637.39	0.00	147.91	205.70	220.10	41.43	111.71	

人工预算单价计算表见表8-10。

表8-10 人工预算单价计算表

名称	单位（元/工日）	单位（元/工时）
技术工	35.02	4.38
普工	19.93	2.49

混凝土单价计算表见表8-11~表8-13。

表8-11 砂浆单价表

砂浆强度等级	水泥强度等级	水泥（kg）	砂（m³）	水（m³）	单价（元/m³）	价差
M10	42.5	262.30	1.10	0.18	117.88	65.75

表8-12 C15混凝土（水泥强度等级42.5，水灰比0.65，级配2）

序号	项目	单位	工程量	单价（元）	合计（元）
一	材料价				136.56
	水泥42.5	kg	228.93	0.3	68.68
	砂	m³	0.57	35	20.02
	碎石	m³	0.86	55	47.22
	水	m³	0.17	3.85	0.64
二	材料限价价差				59.45
	水泥42.5	kg	228.93	0.041	9.39
	砂	m³	0.57	50.000	28.60
	碎石		0.86	25.000	21.47
三	合计				196.01

表8-13 C25混凝土（水泥强度等级42.5，水灰比0.50，级配2）

序号	项目	单位	工程量	单价（元）	合计（元）
一	材料价				162.09
	水泥42.5	kg	317.90	0.3	95.37
	砂	m³	0.54	35	18.87
	碎石	m³	0.86	55	47.22
	水	m³	0.17	3.85	0.64
二	材料限价价差				61.45
	水泥42.5	kg	317.90	0.041	13.03
	砂	m³	0.54	50.000	26.95
	碎石		0.86	25.000	21.47
三	合计				223.54

建筑工程单价分析表见表8-14~表8-51。

表 8-14 土方开挖单价分析表

工程项目名称		土方开挖		编 号	1-169
工作内容		1 m³ 挖掘机挖土,挖松、堆放		计量单位	100 m³
项 目	单 位	数 量	单 价(元)	复 价(元)	备 注
合 计				168.89	
一、直接工程费				111.07	
(一)直接费				105.48	
1.人工费				8.77	
技术工	工日			0.00	
普工	工日	0.44	19.93	8.77	
2.材料费				5.02	
零星材料费	%	5.0	100.46	5.02	
3.机械使用费				91.69	
挖掘机 1 m³	台班	0.13	705.30	91.69	
(二)其他直接费	%	5.3		5.59	
二、间接费	%	5		5.55	
三、计划利润	%	7		8.16	
四、价差				38.74	
挖掘机 1 m³	台班	0.13	298.00	38.74	
五、税金	%	3.28		5.36	
单价				168.89	

表 8-15 渠道土方开挖单价分析表

工程项目名称		渠道土方开挖		编 号	1-172
工作内容		机械开挖,人工配合挖保护层,胶轮车倒运 50 m,修边、修底等		计量单位	100 m³
项 目	单 位	数 量	单 价(元)	复 价(元)	备 注
合 计				294.18	
一、直接工程费				208.44	
(一)直接费				197.95	
1.人工费				82.11	
技术工	工日		35.02	0.00	
普工	工日	4.12	19.93	82.11	
2.材料费				9.43	
零星材料费	%	5.0	188.52	9.43	
3.机械使用费				106.41	
挖掘机 1 m³	台班	0.14	705.30	98.74	
胶轮车	台班	1.42	5.40	7.67	
(二)其他直接费	%	5.3		10.49	
二、间接费	%	5		10.42	
三、计划利润	%	7		15.32	
四、价差				50.66	
挖掘机 1 m³	台班	0.17	298.00	50.66	
五、税金	%	3.28		9.34	
单价				294.18	

表 8-16　人工挖渠道土方胶轮车运输单价分析表

工程项目名称		挖土、修边底			编　号	1－14
工作内容		挖土、装车、运输、卸车、空回			计量单位	100 m³
项　目	单　位	数　量	单　价(元)	复　价(元)		备　注
合　计				526.63		
一、直接工程费				453.85		
(一)直接费				431.01		
1.人工费				368.51		
技术工	工日		35.02	0.00		
普工	工日	18.49	19.93	368.51		
2.材料费				8.45		
零星材料费	%	2.0	422.56	8.45		
3.机械使用费				54.05		
胶轮车	台班	10.01	5.40	54.05		
(二)其他直接费	%	5.3		22.84		
二、间接费	%	5		22.69		
三、计划利润	%	7		33.36		
四、价差						
五、税金	%	3.28		16.72		
单价				526.63		

表 8-17　土方回填单价分析表

工程项目名称		松填、不夯实			编　号	1－272
工作内容		包括 5 m 以内取土回填			计量单位	100 m³ 实方
项　目	单　位	数　量	单　价(元)	复　价(元)		备　注
合　计				220.12		
一、直接工程费				189.70		
(一)直接费				180.15		
1.人工费				171.57		
技术工	工日	0.17	35.02	5.95		
普工	工日	8.31	19.93	165.62		
2.材料费				8.58		
零星材料费	%	5.0	171.57	8.58		
3.机械使用费						
(二)其他直接费	%	5.3		9.55		
二、间接费	%	5		9.48		
三、计划利润	%	7		13.94		
四、价差						
五、税金	%	3.28		6.99		
单价				292.75		

表 8-18　拖拉机压实单价分析表

工程项目名称			拖拉机压实		编　号	1－282
工作内容			推平、刨毛、压实、削坡、洒水、补边夯及坝面各种辅助工作等		计量单位	100 m³ 实方
项　目	单　位	数　量	单　价(元)	复　价(元)	备　注	
合　计				494.66		
一、直接工程费				328.41		
(一)直接费				311.88		
1.人工费				48.63		
技术工	工日		35.02	0.00		
普工	工日	2.44	19.93	48.63		
2.材料费				28.35		
零星材料费	%	10.00	283.53	28.35		
3.机械使用费				234.90		
拖拉机 74 kW	台班	0.41	379.84	155.73		
推土机 74 kW	台班	0.08	508.88	40.71		
蛙式打夯机 2.8 kW	台班	0.17	86.51	14.71		
刨毛机		0.08	267.82	21.43		
其他机械费	%	1	232.58	2.33		
(二)其他直接费	%	5.3		16.53		
二、间接费	%	5		16.42		
三、计划利润	%	7		24.14		
四、价差				109.98		
拖拉机 74 kW		0.41	198.00	81.18		
推土机 74 kW		0.08	212.00	16.96		
刨毛机		0.08	148.00	11.84		
五、税金	%	3.28		15.71		
单价				494.66		

表 8-19　人工铺筑砂石垫层单价分析表

工程项目名称		砂垫层			编　号	3－1
工作内容		铺筑、修坡、整平、压实			计量单位	100 m³
项　目	单　位	数　量	单　价(元)	复价(元)	备　注	
合　计				10 772.46		
一、直接工程费				4 744.41		
(一)直接费				4 505.62		
1.人工费				899.92		
技术工	工日	0.89	35.02	31.17		
普工	工日	43.59	19.93	868.75		
2.材料费				3 605.70		
砂	m³	102.00	35.00	3 570.00		
其他材料费	%	1.00	3 570.00	35.70		
(二)其他直接费	%	5.30		238.80		
二、间接费	%	5.00		237.22		
三、计划利润	%	7.00		348.71		
四、价差				5 100.00		
砂	m³	102.00	50.00	5 100.00		
五、税金	%	3.28		342.12		
单价				10 772.46		

表 8-20　人工铺筑碎石垫层单价分析表

工程项目名称		碎石垫层			编　号	3－2
工作内容		铺筑、修坡、整平、压实			计量单位	100 m³
项　目	单　位	数　量	单　价(元)	复价(元)	备　注	
合　计				10 775.05		
一、直接工程费				7 016.34		
(一)直接费				6 663.19		
1.人工费				997.09		
技术工	工日	0.99	35.02	34.67		
普工	工日	48.29	19.93	962.42		
2.材料费				5 666.10		
碎石	m³	102.00	55.00	5 610.00		
其他材料费	%	1.00	5 610.00	56.10		
(二)其他直接费	%	5.30		353.15		
二、间接费	%	5.00		350.82		
三、计划利润	%	7.00		515.70		
四、价差				2 550.00		
碎石	m³	102.00	25.00	2 550.00		
五、税金	%	3.28		342.20		
单价				10 775.05		

表 8-21　浆砌石挡土墙单价分析表

工程项目名称		浆砌石挡土墙		编　号	3 – 17
工作内容		选石、修石、冲洗、拌浆、砌石、勾缝		计量单位	100 m³ 砌体方
项　目	单位	数　量	单　价(元)	复　价(元)	备　注
合　计				19 955.44	
一、直接工程费				12 685.13	
(一)直接费				12 046.66	
1. 人工费				2 270.03	
技术工	工日	36.73	35.02	1 286.28	
普工	工日	49.36	19.93	983.74	
2. 材料费				9 502.45	
块石	m³	108.00	50.00	5 400.00	
砂浆 M10		34.40	117.88	4 055.18	
其他材料费	%	0.50	9 455.18	47.28	
3. 机械使用费				274.18	
混凝土搅拌机 0.4 m³	台班	1.03	129.20	133.08	
胶轮车	台班	26.13	5.40	141.10	
(二)其他直接费	%	5.30		638.47	
二、间接费	%	5.00		634.26	
三、计划利润	%	7.00		932.36	
四、价差				5 069.95	
块石	m³	108.00	26.00	2 808.00	
砂浆 M10	m³	34.40	65.75	2 261.95	
五、税金	%	3.28		633.75	
单价				19 955.44	

表 8-22 浆砌石基础单价分析表

工程项目名称			浆砌石基础		编 号	3－16
工作内容			选石、修石、冲洗、拌浆、砌石、勾缝		计量单位	100 m³ 砌体方
项 目	单 位	数 量	单 价(元)	复 价(元)		备 注
合 计				19 302.11		
一、直接工程费				12 145.49		
（一）直接费				11 534.18		
1. 人工费				1 807.09		
技术工	工日	26.51	35.02	928.38		
普工	工日	44.09	19.93	878.71		
2. 材料费				9 455.06		
块石	m³	108.00	50.00	5 400.00		
砂浆 M10		34.00	117.88	4 008.02		
其他材料费	%	0.50	9 408.02	47.04		
3. 机械使用费				272.02		
混凝土搅拌机 0.4 m³	台班	1.02	129.20	131.78		
胶轮车	台班	25.97	5.40	140.24		
（二）其他直接费	%	5.30		611.31		
二、间接费	%	5.00		607.27		
三、计划利润	%	7.00		892.69		
四、价差				5 043.65		
块石	m³	108.00	26.00	2 808.00		
砂浆 M10	m³	34.00	65.75	2 235.65		
五、税金	%	3.28		613.00		
单价				19 302.11		

表 8-23　浆砌石护底单价分析表

工程项目名称	浆砌石护底			编　号	3－15
工作内容	选石、修石、冲洗、拌浆、砌石、勾缝			计量单位	100 m³砌体方
项　目	单　位	数　量	单　价(元)	复　价(元)	备　注
合　计				19 888.21	
一、直接工程费				12 574.52	
(一)直接费				11 941.61	
1.人工费				2 052.48	
技术工	工日	31.77	35.02	1 112.59	
普工	工日	47.16	19.93	939.90	
2.材料费				9 609.08	
块石	m³	108.00	50.00	5 400.00	
砂浆 M10		35.30	117.88	4 161.27	
其他材料费	%	0.50	9 561.27	47.81	
3.机械使用费				280.05	
混凝土搅拌机 0.4 m³	台班	1.06	129.20	136.95	
胶轮车	台班	26.50	5.40	143.10	
(二)其他直接费	%	5.30		632.91	
二、间接费	%	5.00		628.73	
三、计划利润	%	7.00		924.23	
四、价差				5 129.13	
块石	m³	108.00	26.00	2 808.00	
砂浆 M10	m³	35.30	65.75	2 321.13	
五、税金	%	3.28		631.62	
单价				19 888.21	

表 8-24 浆砌石护坡单价分析表

工程项目名称			浆砌石护坡		编 号	3 - 13
工作内容			选石、修石、冲洗、拌浆、砌石、勾缝		计量单位	100 m³ 砌体方
项 目	单 位	数 量	单 价(元)	复 价(元)	备 注	
合 计				20 261.30		
一、直接工程费				12 896.05		
(一)直接费				12 246.96		
1. 人工费				2 357.83		
技术工	工日	38.56	35.02	1 350.37		
普工	工日	50.55	19.93	1 007.46		
2. 材料费				9 609.08		
块石	m³	108.00	50.00	5 400.00		
砂浆 M10		35.30	117.88	4 161.27		
其他材料费	%	0.50	9 561.27	47.81		
3. 机械使用费				280.05		
混凝土搅拌机 0.4 m³	台班	1.06	129.20	136.95		
胶轮车	台班	26.50	5.40	143.10		
(二)其他直接费	%	5.30		649.09		
二、间接费	%	5.00		644.80		
三、计划利润	%	7.00		947.86		
四、价差				5 129.13		
块石	m³	108.00	26.00	2 808.00		
砂浆 M10	m³	35.30	65.75	2 321.13		
五、税金	%	3.28		643.47		
单价				20 261.30		

表 8-25　干砌块石护坡单价分析表

工程项目名称			干砌块石护坡		编　号	3－7
工作内容			选石、修石、砌筑、填缝、找平		计量单位	100 m³ 砌体方
项　目	单　位	数　量	单　价(元)	复　价(元)	备　注	
合　计				12 190.55		
一、直接工程费				7 821.45		
(一)直接费				7 427.78		
1. 人工费				1 499.15		
技术工	工日	19.68	35.02	689.19		
普工	工日	40.64	19.93	809.96		
2. 材料费				5 858.00		
块石	m³	116.00	50.00	5 800.00		
其他材料费	%	1.00	5 800.00	58.00		
3. 机械使用费				70.63		
胶轮车	台班	13.08	5.40	70.63		
(二)其他直接费	%	5.30		393.67		
二、间接费	%	5.00		391.07		
三、计划利润	%	7.00		574.88		
四、价差				3 016.00		
块石	m³	116.00	26.00	3 016.00		
五、税金	%	3.28		387.15		
单价				12 190.55		

表 8-26 联锁式水工砖铺设单价分析表

工程项目名称	联锁式水工砖铺设			编　号	3－48
工作内容	选石、修石、砌筑、填缝、找平			计量单位	100 m²
项　目	单　位	数　量	单　价(元)	复　价(元)	备　注
合　计				68 118.45	
一、直接工程费				58 705.05	
(一)直接费				55 750.29	
1. 人工费				1 028.04	
技术工	工日	1.02	35.02	35.72	
普工	工日	49.79	19.93	992.31	
2. 材料费				54 722.25	
联锁式水工砖	m³	99.00	550.00	54 450.00	
其他材料费	%	0.50	54 450.00	272.25	
3. 机械使用费					
(二)其他直接费	%	5.30		2 954.77	
二、间接费	%	5.00		2 935.25	
三、计划利润	%	7.00		4 314.82	
四、价差					
五、税金	%	3.28		2 163.33	
单价				8 174.21	

表 8-27 砌体砂浆抹面单价分析表

工程项目名称	砂浆抹面,厚5 cm			编　号	3－56
工作内容	混凝土搅拌、运输、抹面			计量单位	100 m²
项　目	单　位	数　量	单　价(元)	复　价(元)	备　注
合　计				1 894.32	
一、直接工程费				1 322.35	
(一)直接费				1 255.79	
1. 人工费				548.37	
技术工	工日	9.41	35.02	329.54	
普工	工日	10.98	19.93	218.83	
2. 材料费				674.76	
砂浆	m³	5.30	117.88	624.78	
其他材料费	%	8.00	624.78	49.98	
3. 机械使用费				32.66	
混凝土搅拌机0.4 m³	台班	0.16	129.20	20.67	
胶轮车	台班	2.22	5.40	11.99	
(二)其他直接费	%	5.30		66.56	
二、间接费	%	5.00		66.12	
三、计划利润	%	7.00		97.19	
四、价差				348.50	
砂浆	m³	5.30	65.75	348.50	
五、税金	%	3.28		60.16	
单价				1 894.32	

表 8-28 挖掘机拆除砌体单价分析表

工程项目名称			水泥浆砌石		编 号	3-67
工作内容			拆除、清理、堆放		计量单位	100 m³
项 目	单 位	数 量	单 价(元)	复 价(元)	备 注	
合 计				1 308.61		
一、直接工程费				918.23		
(一)直接费				872.01		
1.人工费				289.43		
技术工	工日	1.35	35.02	47.28		
普工	工日	12.15	19.93	242.15		
2.材料费				25.40		
零星材料费	%	3.00	846.61	25.40		
3.机械使用费				557.19		
挖掘机 1 m³	台班	0.79	705.30	557.19		
(二)其他直接费	%	5.30		46.22		
二、间接费	%	5.00		45.91		
三、计划利润	%	7.00		67.49		
四、价差				235.42		
挖掘机 1 m³	台班	0.79	298.00	235.42		
五、税金	%	3.28		41.56		
单价				1 308.61		

表 8-29 混凝土拌制单价分析表

工程项目名称			搅拌机拌制混凝土		编 号	4-235
工作内容			场内配运水泥、骨料、投料、加水、加外加剂、搅拌、出料、清洗		计量单位	100 m³
项 目	单 位	数 量	单 价(元)	复 价(元)	备 注	
合 计				1 286.87		
一、直接工程费				1 286.87		
(一)直接费				1 286.87		
1.人工费				797.91		
技术工	工日	12.99	35.02	454.91		
普工	工日	17.21	19.93	343.00		
2.材料费				25.23		
零星材料费	%	2.00	1 261.64	25.23		
3.机械使用费				463.74		
混凝土搅拌机 0.4 m³	台班	3.01	129.20	388.89		
胶轮车	台班	13.86	5.40	74.84		
单价				1 286.87		

表 8-30　混凝土运输单价分析表

工程项目名称	机动翻斗车 1 t 运混凝土,运距≤100 m		编　号	4-256
工作内容	装、运、卸、空回、清洗		计量单位	100 m³
项　目	单　位	数　量	单　价(元)	复　价(元)	备　注
合　计				556.02	
一、直接工程费				556.02	
(一)直接费				556.02	
1. 人工费				206.35	
技术工	工日	4.02	35.02	140.78	
普工	工日	3.29	19.93	65.57	
2. 材料费				26.48	
零星材料费	%	5.00	529.54	26.48	
3. 机械使用费				323.19	
机动翻斗车 1 t	台班	3.23	100.06	323.19	
单价				556.02	

表 8-31　混凝土垫层单价分析表

工程项目名称	混凝土垫层 C15,平均厚度≤20 cm		编　号	4-38
工作内容	混凝土拌制、运输、浇筑		计量单位	100 m³
项　目	单　位	数　量	单　价(元)	复　价(元)	备　注
合　计				29 890.67	
一、直接工程费				20 118.08	
(一)直接费				19 105.49	
1. 人工费				1 918.54	
技术工	工日	39.72	35.02	1 390.99	
普工	工日	26.47	19.93	527.55	
2. 材料费				14 600.10	
混凝土 C15	m³	103.00	136.56	14 065.46	
水	m³	120.00	3.85	462.00	
其他材料费	%	0.50	14 527.46	72.64	
3. 机械使用费				688.67	
振动器 1.1 kW	台班	6.69	11.76	78.65	
风水枪	台班	3.92	150.50	589.96	

続表 8-31

项 目	单 位	数 量	单 价	复 价	备 注
其他机械费	%	3.00	668.61	20.06	
4.混凝土				1 898.18	
混凝土拌制	m³	103.00	12.87	1 325.48	
混凝土运输	m³	103.00	5.56	572.70	
（二）其他直接费	%	5.3	直接费	1 012.59	
二、间接费	%	6		1 207.08	
三、计划利润	%	7		1 492.76	
四、价差				6 123.47	
混凝土 C15	m³	103.00	59.45	6 123.47	
五、税金	%	3.28		949.28	
单价				29 890.67	

表 8-32　预制混凝土板 C25 单价分析表

工程项目名称		预制混凝土板		编　号	4－137
工作内容		混凝土浇筑、养护,构件堆放		计量单位	100 m³
项 目	单 位	数 量	单 价(元)	复 价(元)	备 注
合 计				49 975.48	
一、直接工程费				35 798.56	
（一）直接费				33 996.73	
1.人工费				9 429.60	
技术工	工日	206.11	35.02	7 217.97	
普工	工日	110.97	19.93	2 211.63	
2.材料费				20 479.91	
板坊材	m³	2.11	1 100.00	2 321.00	
钢模板	kg	28.50	10.00	285.00	
型钢	kg	11.40	3.10	35.34	
卡扣件	kg	17.10	4.50	76.95	
预埋铁件	kg	46.00	4.50	207.00	
电焊条	kg	0.62	6.00	3.72	
铁钉	kg	6.00	5.00	30.00	
混凝土 C25	m³	102.00	162.09	16 533.51	

项　目	单　位	数　量	单　价(元)	复　价(元)	备　注
水	m³	230.00	3.85	885.50	
其他材料费	%	0.50	20 378.02	101.89	
3.机械使用费				2 207.46	
塔式起重机 10 t	台班	3.34	587.99	1 963.87	
振动器插入式 2.2 kW	台班	8.82	19.15	168.89	
载重汽车 5 t	台班	0.24	265.49	63.72	
其他机械费	%	0.50	2 196.48	10.98	
4.混凝土				1 879.75	
混凝土拌制	m³	102.00	12.87	1 312.61	
混凝土运输	m³	102.00	5.56	567.14	
(二)其他直接费	%	5.3	直接费	1 801.83	
二、间接费	%	6		2 147.91	
三、计划利润	%	7		2 656.25	
四、价差				7 785.61	
板坊材	m³	2.11	700.00	1 477.00	
混凝土 C25	m³	102.00	61.45	6 267.79	
载重汽车 5 t	台班	0.24	170.10	40.82	
五、税金	%	3.28		1 587.14	
单价				49 975.48	

表 8-33　预制混凝土板安装单价分析表

工程项目名称	预制混凝土板安装			编　号	4 - 163
工作内容	构件吊装、校正、焊接、固定,填缝灌浆			计量单位	100 m³
项　目	单　位	数　量	单　价(元)	复　价(元)	备　注
合　计				71 314.24	
一、直接工程费				60 373.30	
(一)直接费				57 334.56	
1.人工费				733.82	
技术工	工日	16.39	35.02	573.98	
普工	工日	8.02	19.93	159.84	
2.材料费				54 417.07	

项 目	单 位	数 量	单 价(元)	复 价(元)	备 注
板坊材	m³	0.19	1 100.00	209.00	
原木	m³	0.62	1 630.00	1 010.60	
铁垫块	kg	71.00	4.50	319.50	
铁丝	kg	13.00	4.10	53.30	
电焊条	kg	27.00	6.00	162.00	
混凝土预制构件	m³	100.00	499.75	49 975.48	
混凝土 C25	m³	6.00	162.09	972.56	
砂浆 M10	m³	1.10	117.88	129.67	
其他材料费	%	3.00	52 832.11	1 584.96	
3. 机械使用费				2 073.10	
塔式起重机 25 t	台班	1.60	979.06	1 566.49	
电焊机交流 35 kVA	台班	8.82	56.27	496.30	
其他机械费	%	0.50	2 062.79	10.31	
4. 混凝土				110.57	
混凝土拌制	m³	6.00	12.87	77.21	
混凝土运输	m³	6.00	5.56	33.36	
(二)其他直接费	%	5.3	直接费	3 038.73	
二、间接费	%	6		3 622.40	
三、计划利润	%	7		4 479.70	
四、价差				574.02	
板坊材	m³	0.19	700	133.00	
混凝土 C25	m³	6.00	61.45	368.69	
砂浆 M10	m³	1.10	65.75	72.33	
五、税金	%	3.28		2 264.82	
单价				71 314.24	

表 8-34　小体积混凝土 C25 单价分析表

工程项目名称		小体积混凝土			编　号	4－103
工作内容		混凝土拌制、运输、浇筑			计量单位	100 m³
项　目	单　位	数　量	单　价(元)	复　价(元)	备　注	
合　计				35 037.53		
一、直接工程费				24 330.42		
(一)直接费				23 105.81		
1. 人工费				3 417.02		
技术工	工日	78.44	35.02	2 746.97		
普工	工日	33.62	19.93	670.05		
2. 材料费				17 500.76		
混凝土 C25	m³	103.00	162.09	16 695.60		
水	m³	120.00	3.85	462.00		
其他材料费	%	2.00	17 157.60	343.15		
3. 机械使用费				289.85		
振动器 1.1 kW	台班	6.54	11.76	76.88		
风水枪	台班	1.24	150.50	186.62		
其他机械费	%	10.00	263.50	26.35		
4. 混凝土				1 898.18		
混凝土拌制	m³	103.00	12.87	1 325.48		
混凝土运输	m³	103.00	5.56	572.70		
(二)其他直接费	%	5.3	直接费	1 224.61		
二、间接费	%	6		1 459.82		
三、计划利润	%	7		1 805.32		
四、价差				6 329.24		
混凝土 25	m³	103.00	61.45	6 329.24		
五、税金	%	3.28		1 112.73		
单价				35 037.53		

表 8-35 混凝土压顶单价分析表

工程项目名称			混凝土压顶		编 号	4-101
工作内容			混凝土拌制、运输、浇筑		计量单位	100 m³
项 目	单 位	数 量	单 价(元)	复 价(元)		备 注
合 计				33 592.13		
一、直接工程费				23 096.51		
(一)直接费				21 934.01		
1. 人工费				1 670.21		
技术工	工日	36.88	35.02	1 291.54		
普工	工日	19.00	19.93	378.67		
2. 材料费				17 894.40		
混凝土 C25	m³	103.00	162.09	16 695.60		
水	m³	176.00	3.85	677.60		
其他材料费	%	3.00	17 373.20	521.20		
3. 机械使用费				471.22		
振动器 1.1 kW	台班	9.10	11.76	106.98		
风水枪	台班	2.06	150.50	310.03		
其他机械费	%	13.00	417.01	54.21		
4. 混凝土				1 898.18		
混凝土拌制	m³	103.00	12.87	1 325.48		
混凝土运输	m³	103.00	5.56	572.70		
(二)其他直接费	%	5.3	直接费	1 162.50		
二、间接费	%	6		1 385.79		
三、计划利润	%	7		1 713.76		
四、价差				6 329.24		
混凝土 C25	m³	103.00	61.45	6 329.24		
五、税金	%	3.28		1 066.83		
单价				33 592.13		

表 8-36 伸缩缝单价分析表

工程项目名称			沥青木板		编 号	4 – 225
工作内容			木板制作,沥青融化、涂沫,安装		计量单位	100 m²
项 目	单 位	数 量	单 价(元)	复 价(元)	备 注	
合 计				10 889.88		
一、直接工程费				7 938.66		
(一)直接费				7 539.09		
1. 人工费				833.71		
技术工	工日	19.14	35.02	670.28		
普工	工日	8.20	19.93	163.43		
2. 材料费				6 702.36		
板枋材	m³	2.20	1 100.00	2 420.00		
沥青	t	1.24	3 400.00	4 216.00		
木材	t	0.42	800.00	336.00		
其他材料费	%	1.00	6 636.00	66.36		
3. 机械使用费				3.02		
胶轮车	台班	0.56	5.40	3.02		
(二)其他直接费	%	5.3	直接费	399.57		
二、间接费	%	6.0		476.32		
三、计划利润	%	7.0		589.05		
四、价差				1 540.00		
板枋材	m³	2.20	700.00	1 540.00		
五、税金	%	3.28		345.84		
单价				10 889.88		

表 8-37 钢筋制安单价分析表

工程项目名称		钢筋加工及安装		编 号	4 - 194
工作内容		回直、除锈、切实断、弯制、焊接、绑扎及加工场至施工场地运输		计量单位	t
项 目	单 位	数 量	单 价(元)	复 价(元)	备 注
合 计				3 720.20	
一、直接工程费				3 215.36	
(一)直接费				3 053.52	
1. 人工费				359.90	
技术工	工日	8.49	35.02	297.32	
普工	工日	3.14	19.93	62.58	
2. 材料费				2 584.31	
钢筋	t	1.02	2 450.00	2 499.00	
铁丝	kg	4.00	4.10	16.40	
电焊条	kg	7.22	6.00	43.32	
其他材料费	%	1.00	2 558.72	25.59	
3. 机械使用费				109.31	
钢筋调直机	台班	0.05	94.33	4.72	
风砂枪	台班	0.12	150.50	18.06	
钢筋切断机	台班	0.03	129.95	3.90	
钢筋弯曲机	台班	0.09	74.42	6.70	
电焊机 25 kVA	台班	0.83	56.27	46.70	
对焊机 150 型	台班	0.03	353.06	10.59	
载重汽车 5 t	台班	0.04	265.49	10.62	
塔式起重机 10 t	台班	0.01	587.99	5.88	
其他机械费	%	2.00	107.17	2.14	
(二)其他直接费	%	5.3	直接费	161.84	
二、间接费	%	4.5		144.69	
三、计划利润	%	7		235.20	
四、价差				6.80	
钢筋	t	1.02		0.00	
载重汽车 5 t	台班	0.04	170.10	6.80	
五、税金	%	3.28		118.15	
单价				3 720.20	

表 8-38 普通标准钢模板制作单价分析表

工程项目名称			钢模板		编 号	5－2
工作内容			模板组装、安装、拆除、除灰、刷脱模剂，维修、倒仓、拉筋割断		计量单位	100 m²
项 目	单 位	数 量	单 价(元)	复 价(元)	备 注	
合 计				3 976.91		
一、直接工程费				3 141.88		
(一)直接费				2 983.74		
1.人工费				728.18		
技术工	工日	18.09	35.02	633.51		
普工	工日	4.75	19.93	94.67		
2.材料费				1 747.94		
钢模板	kg	79.57	10.00	795.70		
型钢	kg	42.97	4.50	193.37		
卡扣件	kg	25.33	4.00	101.32		
预埋铁件	kg	121.68	5.00	608.40		
电焊条	kg	2.48	6.00	14.88		
其他材料费	%	2.00	1 713.67	34.27		
3.机械使用费				507.62		
钢筋切断机 20 kW	台班	0.01	129.95	1.30		
汽车起重机 5 t	台班	1.53	288.17	440.90		
载重汽车 5 t	台班	0.06	265.49	15.93		
电焊机交流 25 kVA	台班	0.45	56.27	25.32		
其他机械费	%	5.00	483.45	24.17		
(二)其他直接费	%	5.3	直接费	158.14		
二、间接费	%	8.00		251.35		
三、计划利润	%	7.00		237.53		
四、价差				219.85		
汽车起重机 5 t	台班	1.53	137.03	209.65		
载重汽车 5 t	台班	0.06	170.10	10.21		
五、税金	%	3.28		126.30		
单价				3 976.91		

表 8-39　沥青混凝土桥面铺装层单价分析表

工程项目名称				沥青混凝土桥面,厚 6 cm	编　号	10－19
工作内容				沥青及骨料加热、配料、拌和、运输、摊铺碾压	计量单位	1 000 m²
项　目	单　位	数　量	单　价(元)	复　价(元)	备　注	
合　计				126 201.77		
一、直接工程费				106 253.12		
(一)直接费				100 905.14		
1.人工费				1 805.49		
技术工	工日	27.83	35.02	974.61		
普工	工日	41.69	19.93	830.88		
2.材料费				97 892.01		
砂子	m³	11.00	168.25	1 850.79		
碎石	m³	62.00	1 100.00	68 200.00		
沥青	t	7.00	3 400.00	23 800.00		
石屑	m³	21.00	50.00	1 050.00		
矿粉	t	3.00	10.00	30.00		
板枋材	m³	0.10	1 100.00	110.00		
其他材料费	%	3.00	95 040.79	2 851.22		
3.机械使用费				1 207.64		
内燃压路机 12~15 t	台班	1.25	353.08	441.35		
混凝土搅拌机强制式 0.35 m³	台班	2.21	195.43	431.90		
自卸汽车 8 t	台班	1.70	410.13	697.22		
其他机械费	%	5.00	1 570.47	78.52		
(二)其他直接费	%	5.30		5 347.97		
二、间接费	%	7.00		7 437.72		
三、计划利润	%	7.00		7 958.36		
四、价差				544.62		
板枋材	m³	0.10	700.00	70.00		
自卸汽车 8 t	台班	1.70	183.60	312.12		
内燃压路机 12~15 t	台班	1.25	130.00	162.50		
五、税金	%	3.28		4 007.96		
单价				126 201.77		

表 8-40　砾砂石路面单价分析表

工程项目名称			砂砾石路面,厚 20 cm		编　号	10－15
工作内容			铺料、洒水、碾压、铺保护层		计量单位	1 000 m²
项　目	单　位	数　量	单　价(元)	复　价(元)	备　注	
合　计				22 591.36		
一、直接工程费				15 308.97		
(一)直接费				14 538.43		
1.人工费				1 426.38		
技术工	工日	21.95	35.02	768.69		
普工	工日	33.00	19.93	657.69		
2.材料费				13 107.11		
砂砾石	m³	231.37	55.00	12 725.35		
其他材料费	%	3.00	12 725.35	381.76		
3.机械使用费				4.94		
内燃压路机 12～15 t	台班	1.40	353.08	494.31		
其他机械费	%	1.00	494.31	4.94		
(二)其他直接费	%	5.30		770.54		
二、间接费	%	7.00		1 071.63		
三、计划利润	%	7.00		1 146.64		
四、价差				4 346.66		
砂砾石	m³	231.37	18.00	4 164.66		
内燃压路机 12～15 t	台班	1.40	130.00	182.00		
五、税金	%	3.28		717.46		
单价				22 591.36		

表 8-41 砂砾石路面单价分析表

工程项目名称	砂砾石路面,厚 40 cm			编 号	10 - 15 + 10 - 21
工作内容	铺料、洒水、碾压、铺保护层			计量单位	1 000 m²
项 目	单 位	数 量	单 价(元)	复 价(元)	备 注
合 计				46 063.07	
一、直接工程费				31 520.94	
(一)直接费				29 934.41	
1. 人工费				3 713.55	
技术工	工日	58.35	35.02	2 043.42	
普工	工日	83.80	19.93	1 670.13	
2. 材料费				26 215.92	
砂砾石	m³	462.77	55.00	25 452.35	
其他材料费	%	3.00	25 452.35	763.57	
3. 机械使用费				4.94	
内燃压路机 12 ~ 15 t	台班	1.40	353.08	494.31	
其他机械费	%	1.00	494.31	4.94	
(二)其他直接费	%	5.30		1 586.52	
二、间接费	%	7.00		2 206.47	
三、计划利润	%	7.00		2 360.92	
四、价差				8 511.86	
砂砾石	m³	462.77	18.00	8 329.86	
内燃压路机 12 ~ 15 t	台班	1.40	130.00	182.00	
五、税金	%	3.28		1 462.89	
单价				46 063.07	

表 8-42 山皮石路基单价分析表

工程项目名称		山皮石路基,厚 10 cm			编 号	10－7
工作内容		挖路槽、培路肩、基础材料的铺压等			计量单位	1 000 m²
项 目	单 位	数 量	单 价(元)	复 价(元)	备 注	
合 计				8 760.04		
一、直接工程费				7 264.16		
(一)直接费				6 898.54		
1. 人工费				1 080.63		
技术工	工日	16.63	35.02	582.38		
普工	工日	25.00	19.93	498.25		
2. 材料费				5 813.42		
山皮石	m³	115.69	50.00	5 784.50		
其他材料费	%	0.50	5 784.50	28.92		
3. 机械使用费				4.48		
内燃压路机 12 ~ 15 t	台班	1.27	353.08	448.41		
其他机械费	%	1.00	448.41	4.48		
(二)其他直接费	%	5.30		365.62		
二、间接费	%	7.00		508.49		
三、计划利润	%	7.00		544.09		
四、价差				165.10		
内燃压路机 12 ~ 15 t	台班	1.27	130.00	165.10		
五、税金	%	3.28		278.20		
单价				8 760.04		

表 8-43　路边石单价分析表

工程项目名称		路边石			编　号	10 – 28
工作内容		挖路槽、培路肩、基础材料的铺压等			计量单位	100 延长米
项　目	单　位	数　量	单　价(元)	复　价(元)	备　注	
合　计				3 517.55		
一、直接工程费				2 938.61		
(一)直接费				2 790.70		
1. 人工费				153.31		
技术工	工日	2.79	35.02	97.71		
普工	工日	2.79	19.93	55.60		
2. 材料费				2 637.39		
路边石	m	102.00	25.00	2 550.00		
砂浆 M10	m³	0.63	117.88	74.27		
其他材料费	%	0.50	2 624.27	13.12		
3. 机械使用费				0.00		
其他机械费	%	1.00		0.00		
(二)其他直接费	%	5.30		147.91		
二、间接费	%	7.00		205.70		
三、计划利润	%	7.00		220.10		
四、价差				41.43		
砂浆 M10	m³	0.63	65.75	41.43		
五、税金	%	3.28		111.71		
单价				3 517.55		

表 8-44　撒播草籽单价分析表

工程项目名称		撒播草籽			编　　号	9 – 58
工作内容		种子处理、人工撒播草籽、覆土			计量单位	100 m²
项　　目	单　位	数　量	单　价(元)	复　价(元)	备　注	
合　　计				2 776.27		
一、直接工程费				2 347.89		
(一)直接费				2 229.71		
1.人工费				129.71		
技术工	工日	0.13	35.02	4.55		
普工	工日	6.28	19.93	125.16		
2.材料费				2 100.00		
草籽	m²	40.00	50.00	2 000.00		
其他材料费	%	5.0	2 000.00	100.00		
3.机械使用费						
(二)其他直接费	%	5.3		118.17		
二、间接费	%	7		164.35		
三、计划利润	%	7		175.86		
四、价差						
五、税金	%	3.28		88.17		
单价				2 776.27		

表 8-45　旱柳栽种单价分析表

工程项目名称		旱柳栽种,D8 ~ 10 cm			编　　号	9 – 65
工作内容		挖坑、栽植、浇水、覆土保墒、清理			计量单位	100 株
项　　目	单　位	数　量	单　价(元)	复　价(元)	备　注	
合　　计				27 429.84		
一、直接工程费				23 197.41		
(一)直接费				22 029.83		
1.人工费				157.87		
技术工	工日	0.16	35.02	5.60		
普工	工日	7.64	19.93	152.27		
2.材料费				21 871.96		
旱柳 D8 ~ 10 cm	株	102.00	210.00	21 420.00		

项 目	单 位	数 量	单 价(元)	复 价(元)	备 注
水	m³	6.00	3.85	23.10	
其他材料费	%	2.00	21 443.10	428.86	
3.机械使用费					
(二)其他直接费	%	5.3		1 167.58	
二、间接费	%	7		1 623.82	
三、计划利润	%	7		1 737.49	
四、价差					
五、税金	%	3.28		871.13	
单价				27 429.84	

表 8-46　迎春、紫丁香栽种单价分析表

工程项目名称		迎春、紫丁香栽种		编　号	9-82
工作内容		挖坑、栽植、浇水、覆土保墒、清理		计量单位	100 株
项 目	单 位	数 量	单 价(元)	复 价(元)	备 注
合 计				4 700.06	
一、直接工程费				3 974.84	
(一)直接费				3 774.78	
1.人工费				53.97	
技术工	工日	0.05	35.02	1.75	
普工	工日	2.62	19.93	52.22	
2.材料费				3 720.81	
迎春、紫丁香	株	102.00	35.00	3 570.00	
水	m³	2.00	3.85	7.70	
其他材料费	%	4.00	3 577.70	143.11	
3.机械使用费					
(二)其他直接费	%	5.3		200.06	
二、间接费	%	7		278.24	
三、计划利润	%	7		297.72	
四、价差					
五、税金	%	3.28		149.27	
单价				4 700.06	

表 8-47 水蜡球栽种单价分析表

工程项目名称			水蜡球栽种		编 号	9－82
工作内容			挖坑、栽植、浇水、覆土保墒、清理		计量单位	100 株
项 目	单 位	数 量	单 价(元)	复 价(元)	备 注	
合 计				9 322.95		
一、直接工程费				7 884.42		
(一)直接费				7 487.58		
1. 人工费				53.97		
技术工	工日	0.05	35.02	1.75		
普工	工日	2.62	19.93	52.22		
2. 材料费				7 433.61		
水蜡球	株	102.00	70.00	7 140.00		
水	m³	2.00	3.85	7.70		
其他材料费	%	4.00	7 147.70	285.91		
3. 机械使用费						
(二)其他直接费	%	5.3		396.84		
二、间接费	%	7		551.91		
三、计划利润	%	7		590.54		
四、价差						
五、税金	%	3.28		296.08		
单价				9 322.95		

表 8-48 金焰绣线菊栽种单价分析表

工程项目名称			金焰绣线菊栽种		编 号	9－82
工作内容			挖坑、栽植、浇水、覆土保墒、清理		计量单位	100 株
项 目	单 位	数 量	单 价(元)	复 价(元)	备 注	
合 计				737.58		
一、直接工程费				623.77		
(一)直接费				592.38		
1. 人工费				53.97		
技术工	工日	0.05	35.02	1.75		
普工	工日	2.62	19.93	52.22		
2. 材料费				538.41		

续表 8-48

项 目	单 位	数 量	单 价(元)	复 价(元)	备 注
金焰绣线菊	株	102.00	5.00	510.00	
水	m³	2.00	3.85	7.70	
其他材料费	%	4.00	517.70	20.71	
3.机械使用费					
(二)其他直接费	%	5.3		31.40	
二、间接费	%	7		43.66	
三、计划利润	%	7		46.72	
四、价差					
五、税金	%	3.28		23.42	
单价				737.58	

表 8-49　绿篱栽植单价分析表

工程项目名称			单排绿篱		编 号	9－95
工作内容			翻土整地、种植、施肥、淋定根水、栽植、浇水、清理场地、回填土		计量单位	100 延长米
项 目	单 位	数 量	单 价(元)	复 价(元)	备 注	
合 计				3 302.97		
一、直接工程费				2 793.32		
(一)直接费				2 652.73		
1.人工费				95.03		
技术工	工日	0.09	35.02	3.15		
普工	工日	4.61	19.93	91.88		
2.材料费				2 557.70		
绿篱	m	102.00	25.00	2 550.00		
水	m³	2.00	3.85	7.70		
3.机械使用费						
(二)其他直接费	%	5.3		140.59		
二、间接费	%	7		195.53		
三、计划利润	%	7		209.22		
四、价差						
五、税金	%	3.28		104.90		
单价				3 302.97		

表 8-50　人工换土单价分析表

工程项目名称		装、运土到坑边		编　号	9 - 30
工作内容		挖坑、栽植、浇水、覆土保墒、清理		计量单位	100 株
项　　目	单　位	数　量	单　价(元)	复　价(元)	备　注
合　　计				2 183.15	
一、直接工程费				1 846.29	
(一)直接费				1 753.36	
1.人工费				160.86	
技术工	工日	0.16	35.02	5.60	
普工	工日	7.79	19.93	155.25	
2.材料费				1 592.50	
种植土	m³	45.50	35.00	1 592.50	
3.机械使用费					
(二)其他直接费	%	5.3		92.93	
二、间接费	%	7		129.24	
三、计划利润	%	7		138.29	
四、价差					
五、税金	%	3.28		69.33	
单价				2 183.15	

表 8-51　格宾网箱铺设单价分析表

工程项目名称		格宾网箱铺设		编　号	8 - 68
工作内容		场内运输,铺设,接缝		计量单位	100 m²
项　　目	单　位	数　量	单　价(元)	复　价(元)	备　注
合　　计				2 529.15	
一、直接工程费				2 138.90	
(一)直接费				2 031.24	
1.人工费				49.89	
技术工	工日	0.48	35.02	16.81	
普工	工日	1.66	19.93	33.08	
2.材料费				1 981.35	
格宾网箱	m²	105.00	18.50	1 942.50	
其他材料费	%	2.00	1 942.50	38.85	
3.机械使用费					
(二)其他直接费	%	5.3	直接费	107.66	
二、间接费	%	7.0		149.72	
三、计划利润	%	7.0		160.20	
四、价差					
五、税金	%	3.28		80.32	
单价				2 529.15	

8.17 经济评价

8.17.1 采用的价格水平、主要参数及评价准则

国民经济评价的依据是《水利建设项目经济评价规范》(SL 72—2013)及《建设项目经济评价方法与参数》(第三版),在有、无该工程项目情况下,从社会整体的角度考虑工程效益增量和增加的费用。用影子价格、社会折现率计算分析工程给国民经济带来的净效益,评价工程国民经济的合理性。

工程效益和费用计算:工程效益主要为水土保持效益和改善水环境的效益,费用为水利部门的投资、增加的年运行费和流动资金。

8.17.2 费用估算

8.17.2.1 投资

(1)扣除国民经济内部转移的税金和计划利润后共计 131 万元。

(2)其他费用不做调整。

(3)国民经济评价投资总计为 131 万元。

8.17.2.2 年运行费及流动资金

本项目不投入年运行费和流动资金。

8.17.3 效益估算

8.17.3.1 经济效益

本项目属公益性项目,水土保持效益及改善水环境效益可作为经济评价的经济效益,工程实施后,每年可减少损失 15 万元。

8.17.3.2 社会效益及生态效益

工程的实施不仅具有一定的经济效益,而且具有广泛的社会效益及生态效益。工程实施后,可有效改善村屯的人居环境,促进新型城镇化和美丽乡村建设。

不计社会效益和生态环境效益,共增加效益为 15 万元。

8.17.4 经济效益指标计算

国民经济现金流量表的经济计算期取 21 年,其中建设期 1 年。依据《水利建设项目经济评价规范》(SL 72—2013)及《建设项目经济评价方法与参数》(第三版),基准年选择建设期第一年年初,费用和效益按照年末结算,社会折现率取 8%。国民经济现金流量计算见表 8-52。可知,如果不计节水转换效益,经济净现值为 15.07 万元,经济内部收益率为 9.63%,大于 8%。因此,项目国民经济评价是可行的。

表8-52　国民经济现金流量计算表

（单位：万元）

序号	项目	建设期	运行期									
		1	2	3	4	5	6	7	8	9	10	11
1	效益流量 B		15	15	15	15	15	15	15	15	15	15
1.1	增量效益		15	15	15	15	15	15	15	15	15	15
1.2	回收流动资金											
2	费用流量 C	131	0	0	0	0	0	0	0	0	0	0
2.1	固定资产投资	131										
2.2	流动资金											
2.3	年运行费		0	0	0	0	0	0	0	0	0	0
3	净现金流量 B－C	－131	15	15	15	15	15	15	15	15	15	15
4	累计净现金流量	－131	－116	－101	－86	－71	－56	－41	－26	－11	4	19

序号	项目	运行期										合计
		12	13	14	15	16	17	18	19	20	21	
1	效益流量 B	15	15	15	15	15	15	15	15	15	15	300.00
1.1	增量效益	15	15	15	15	15	15	15	15	15	15	300.00
1.2	回收流动资金											0.00
2	费用流量 C	0	0	0	0	0	0	0	0	0	0	131.00
2.1	固定资产投资											131.00
2.2	流动资金											0.00
2.3	年运行费	0	0	0	0	0	0	0	0	0	0	0.00
3	净现金流量 B－C	15	15	15	15	15	15	15	15	15	15	169.00
4	累计净现金流量	34	49	64	79	94	109	124	139	154	169	

经济净现值：15.07万元　　　　经济内部收益率：9.63%

参 考 文 献

[1] 周志新,赵翔.农村河道长效管理保洁的实践与启示[J].水利发展研究,2010,10:63-65.

[2] 魏钧.关于建立农村河道长效管理运行机制的思考[J].北京农业,2012,30:161.

[3] 耿宏林,郝立海,谢原顺,等.建立农村河道长效管理运行机制的探索与思考[J].水利发展研究,2008,9:45-47.

[4] 张世武.对现代新农村河道建设管理模式的探讨[J].中国农业信息,2014,11:108.

[5] 邢莉.城市河道整治工程建设资金筹措及运作思考[J].太原科技,2006,2:5-7.

[6] 薛逵.对于农村河道问题的治理与研究[J].黑龙江水利科技,2015,4:159-160.

[7] 朱晓春,马建光,任涵璐.对中小河流农村河道治理的思考[J].海河水利,2015,4:21-23.

[8] 姜谋余,龚淼.我国农村河道整治的现状及问题[J].水资源保护,2015,1:41-47.

[9] 杨海峰.农村河道治理探讨[J].农业科技与装备,2013,5:49-50.

[10] 陆银军,明月敏,许雪梅.平原地区农村河道治理模式初探[J].江苏水利,2015,4:30-32.

[11] 杜凯.农村河道现存问题及治理思路探讨[J].广东水利水电,2014,8:44-46,50.

[12] 梁延东.农村河道综合治理中的问题与对策[J].吉林农业,2014,9:43.

[13] 齐奇,陈文熙,岳亮亮,等.辽宁省中小河流治理综合整治新理念[J].黑龙江水利科技,2015,2:39-42.

[14] 赵远峰.沈阳市村屯河道治理对策分析[J].东北水利水电,2015,6:42-43.

[15] 王红,贾仁甫,李章林.扬州市农村河道现状及综合整治措施[J].中国农村水利水电,2010(2):99-102.

[16] 包建平,朱伟,闵佳华.中小河道治理中的清淤及淤泥处理技术[J].水资源保护,2015,1:56-62,68.

[17] 金哗军.浙江省水利疏浚业发展现状调查与对策探讨[J].浙江水利科技,2013,7(4):83-85,94.

[18] 罗成定,詹雄伟.乡村中小型河道清淤机制研究[J].江苏农机化,2000(3):19.

[19] 彭建军,井绪东.常见挖泥船疏浚特性及选型[J].浙江水利科技,2004(6):87-88.

[20] 朱玉强.环保疏浚与环保疏浚设备探析[J].水利科技与经济,2010,16(10):1118-1120.

[21] 王小雨,冯江,胡明忠.湖泊富营养化治理的底泥疏浚工程[J].环境保护,2003(2):22-23.

[22] 颜昌宙,范成新,杨建华,等.湖泊底泥环保疏浚技术研究展望[J].环境污染与防治,2004,26(3):189-192.

[23] 唐晓武.超软弱废弃土的基本性质及其利用[A]//第一届全国环境岩土工程与土工合成材料技术研讨会文集[C].北京:中国建筑工业出版社,2002.

[24] 来彦伟.苏州河底泥污染状况及其治理对策[J].上海师范大学学报:自然科学版,2000,5(2):85-92.

[25] 李磊.污泥固化处理技术及重金属的污染控制研究[D].南京:河海大学,2006.

[26] 李磊,朱伟,赵建,等.西五里湖疏浚底泥资源化处理的二次污染问题研究[J].河海大学学报:自然科学版,2005,33(2):127-130.

[27] 刘青松,张春雷,汪顺才,等.淤泥堆场人工硬壳层地基极限承载力室内模拟研究[J].岩土力学,2008(Z1):667-670.

［28］ 邓东升，洪振舜，刘传俊，等．低浓度疏浚淤泥透气真空泥水分离模型试验研究［J］．岩土工程学报，2009，31（2）：250-253.

［29］ 侯春芳．中小河道治理中的清淤及淤泥处理技术［J］．河南水利与南水北调，2015，19：56-57.

［30］ 赵凤杰．中小河道治理的综合技术分析［J］．河南水利与南水北调，2015，12：11-12.

［31］ 王中平，徐基璇.利用苏州河底泥制备陶粒［J］.建筑材料学报，1999，2（2）：176-181.

［32］ 赵晓维.北京城市河湖环保清淤新技术［J］.北京水利，2000（1）：19-20，31.

［33］ 彭劲.真空堆载联合预压法加固机理与计算理论研究［D］.南京：河海大学，2003.

［34］ 周源，高玉峰，陶辉，等．透气真空快速泥水分离技术对淤泥水分的促排作用［J］.岩石力学与工程学报，2010（Z1）：3064-3070.

［35］ 水利部水利水电规划设计总院．GB 50286—98 堤防工程设计规范［S］.北京：中国水利水电出版社，1998.

［36］ 董传琛，张守田，赵大明．格宾石笼在河道治理工程中的应用［J］.山东水利，2012，3：29-30.

［37］ 尤洁，金锦强．城市河道治理中生态砖应用分析［J］.科技创新导报，2012，26：146.

［38］ 李晓光．箱式绿化混凝土挡墙在魏河治理工程中的应用［J］.河南水利与南水北调，2014，8：31-32.

［39］ 刘志．格宾石笼挡墙施工［J］.天津建设科技，2014，3：62-63.

［40］ 谢三桃，朱青．农村河道治理中的护坡材料及技术应用实例［J］.水资源保护，2015，1：35-40.

［41］ 黄维，阳运青，裴毅．新型干垒挡墙在水利工程中的应用研究［J］.企业技术开发，2011，3：68-70.

［42］ 吴继明．浆砌石护坡技术在水利工程施工中的应用［J］.水利技术监督，2011，4：69-71.

［43］ 王英华，王玉强，秦鹏．浅析新农村河道生态护岸型式及选用［J］.中国农村水利水电，2010，3：102-104.

［44］ 梁建伟．格宾石笼在小流域治理工程中的应用［J］.广西质量监督导报，2010，8：50-52.

［45］ 田春灵．议加筋土结构挡土墙在边坡加固中的优势［J］.山西建筑，2012，11：64-65.

［46］ 张琪仙．浅谈格宾石笼网在水利工程生态护坡中的运用［J］.低碳世界，2015（3）：92-93.

［47］ 张宏松．应用浆砌石护坡的砌筑方法及注意问题［J］.中国科技纵横，2011（22）：198-198.

［48］ 向春林．小流域综合治理工程中格宾石笼的应用［J］.建筑工程技术与设计，2015（1）：409-409.

［49］ 范宁.苏南新农村乡村聚落绿化模式研究——以苏锡常地区为例［D］.南京：南京林业大学，2009.

［50］ 傅凡.如何搞好农村绿化工作［M］.太原：山西经济出版社，2009.

［51］ 安国辉.村庄规划教程［M］.北京：科学出版社，2008.

［52］ 浙江省农业和农村工作办公室.浙江省美丽乡村建设行动计划［J］.中国乡镇企业，2011，30（6）：63-66.

［53］ 赵兵.新农村绿化理论与实践［M］.北京：中国林业出版社，2011.

［54］ 许飞，邱尔发，王成.国外乡村人居林发展与启示［J］.世界林业研究，2009，22（5）：66-70.

［55］ 许飞.福建省乡村人居林结构特征与构建技术研究［D］.北京：中国林业科学研究院，2010.

［56］ 陈国平.景观设计概论［M］.北京：中国铁道出版社，2006.

［57］ 于丽萍.印度发展乡村林业的做法［J］.绿化与生活，2000（5）：9.

［58］ 苏杰南，秦秀花，温中林.乡村林业在社会主义新农村建设中的作用［J］.科技创新导报，2008（22）：255-256.

［59］ 钟昌福，刘晓华.乡村林业建设项目存在问题及其对策［J］.安徽农业科学，2006，34（16）：4134-4135.

［60］ 何巧莹.浙江省中心镇园林绿化建设探讨［D］.杭州：浙江农林大学，2010.

［61］ 徐文辉，范义荣.浙江省农村小城镇园林绿化模式的创建［J］.江苏农业科学，2011（1）：34-36.

[62] 石玲玲. 浙江省现代乡村植物景观营造研究[D]. 杭州:浙江农林大学,2010.

[63] 肖笃宁. 景观生态学[M]. 北京:科学出版社,2005.

[64] 韩冠男. 京郊新农村建设中的村庄绿化规划研究[D]. 上海:上海交通大学,2010.

[65] 笪红卫,郭静. 新农村村庄绿地规划研究[J]. 林业科技开发,2008,22(6):127-129.

[66] 朱凤云. 农村绿化美化技术[M]. 北京:中国三峡出版社,2008.

[67] 温和,周继伟,才大伟. 村镇绿地布局的研究[J]. 科技创新导报,2011(10):5.

[68] 柴茂林,陈林洪. 村庄绿化规划与应用[J]. 干旱区研究,2010(8):55-56.

[69] 科学技术部中国农村技术开发中心. 村镇社区规划与设计[M]. 北京:中国农业科学技术出版社, 2007.

[70] 李继均. 农家庭院绿化及其模式要多样化[J]. 国土绿化,2004(10):34.

[71] 卢萍. 浅谈新农村建设中村庄绿化规划[J]. 安徽林业,2007(2):18.

[72] 陈源斌,傅晓红. 溧水县村庄绿化建设举措及发展建议[J]. 现代农业科技,2010(3):246-249.

[73] 刘黎明. 乡村景观规划[M]. 北京:中国农业大学出版社,2003.

[74] 苏晓敬. 园林设计与园林施工管理[M]. 北京:中国劳动社会保障出版社,2005.

[75] 孙雪芳,金晓玲. 行为心理学在园林设计中的应用[J]. 北方园艺,2008(4):162-165.

[76] 韩玉玲,岳春雷. 河道生态建设[M]. 北京:中国水利水电出版社,2009.

[77] 陈明曦,陈芳清,等. 景观生态学原理在河道生态岸堤构建中的应用[J]. 中国农村水利水电, 2007(1):84.

[78] 周素梅. 嘉兴市河道生态护岸建设浅析[J]. 现代园艺,2010(8):49.

[79] 王云才,刘滨谊. 论中国乡村景观及乡村景观规划[J]. 中国园林,2003(1):55-58.

[80] 乔景顺,姚天举. 冷水河河道整治与景观设计研究[J]. 人民黄河,2012(8):15-16.

[81] 钟喜林,钟晓红. 河岸生态园林景观营造研究——以江西省龙南县河岸生态园林景营造为例 [J]. 安徽农业科学,2011(24):14862-14864.

[82] 陈兴茹. 促进人水和谐的城市河流建设理论研究[D]. 北京:中国水利水电科学研究院,2006.

[83] 方国华,杨琳,黄显峰. 基于权重集对分析法的滁州市饮用水水源地富营养化评价[J]. 水电能源科学,2014(2):42-45.

[84] 高玉杉,方国华,黄显峰,等. 基于模糊层次分析与可变模糊集的徐州市水资源管理现代化评价 [J]. 水电能源科学,2014(4):155-158.

[85] 李南,方国华,官云飞. 基于改进的投影寻踪水利现代化评价模型[J]. 水利水电技术,2014(1): 118-121.

[86] 屠仁杰. 探讨我国典型地区农村河道整治模式及经验[J]. 中国水运,2014(9):218-219.

[87] 杨海峰. 农村河道治理探讨[J]. 农业科技与装备,2013(5):49-50.

[88] 王梅仙. 几种农村河道护岸技术的应用分析[J]. 江苏水利,2015(2):26-27.

[89] 陈小华,李小平. 河道生态护坡关键技术及其生态功能[J]. 生态学报,2007(3):168-176.

[90] 蒋屏,董福平. 河道生态治理工程——人与自然和谐相处的实践[M]. 北京:中国水利水电出版社,2003.

[91] 王新军,罗继润. 城市河道综合整治中生态护岸建设初探[J]. 复旦大学学报:自然科学版,2006 (1):120-126.

[92] 张颂军. 浅谈城市河流治理与健康对城市生态环境的影响[J]. 水科学与工程技术,2007(3):52-54.

[93] 潘纪荣,马申炎. 慈溪市生态河道建设初探[J]. 浙江水利科技,2006(7):56-57.

[94] 冯一民. 城市河流堤岸景观规划设计研究[D]. 上海:同济大学,2004.

[95] 查桂祥. 生态治河堤岸模式浅析[J]. 黑龙江科技信息,2008(11):252.